Fred Milson

FAHRRAD

Wartung und Reparatur

Delius Klasing Verlag

Inhalt

Originaltitel: »The Bike Book«
Copyright © Haynes Publishing 1995/2003,
Sparkford/England

Bibliografische Information
Der Deutschen Bibliothek
Die Deutsche Bibliothek verzeichnet
diese Publikation in der Deutschen
Nationalbibliografie; detaillierte
bibliografische Daten sind im Internet
über »http://dnb.ddb.de« abrufbar.

8. Auflage
ISBN 3-7688-5205-9
ISBN 978-3-7688-5205-0
© Die Rechte für die
deutsche Ausgabe liegen
beim Moby Dick Verlag,
Postfach 3369, D-24032 Kiel

Übertragen und
bearbeitet von Stefan Kälberer
Einbandgestaltung: Buchholz/Hinsch/Hensinger,
Hamburg
Titelmotive: Tim Ridley, Steve Behr und Stockfile
Druck: Koelblin-Fortuna-Druck, Baden-Baden
Printed in Germany 2006

Vertrieb: Delius Klasing Verlag,
Siekerwall 21, D-33602 Bielefeld
Tel.: 05 21 / 559-0, Fax: 05 21 / 559-115
E-Mail: info@delius-klasing.de
www.delius-klasing.de

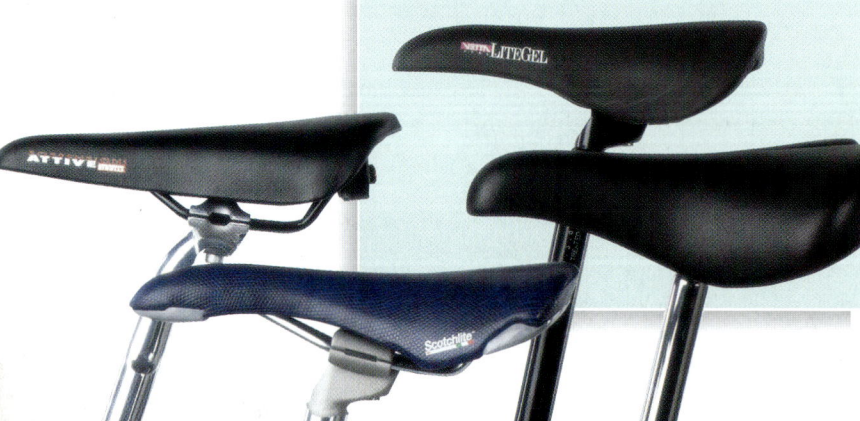

Kapitel 5
Kette, Pedale & Kurbeln

Kapitel 6
Bremssysteme

Kapitel 7
Laufräder & Reifen

Kapitel 8
Lenker & Sattel

Kapitel 9
Rahmen, Gabel & Federung

1
Grund-
kenntnisse

In diesem Buch werden so wenig Fachausdrücke wie möglich verwendet. Trotzdem ist es sinnvoll, die richtigen Bezeichnungen für die wichtigsten Bestandteile eines Fahrrades zu kennen.

Fachbegriffe

Andere Sattelformen

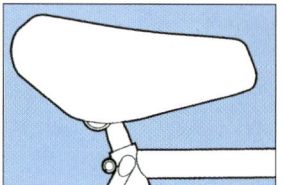 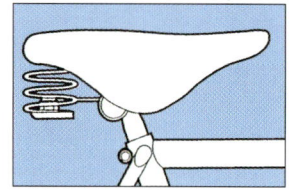

Damensattel
Speziell geformter Sattel, kann an nahezu jedes Rad montiert werden.

Gefederter Sattel
Lediglich für Alltagsräder zu empfehlen.

Sattel

Sattelstütze

Kabelstopper

Radmuttern

Bremse hinten

Ritzelpaket und Freilauf

Sitzrohr

Umwerfer

Pedal

Weitere Antriebssysteme

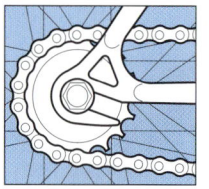

Eingangnabe
Wird hauptsächlich bei Kinderrädern eingesetzt.

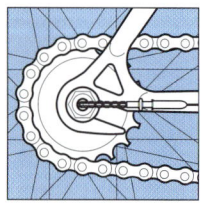

Nabenschaltung
Meist an Alltags-rädern zu finden.

Innenlager

Schaltzug

Schaltwerk

Kette

Kettenstreben

Verschiedene Lenkerformen

Rennlenker
Für Renn- und Tourenräder.

Trainingsbügel
Für Trekking- und Alltagsräder.

Hochlenker
Nur für Alltagsräder.

Lenkerhörnchen

Griffgummi

Bremshebel

Vorbau

Steuersatz

Steuerrohr

Oberrohr

Bremse vorn

Unterrohr

Vorderrad

Speiche

Reifen

Gabel

Kurbeln

Felge

Nabe

Kettenblätter

Diverse Reifentypen

Stollenreifen
Für Mountainbikes im Gelände.

Mountainbike-Slicks
Nur für die Straße.

28-Zoll-Reifen
Für Renn- und Trekkingräder.

Schnellspanner

Ventil

Räder für Erwachsene

In den letzten zehn Jahren hat sich das Mountainbike zum absoluten Verkaufsrenner entwickelt. Trotzdem sollten Sie sich fragen, ob für Ihre Zwecke nicht ein anderer Fahrradtyp besser geeignet ist. Vielleicht können Sie auch Ihr altes Fahrrad mit vertretbarem Aufwand wieder in Schwung bringen.

In kaum einem anderen Land gibt es so viele Fahrräder wie in Deutschland. Bei den Käufern stehen Mountainbikes ganz oben in der Gunst, aber auch Rennräder werden wieder häufiger gekauft. Bei beiden Arten kommen modernste Techniken und Materialien zum Einsatz. Trekkingräder verbinden den sportlichen Charakter eines Rennrads mit den Nehmerqualitäten eines Mountainbikes, ein guter Kompromiss für Stadtradler, die gerne etwas aufrechter sitzen wollen.

Falträder werden bei Pendlern immer beliebter. So mancher Besitzer radelt zum nächsten Bahnhof, legt sein zusammengeklapptes Rad in die Gepäckablage, um sich dann für die letzten Kilometer zum Büro wieder in den Sattel zu schwingen. Hochwertige Falträder bieten perfektes Fahrverhalten und lassen sich im Nu zusammenfalten.

Auch vor sportlichen Straßenrädern hat die Evolution nicht Halt gemacht: Ausgestattet mit MTB-Lenker und -Schalthebeln bieten die meist als Fitnessbikes bezeichneten Modelle eine aufrechtere Sitzposition, sind extrem wendig und dennoch schnell. Ideal für alle, die auch mal durch dichten Stadtverkehr flitzen wollen.

Mountainbikes

Der Grund für den Erfolg des Mountainbikes ist seine Vielseitigkeit. Die robusten Rahmen und die 26-Zoll-Räder mit den dicken Reifen wurden in Kalifornien von Freaks entwickelt, die sich damit Abfahrtsrennen auf Schotterpisten lieferten. Es sind die dabei entwickelten Nehmerqualitäten, die auch Radler in der Stadt brauchen, um Bordsteine und Schlaglöcher zu überstehen. Effektive Bremsen und eine entspannte Sitzposition tun ein Übriges, um das Mountainbike in seiner Rolle als perfektes Allround-Rad zu bestätigen. Das auf dieser Seite abgebildete Rad ist mit einem Y-Rahmen ausgestattet. Diese Variation ist sehr beliebt und fast immer mit einer Hinterradfederung versehen. Aber herkömmliche Rahmen sind noch immer unschlagbar, wenn es um das Gewicht und um das Preis-Leistungs-Verhältnis geht.

Falträder

Falträder rollen auf kleinen 18–20-Zoll-Rädern und lassen sich auf Koffergröße zusammenfalten. Um die Nachteile der kleinen Räder auszugleichen, besitzen hochwertige Falträder eine Federung und Hochdruckreifen: Fahrspaß und Nutzwert werden hier ganz groß geschrieben. Von allzu preiswerten Modellen sollten Sie besser die Finger lassen: Sie sind meist schwer, unkomfortabel und wenig effektiv.

Rennräder

Bei Edelrennern wie auch bei Mittelklasserädern haben geschweißte Aluminiumrahmen den klassischen gelöteten Stahlrahmen nahezu verdrängt. Auf der Straße sind Rennräder viel schneller als MTBs, aber nicht so komfortabel. Ausnahme: Renner mit speziellen Federgabeln! Rennräder mit Dreifach-Kettenblättern und 24 oder gar 27 Gängen werden immer beliebter. Sie erleichtern Fahrten in bergigem Terrain und sind oft auch noch mit besonders stabilen Laufrädern ausgestattet.

Alltagsräder

Beliebte Räder im Stadverkehr über kurze Distanzen. Die aufrechte Sitzposition erlaubt das Tragen normaler Kleidung für die Fahrt zur Arbeit. Alltagsräder werden immer häufiger mit modernen Schaltsystemen und effektiven Bremsen aufgewertet. Räder mit Elektro-Zusatzantrieb sind ebenfalls erhältlich.

Damenräder

Das weit heruntergezogene Oberrohr erlaubt das Fahren mit Rock. Ein Mountainbike mit abfallendem Oberrohr ist aber für die meisten Frauen die bessere Wahl. Weitere Infos finden Sie auf den Seiten 14 und 15!

Fitnessbikes

Diese schnellen Straßenräder haben einen kurzen Vorbau und einen geraden MTB-Lenker mit MTB-Schalthebeln. Der Rahmen ist sehr leicht und stabil und erinnert stark an den eines Rennrads. Er hat aber steilere Winkel und das Oberrohr fällt nach hinten ab. Oft kommen statt 28-Zoll-Laufrädern auch 26-Zöller in Verbindung mit MTB-Slicks zum Einsatz. Die relativ aufrechte Sitzposition ist ideal für Kurzstrecken und hat enorme Vorteile in starkem Verkehr: Der Überblick ist deutlich besser als auf einem Rennrad.

Trekkingräder

Die Basis eines Trekkingrades bildet ein modifizierter MTB-Rahmen, häufig mit abfallendem Oberrohr. Dies ergibt einen leichten Rahmen, der auch bei niedrigen Geschwindigkeiten gut kontrollierbar ist und Ihnen nebenbei noch reichlich Schrittfreiheit verschafft. Achten Sie beim Kauf auf Anlötteile für Gepäckträger und Schutzbleche sowie auf leichte und doch robuste Laufräder. Federgabeln sind für Trekkingräder ebenso erhältlich wie voll gefederte Rahmen oder gefederte Sattelstützen.

Herrenräder einstellen

Die optimale Sitzposition bringt Ihnen nicht nur den größtmöglichen Komfort.
Sie ermöglicht Ihnen auch eine effektive Fortbewegung.

B evor Sie sich auf ein neues Fahrrad setzen, sollten Sie die Sitzposition einstellen. Fahren Sie Ihr Rad dann ein paar Tage, um sich einzugewöhnen. Ihr Gewicht sollte sich idealerweise gleichmäßig zwischen Lenker und Sattel verteilen. So finden auch Ihre Hände automatisch die richtige Griffposition am Lenker. Nach der Eingewöhnungszeit sollten Sie etwas experimentieren, um die für Sie individuell richtige Sitzposition zu finden.

Wenn Sie unbequem sitzen, überprüfen Sie zunächst, ob der Sattel waagerecht steht. Manche Radler fühlen sich wohler, wenn die Sattelspitze leicht nach oben weist. Mehr als ein paar Grad sollte der Sattel aber nicht himmelwärts zeigen. Wenn das nicht weiterhilft, sollten Sie es mit einem anderen Sattel versuchen.

Im Idealfall ist der Lenker so breit wie Ihre Schultern. Er ist in der Höhe so eingestellt, dass Ihr Oberkörper einen Winkel von etwa 40° zur Senkrechten bildet. Wenn Sie sich zwischen Sattel und Lenker eingequetscht fühlen, sollten Sie einen längeren Vorbau montieren.

Die meisten Radfahrer kaufen ihr Rad mit zu großem Rahmen. Das liegt oft daran, dass Händler bevorzugt große Rahmen einkaufen und für kleinere Kunden einfach den Sattel tiefer stellen. Wenn Sie über dem Rahmen stehen, sollten Sie bei einem Rennrad etwa 5 cm Schrittfreiheit haben. Rahmen an Tourenrädern dürfen etwas größer sein. Bei Mountainbikes sollte die Schrittfreiheit etwa 8 cm betragen. Achten Sie also peinlichst auf die richtige Rahmenhöhe. Bei einem zu großen oder zu kleinen Rahmen stimmen weder die Höhe noch die Proportionen.

Alltagsräder
Bei Alltagsrädern liegt das meiste Gewicht auf dem Sattel. Sitzbeschwerden sind die Folge. Dies lässt sich nicht völlig korrigieren. Sie können aber versuchen, den Lenker etwas tiefer zu montieren. Alltagsräder sind in den seltensten Fällen mit Haken und Riemen an den Pedalen ausgestattet. Sie sollten aber darauf achten, dass Ihr Fußballen immer genau über der Pedalachse steht.
Da Alltagsräder nur für kurze Fahrten eingesetzt werden, kann der Sattel etwas tiefer eingestellt sein: So können Sie an der Ampel bequem im Sattel sitzen und erreichen mit den Füßen dennoch den Boden.

Mountainbikes

Mountainbikerahmen gibt es in den verschiedensten Formen. Die richtige Sitzposition lässt sich demzufolge nicht so leicht definieren. Halten Sie sich bei der Grundeinstellung an die Werte für ein Rennrad. Wundern Sie sich aber nicht, wenn Sie sich mit einer geringeren Sitzhöhe wohler fühlen. Ihr Rücken sollte mindestens einen Winkel von 45° zur Fahrbahn haben, damit genügend Gewicht auf den Lenker und damit auf das Vorderrad kommt. Dadurch wird das Vorderrad an steilen Anstiegen besser am Boden gehalten.

Rahmenhöhe

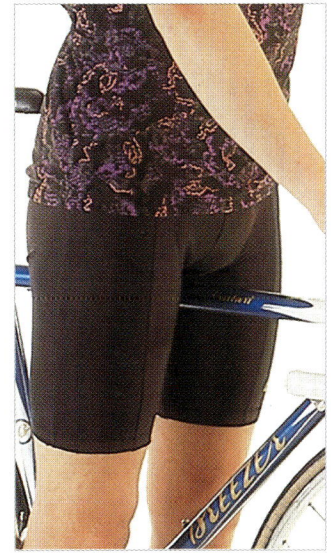

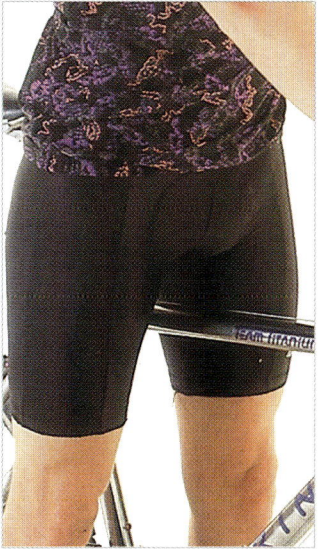

1 Um die Rahmenhöhe zu ermitteln, messen Sie mit einem Meterstab parallel zum Sitzrohr von der Mitte des Innenlagers bis zur Mittellinie des Oberrohrs. Manche Hersteller geben die Rahmenhöhe in Zentimeter, andere in Zoll an (1 Zoll = 2,54 cm).

2 Der Abstand zwischen der Fahrbahn und dem Oberrohr ist bei Renn-, Touren- und Alltagsrädern annähernd gleich. Wenn Ihre Füße flach auf dem Boden stehen, sollten Sie zwischen Oberrohr und Ihrem Schritt etwa 5 cm Luft haben.

3 Mountainbikerahmen sollten Sie so wählen, dass Sie in Verbindung mit einem waagerechten Oberrohr 8 cm Schrittfreiheit haben. Viele Mountainbikes haben ein abfallendes Oberrohr. Dann sollte die Schrittfreiheit etwa 12 bis 15 cm betragen.

Sattelposition

1 Bestimmen Sie zuerst die Höhe des Sattels. Tragen Sie Schuhe, mit denen Sie üblicherweise Rad fahren. Die Sattelhöhe stimmt dann, wenn Ihr Knie bei senkrecht nach unten weisender Kurbel leicht gebeugt ist.

2 Basteln Sie aus einem Gewicht und einer Schnur ein Lot. Stellen Sie die Pedale waagerecht. Stellen Sie dann Ihren Sattel in Längsrichtung so ein, dass Ihre Kniegelenksmitte genau über der Pedalachse liegt.

Die Grundeinstellung

Ganz egal was für ein Rad Sie fahren: Stellen Sie die Sattelhöhe so ein, dass Sie den Boden im Sattel sitzend bequem mit dem Fußballen erreichen. Dies ist die Ausgangsbasis für Ihre individuelle Feinanpassung. Experimentieren Sie nach den ersten Ausfahrten mit einem etwas höher oder niedriger eingestellten Sattel. Sollten Sie sich weiterhin unwohl fühlen, schlagen Sie Seite 15 auf: Hier finden Sie weitere Tipps zur optimalen Sitzposition.

Damenräder einstellen

Frauen haben andere Körperproportionen als Männer. Viele Hersteller tragen dieser Tatsache Rechnung und bieten spezielle Damenräder an. Aber auch ein paar einfache Modifikationen reichen manchmal schon aus, um ein Rad damengerecht zu machen.

Damenräder mit tiefem Durchstieg sind nach wie vor weit verbreitet. Sie sollten aber wissen, dass diese Ausführungen nicht die Steifigkeit eines herkömmlichen Rahmens erreichen. Den besten Kompromiss stellt zweifellos ein MTB oder Trekkingrad mit abfallendem Oberrohr dar: Diese Rahmen bieten ausreichend Schrittfreiheit, und meist ist es sogar möglich, mit Rock zu radeln. Zwischenzeitlich bieten aber auch viele MTB-Hersteller Rahmengeometrien speziell für Damen an.

Da Frauen im Gegensatz zu Männern längere Beine und einen kürzeren Oberkörper haben, gilt es dieser Tatsache Rechnung zu tragen. Um nicht allzu lang gestreckt zu sitzen, wählen Sie daher einen möglichst kleinen Rahmen – der Abstand zwischen Sattel und Lenker ist dann etwas kürzer – und ziehen die Sattelstütze etwas weiter heraus.

Überprüfen Sie, ob Sie die Bremsgriffe problemlos erreichen. Wenn nicht, finden Sie auf der nächsten Seite Tipps zur richtigen Einstellung der Reichweite. Leider kann die Reichweite nicht bei allen Bremshebeln eingestellt werden. Ist dies der Fall, sollten Sie andere Bremshebel montieren.

Die Sattelhöhe wird wie an einem Herrenrad eingestellt. Sollte die Sattelstütze zu kurz sein, kann sie problemlos durch eine längere ersetzt werden. Manche Frauen fühlen sich mit etwas kürzeren Kurbeln wohler. Sie können dann die 175 mm oder 180 mm langen Kurbeln durch solche mit 165 mm Länge ersetzen.

Zu guter Letzt sollten Sie einen speziellen Damensattel montieren. Diese sind hinten etwas breiter ausgeformt, dafür aber etwas kürzer als ein Herrensattel. Außerdem sind Damensättel meist üppiger gepolstert. Lassen Sie sich bei Sitzbeschwerden nicht entmutigen: Probieren Sie unterschiedliche Modelle aus.

MTB mit Damengeometrie
MTBs für Damen haben, verglichen mit herkömmlichen Modellen, einen kürzeren Radstand und ein kürzeres Oberrohr. Dadurch sitzen Frauen, die einen kürzeren Oberkörper haben als Männer, aufrechter, und das Rad wird agiler. Meist werden auch ein kürzerer Vorbau, ein nicht ganz so breiter Lenker und ein spezieller Damensattel montiert.

Damenrahmen
Räder mit klassischem Damenrahmen sind, obwohl schwerer als Räder mit Herrenrahmen, nach wie vor erhältlich. Obwohl solche Damenrahmen über ein verstärktes Unterrohr verfügen, ist diese Rahmenbauform – vor allem bei voller Zuladung – aber nicht so fahrstabil wie der des oben abgebildeten Rades. Hochwertige Modelle sind mit einer gefederten Sattelstütze und MTB-Schaltung ausgestattet.

Anpassen der Bremshebel

1 Um optimal bremsen zu können, sollte das erste Glied Ihrer Finger den Bremshebel wie abgebildet berühren. Bei V-Bremsen genügen zwei Finger, um die maximale Bremsleistung zu erreichen.

2 Wenn Sie den Bremshebel nur mit den Fingerspitzen erreichen, verändern Sie einfach dessen Abstand zum Lenker. Die Einstellschraube dafür finden Sie zwischen Lenker und Bremshebel.

3 Drehen Sie die Innensechskant- oder Kreuzschlitzschraube hinein, um den Abstand zwischen Hebel und Lenker zu verringern. Sollte keine Einstellschraube vorhanden sein, montieren Sie andere Bremshebel.

Weitere Anpassungen

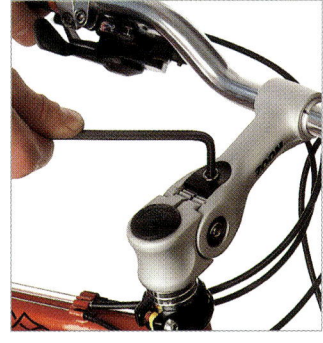

1 Um die richtige Sitzhöhe in Verbindung mit einem kleinen Rahmen zu erreichen, lässt sich leicht eine längere Sattelstütze montieren. Achten Sie aber auf den korrekten Durchmesser und dass die Stütze nicht über das erlaubte Maß ausgezogen wird.

2 Eine gefederte Sattelstütze bietet deutlich mehr Komfort. Sie dämpft Unebenheiten der Straße durch eine starke Feder im Inneren ab und lässt sich problemlos gegen die alte Sattelstütze austauschen. Montieren Sie auch einen speziellen Damensattel.

3 Wenn Sie mit Ihrer Sitzposition experimentieren möchten, sollten Sie über einen verstellbaren Vorbau nachdenken. Durch einfaches Lösen einer Klemmschraube können Sie dann den Lenker mühelos in der Höhe verstellen.

Auswirkungen einer falschen Sitzposition

Ihr Po schmerzt nach kurzer Fahrt.
Abhilfe: Korrekte Sitzhöhe einstellen und Sattel exakt waagerecht ausrichten, evt. neuen Sattel montieren.

Sie rutschen nach vorn vom Sattel.
Abhilfe: Sattel waagerecht ausrichten.

Nacken und/oder Schultern schmerzen.
Abhilfe: Lenker höher stellen, damit der Nacken nicht mehr so stark abgewinkelt werden muss.

Handgelenke schmerzen.
Abhilfe: Lenker höher oder Sattel tiefer stellen.

Knie schmerzen.
Abhilfe: Korrekte Sitzhöhe einstellen. Experimentieren Sie mit der Satteleinstellung in Längsrichtung und ziehen Sie etwaige Pedalriemen nicht zu fest.

Füße schmerzen.
Abhilfe: Schuhe mit steiferer Sohle oder noch besser Radschuhe tragen. Pedalriemen nicht zu fest anziehen.

Komfortabel sitzen

Spezielle Damensättel sind etwas kürzer, dafür aber hinten breiter ausgeformt. Gel-Polster und eine Aussparung in der Sattelmitte erhöhen den Sitzkomfort zusätzlich. Die Aussparung darf aber keine scharfen Kanten haben. Die meisten Frauen bevorzugen eine Satteleinstellung mit leicht nach unten geneigter Spitze.

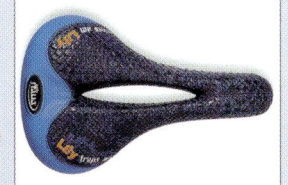

Spezialisten für Damenräder

Sollten Sie unter all den angebotenen Serienmodellen kein für Sie passendes Rad finden, suchen Sie sich einen Rahmenbauer, der spezielle Damenräder fertigt. Bei diesen Herstellern erhalten Sie exakt auf Ihre Proportionen abgestimmte und meist auch maßgefertigte Rahmen. Diese Spezialisten bieten Ihnen eine optimale Beratung und oft auch die Möglichkeit, ausgedehnte Probefahrten zu unternehmen.

Räder für Kinder

Wenn Kinder Fahrrad fahren, hat dies viele Vorteile. Sie bekommen Selbstvertrauen, erfahren etwas über Technik und lernen, sich im Straßenverkehr zu bewegen. Radfahren ist für Kinder eine durchweg positive Erfahrung, vorausgesetzt ihr Gefühl für den Straßenverkehr wird von Anfang an geschult.

Eltern betreten einen Fahrradladen häufig mit der Absicht, einen viel zu großen Rahmen zu kaufen. Tun Sie es nicht, denn der kleine Radfahrer wird nur schwer damit zurechtkommen. 16-Zoll-Räder sind ideal für Kinder bis etwa sieben Jahre. Eine Gangschaltung ist hier noch nicht unbedingt erforderlich. 20-Zoll-Räder sind bereits mit vollwertigen Komponenten ausgestattet und oft auch gebraucht noch ein guter Kauf.

Ab einem Alter von elf bis zwölf Jahren können Kinder dann ein Mountainbike mit 24-Zoll-Rädern fahren. Wenn die Kleinen noch Probleme mit der Schaltung haben, können Sie die Einstellschrauben am Schaltwerk so justieren, dass sie nur die mittleren Gänge nutzen können.

Mountainbike
Ab etwa elf Jahren können Kinder ein richtiges Mountainbike fahren. Wählen Sie eine Rahmenhöhe von etwa 35 bis 36 cm in Verbindung mit einem abfallenden Oberrohr. So ist eine ausreichende Schrittfreiheit vorhanden, und es bleibt noch genügend Spielraum für das Wachstum des Kindes. Sie können später auch eine längere Sattelstütze montieren. Mit Haken und Riemen ausgestattete Pedale eignen sich nur für Kinder ab zwölf. Wenn Sie möchten, dass Ihr Kind sein Rad längere Zeit fährt, sollten Sie etwas mehr Geld investieren. Die höherwertigen Komponenten benötigen weniger Wartung als billiges Material.

Mountainbike mit 20-Zoll-Rädern

Hier handelt es sich um Mountainbikes mit kleineren Laufrädern, die von Kindern zwischen sieben und elf Jahren gefahren werden können. Sie verfügen, wie ein Mountainbike für Erwachsene, über mehrere Gänge. Diese benötigen meist eine regelmäßige und intensive Wartung. Das abgebildete Modell besitzt einen extrem stabilen Y-Rahmen, wie er auch bei Mountainbikes für Erwachsene zu finden ist.

Stützräder

Gedacht für erste Fahrversuche der ganz Kleinen bis vier Jahre. Sie erzeugen aber ein anderes Fahrverhalten, sodass beim Umstieg auf ein richtiges Fahrrad der Lernprozess erst beginnt.

16"-Räder

Schon gestylt wie richtige Mountainbikes, sind diese Räder ohne Schaltung sehr robust und geeignet für Kinder zwischen vier und sieben Jahren.

Mädchenfahrrad

Seit es moderne Rahmenkonstruktionen (wie rechts abgebildet) gibt, besteht eigentlich kein Grund mehr, ein spezielles Mädchenrad zu wählen. Solche Rahmen mit abfallendem Oberrohr sind nur unwesentlich höher, dafür aber wesentlich robuster.

Kinderräder einstellen

Überlassen Sie die Sitzposition Ihres Kindes nicht dem Zufall. Stellen Sie sie sorgfältig ein, um ein Maximum an Sicherheit zu gewährleisten.

Bis Ihr Kind gelernt hat, sich sicher im Verkehr zu bewegen, müssen Sie die Verantwortung übernehmen. Dazu gehört auch, die Sitzposition regelmäßig dem Wachstum des Kindes anzupassen. Wichtigster Punkt: Der Sattel muss so eingestellt sein, dass Ihr Kind bei gestreckten Beinen beide Füße flach auf den Boden stellen kann. Sorgen Sie dafür, dass die Schrittfreiheit bei einem normalen Rahmen mindestens fünf Zentimeter und bei einem Rahmen mit abfallendem Oberrohr mindestens sieben Zentimeter beträgt. Achten Sie auch auf die Entfernung zwischen Sattel und Lenker. Wenn sich Ihr Kind zu sehr strecken muss, sollten Sie einen kürzeren Vorbau montieren. Achten Sie auf eine aufrechte Sitzposition, um einen guten Überblick über den Straßenverkehr zu gewährleisten. Viele Eltern haben die Erfahrung gemacht, dass Kinder das Radfahren am leichtesten mit tief gestelltem Sattel und abmontierten Pedalen lernen. So können die Kinder ihr Rad mit den Beinen vorwärts stoßen und nebenbei das Lenken und Bremsen lernen. Mit zunehmender Erfahrung der Kinder kann man den Sattel dann etwas höher stellen, bis nur noch die Zehenspitzen die Fahrbahn berühren. Jetzt sollten die Kinder lernen, eine gerade Linie zu fahren und einen Slalomkurs zu bewältigen. Sobald sie exakt lenken können, montieren Sie wieder die Pedale – und die letzte Übung beginnt: im Sattel sitzend zu pedalieren!

Füße flach am Boden

Bis Ihr Kind sicher mit seinem Fahrrad umgehen kann, sollten Sie die Sattelhöhe so einstellen, dass es seine Füße jederzeit schnell auf die Fahrbahn setzen kann. Eine ausreichende Schrittfreiheit wird dadurch ebenfalls garantiert. Das abgebildete Rad hat 20-Zoll-Laufräder, die mit an den Speichen befestigten Reflektoren versehen sind. So ist Ihr Kind schon von weitem für Autofahrer zu erkennen.

Ihr Platz

Wenn Sie mit Ihren Kindern unterwegs sind, sollten Sie immer als Letzter fahren; so haben Sie immer den Überblick. Fahren Sie jedoch nicht zu dicht auf; es könnte zu einem Zusammenstoß kommen, wenn die Kinder unerwartet anhalten.

Abfallendes Oberrohr

Räder mit abfallendem Oberrohr eignen sich hervorragend für kleinere Kinder, da sie für genügend Schrittfreiheit sorgen.

Besonderheiten

Viele Kinderräder haben Steuersätze und Kurbelgarnituren, die anders aufgebaut sind als herkömmliche Komponenten. Diese Steuersätze sind ähnlich dem auf Seite 170 behandelten Aheadset-Steuersatz. Kurbelgarnituren und Innenlager werden auf Seite 103 beschrieben.

Winzige Räder für Winzlinge

Ein Garten oder Hinterhof ist der beste Ort für die kleinen Biker, um die nötige Selbstsicherheit im Umgang mit dem Fahrrad zu bekommen. Legen Sie Slalomkurse an und lassen Sie die Kleinen Achten fahren, damit diese spielerisch lernen, ihr Rad zu beherrschen.

BMX-Räder

Ein BMX-Rad ist vielleicht das geeignetste Rad für abenteuerlustige Kinder. Es ist robust, wartungsarm und macht viel her.

BMX-Räder sind so konstruiert, dass sie eine optimale Kontrolle schon bei niedrigsten Geschwindigkeiten ermöglichen. Die Rahmen sind äußerst robust und unterscheiden sich bei den verschiedenen angebotenen Modellen oft nur in Details. Der Rahmen wird meist nur in einer Höhe angeboten, und die Anpassung an Ihr Kind erfolgt durch die Länge der Sattelstütze und einen entsprechend dimensionierten Lenker.

Eine Gangschaltung gibt es an diesen Rädern nicht. Sie können die Übersetzung also nur verändern, indem Sie ein kleineres oder größeres Ritzel am Hinterrad montieren. Bei den meisten BMX-Rädern kommt nämlich eine aus einem Stück geschmiedete Kurbelgarnitur zum Einsatz: Das Kettenblatt kann nicht gewechselt werden. Weitere Hinweise hierzu finden Sie auf Seite 103. Bei hochwertigen BMX-Rädern finden Sie dieselbe Technik wie an Mountainbikes. Hier können Sie die Kettenblätter wechseln – siehe auch Seite 94.

Technisch aufwändig ist das Bremssystem: Damit der Lenker um 360° gedreht werden kann, bedarf es einer speziellen Übertragung am Steuersatz. Diese Technik gibt es nur bei BMX-Rädern. Der Bremszug für die vordere Bremse wird durch das Steuerrohr geführt, während derjenige für die hintere Bremse in zwei Teile getrennt ist. Eine spezielle Platte am oberen Steuerkopflager entkoppelt die beiden Züge und ermöglicht so akrobatische Stunts.

Sicherheitshinweise

Der Gesetzgeber schreibt vor, dass jedes Fahrrad für den Einsatz im Straßenverkehr mit zwei unabhängig voneinander funktionierenden Bremsen ausgestattet sein muss.
Des Weiteren müssen eine von einem Dynamo betriebene Lichtanlage sowie Reflektoren an Rahmen, Pedalen und Laufrädern vorhanden sein.
Bitte achten Sie als Eltern auf die Einhaltung dieser Vorschriften.

BMX-Räder warten

1 Der Bremszug vorn wird durch ein Röhrchen zur Bremse geführt. Stellen Sie sicher, dass er sich frei bewegt und schmieren Sie ihn bei Bedarf. Justieren Sie die Bremsen so, dass die maximale Bremsleistung erreicht wird, bevor der Bremshebel den Lenker berührt.

2 Sollten Fußrasten montiert sein, benötigen Sie eine Stecknuss samt Verlängerung, um die darin versteckten Radmuttern anziehen oder lösen zu können. Für diese Arbeit ist es von großem Vorteil, einen Helfer zu haben, der das Rad an Sattel oder Lenker festhält.

3 Um die Kettenspannung zu überprüfen, drücken Sie die Kette exakt in der Mitte zwischen Hinterrad und Innenlager nach oben: 1 cm ist genau richtig! Muss die Spannung korrigiert werden, lösen Sie die Radmuttern und verschieben das Hinterrad entsprechend.

4 Der Winkel des Lenkers kann durch Lösen der vier Klemmschrauben verändert werden. Um Spannungen zu vermeiden, lösen Sie die Klemmschrauben über Kreuz und immer nur eine halbe Umdrehung pro Schraube. Beim Anziehen sollten Sie ebenfalls über Kreuz arbeiten.

Einstellung der hinteren Bremse

1 Drehen Sie die Einstellschraube am Rahmen ganz hinein. Positionieren Sie den Kabelhänger – durch ihn läuft das Verbindungskabel der beiden Bremsarme – so, dass er sich etwa 1 cm vom Sitzrohr entfernt befindet. Ziehen Sie die Klemmschraube fest an.

2 Hängen Sie das Verbindungskabel wieder in den Kabelhänger ein. Straffen Sie das Verbindungskabel mit einer Zange. Ziehen Sie die Klemmschraube am Bremsarm fest an. Der Winkel zwischen Verbindungskabel und Bremsarm sollte etwa 90° betragen.

3 Checken Sie die Anordnung der Bremszüge an der Dreheinrichtung unterhalb des Lenkers. Stellen Sie sicher, dass sich die inneren Platten frei bewegen. Schmieren Sie sie. Justieren Sie die Bremszüge so, dass die inneren Platten parallel zu den äußeren ausgerichtet sind.

4 Checken Sie die Spannung am Bremszug. Sie können ihn mit der Einstellschraube am Bremshebel und den Einstellschrauben an der oberen Platte der Dreheinrichtung spannen. Überprüfen Sie die Funktion der Bremse und kontrollieren Sie alle Klemmschrauben.

BMX-Pedale
Um Verletzungen und/oder Unfälle zu vermeiden, sollten Sie beschädigte Pedale unverzüglich durch neue ersetzen.
Immer wenn das Rad umfällt, erhalten die Pedale einen derben Schlag. Sie sollten sich daher für eine gute Qualität entscheiden: Hochwertige Pedale ertragen diese regelmäßigen Torturen wesentlich länger.

Tipps für den Helmkauf

**Das Tragen eines Helms ist bislang vom Gesetzgeber nicht vorgeschrieben.
Steigen Sie aber trotzdem nie ohne Helm aufs Rad.**

Suchen Sie ein Sport- oder Fahrradgeschäft, das eine große Auswahl an Helmen bietet und über erfahrenes Fachpersonal verfügt. Lassen Sie sich beraten, wie der für Sie und Ihren Einsatzbereich optimale Helm aussehen muss.

Probieren Sie möglichst viele Helme auf, damit Sie die für Sie perfekte Passform finden. Der Helm muss fest sitzen und darf nicht drücken. Wenn sich der Helm bei angezogenem Kinnriemen auf dem Kopf vor- und zurückschieben lässt, ist er zu groß.

Neben der Passform ist eine gute Belüftung das wichtigste Kriterium für einen guten Fahrradhelm. Achten Sie auf ausrei-chend dimensionierte Belüftungsschlitze, die Ihnen spätestens nach den ersten 20 Kilometern in der prallen Sonne ihre Funktion deutlich machen werden.

Am wichtigsten aber ist es, einen Helm zu kaufen, der nach modernsten Maßstäben gefertigt wird und den strengen Prüfnormen entspricht. Die Mindestanforderungen an einen Helm garantieren das CE-Prüfzeichen und der Europäische Standard EN1078. Die Prüfnorm der »Snell Foundation« legt die Messlatte noch höher. Dabei handelt es sich um eine amerikanische Prüfnorm für Helme von hoher Qualität.

1 Kaufen Sie nur einen Helm, der perfekt sitzt. Er sollte hoch genug über den Augen-brauen ruhen, um eine gute Sicht nach oben und zur Seite zu bieten. Wenn Sie mit dem Kopf wackeln, muss Ihr Helm sich mitbewegen.

2 Bei Helmen mit Halteplatte am Hinterkopf finden Sie im Inneren die Möglichkeit, diese exakt an Ihre Kopfform anzupassen. Meist geschieht dies mittels eines Klettver-schlusses.

1 Früher oder später werden Sie sich wasserdichte, gleichzeitig atmungsaktive Radkleidung wünschen. Da diese fast ausschließlich bei schlechtem Wetter getragen wird, sind grelle, auffällige Farben erste Wahl.

2 Gute Radhandschuhe sind ein Muss. Gepolsterte Handflächen erhöhen den Fahrkomfort, griffiges Material verbessert den Kontakt zum Lenker und das kräftige Gewebe schützt Ihre Hände bei einem Sturz.

3 Radkleidung für Kinder gibt es in allen Variationen und Farben. Achten Sie aber vor allem beim Helm darauf, dass er den Kleinen auch gefällt! Denn nur dann sind diese auch bereit ihn zu tragen.

4 Besser können Sie nicht in Ihre Sicherheit investieren: Reflektierende Gürtel, Aufkleber und Arm-/Beinbänder machen Sie bei Nacht, in der Dämmerung und an regnerischen Tagen weithin sichtbar.

3 Eine exakt eingestellte Halteplatte verhindert, dass der Helm nach hinten rutscht. Im besten Fall wäre das nur unbequem, im schlimmsten Fall aber verliert der Helm seine Schutzwirkung.

4 Die Befestigungsriemen müssen seitlich an den Ohren entlanglaufen und sauber anliegen. Die Einstellschnallen sollten unter den Ohrläppchen und der Verschluss unter dem Kinn liegen.

5 Viele Hersteller bieten verschiedene Helmgrößen an; die Feinanpassung wird mittels kleiner Polster vorgenommen. Andere Helme verfügen über eine spezielle Anpassung; z.B. ein aufblasbares Luftpolster.

Beschädigte Helme

Das stoßabsorbierende Material eines Helmes wird bei einem Sturz verdichtet und irreparabel verformt. Nach jedem Sturz ist daher ein neuer Helm fällig. Aus diesem Grund lohnt es sich, den Helm eines renommierten Herstellers zu kaufen: Dieser ersetzt einen durch Sturz beschädigten Helm oft gegen eine relativ geringe Bearbeitungsgebühr oder aber überprüft einen beschädigten Helm. Aber auch nach einigen Jahren intensiven Gebrauchs sollte ein Helm ersetzt werden.

Kinderhelme

Kinderhelme müssen genauso perfekt sitzen wie die von Erwachsenen. Helme mit austauschbaren, unterschiedlich großen Polstern können in einem gewissen Rahmen mit Ihrem Kind mitwachsen. Achten Sie darauf, dass der Helm fest sitzt und dass Ihr Kind den Kinngurt immer schließt.

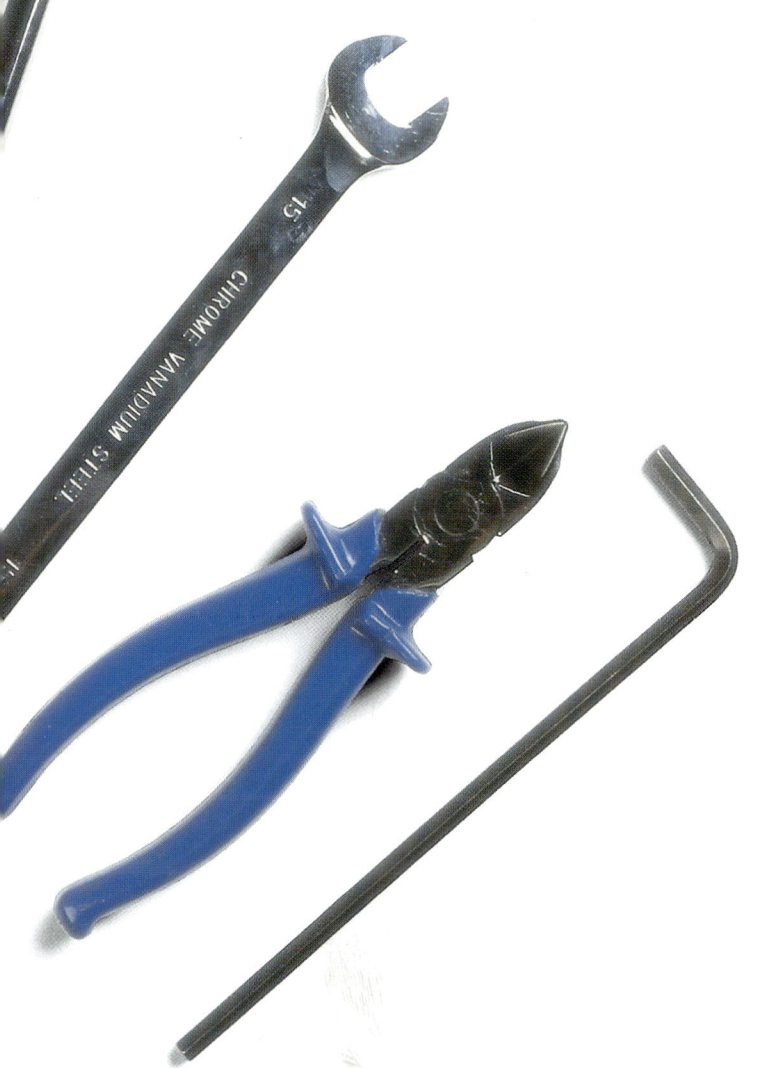

2
Nützliches Werkzeug

Bevor Sie sich auf den Weg machen, um Werkzeug für Ihr Fahrrad zu kaufen, sollten Sie zuerst einmal in Ihren Werkzeugkasten schauen. Dort werden Sie bereits das meiste finden. Nur einige wenige spezielle Werkzeuge werden Sie neu anschaffen müssen. In einem zweiten Schritt müssen Sie sich dann mit den richtigen Arbeitstechniken vertraut machen.

Werkzeug

Wenn Sie sich sorgfältig um Ihr Fahrrad kümmern, werden Sie etwa die Hälfte der Zeit, die die Wartungsarbeiten beanspruchen, allein für die Reinigung und Schmierung benötigen.

Wenn Ihr Werkzeug bereit liegt, müssen Sie lediglich fürs Fahrrad geeignete Schmiermittel besorgen, um mit der Arbeit beginnen zu können. Öl aus der Spraydose ist universell einsetzbar und erreicht selbst die verstecktesten Winkel. Achten Sie aber auf umweltfreundliches Treibgas. Sprühöl eignet sich auch für die Schmierung der Seilzüge.

Für die Kette bevorzugen viele Radfahrer aber ein zähflüssigeres Öl. Selbst bei heftigem Regen lässt es das Wasser über lange Zeit von der Kette abperlen. Viele Radler verwenden aber Kettenfett mit einem Wachsanteil. Denn selbst wenn das an der Kettenoberfläche haftende Fett abgewaschen wurde, verrichtet das Wachs im Inneren der Kettenrollen noch seine Aufgabe.

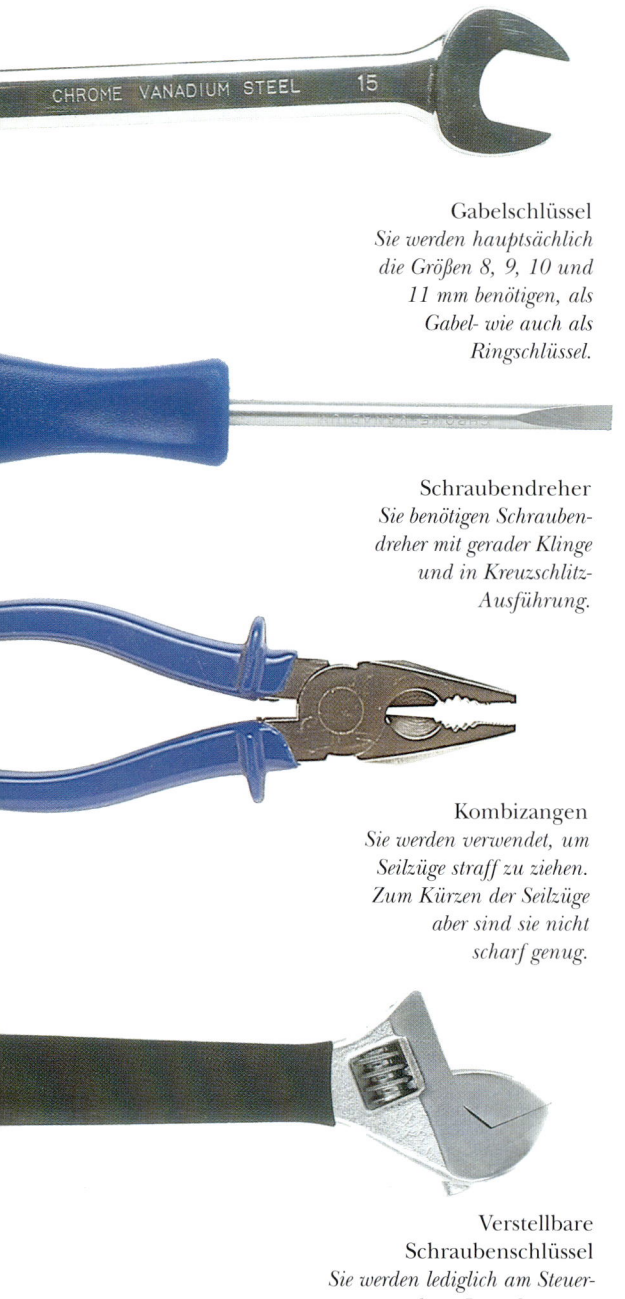

Gabelschlüssel
Sie werden hauptsächlich die Größen 8, 9, 10 und 11 mm benötigen, als Gabel- wie auch als Ringschlüssel.

Schraubendreher
Sie benötigen Schraubendreher mit gerader Klinge und in Kreuzschlitz-Ausführung.

Kombizangen
Sie werden verwendet, um Seilzüge straff zu ziehen. Zum Kürzen der Seilzüge aber sind sie nicht scharf genug.

Verstellbare Schraubenschlüssel
Sie werden lediglich am Steuersatz und am Innenlager verwendet. Spezielle Lagerschlüssel aber sind die bessere Wahl!

Ketten-reinigungs-gerät

Teflon-Schmieröl

Reinigungs-pinsel

Teflon-Sprühöl

Kettenöl mit Wachs

Universalöl

Bürste für die Ritzel

Ketten-pflege

Kettenschmiermittel auf Wachsbasis

Öle und Fette

Hochwertiges Sprühöl

Sprühöl auf Teflon-Basis

Lässt Wasser von Kette und Ritzeln abperlen.

Fett auf Kupferbasis

Fettspritze für Lager
Für Kugellager und Bremssockel

Wasserfestes Fett
Für alle Kugellager am Rad

Zahnbürste

Das mit Abstand beste Werkzeug, um verwinkelte Fahrradkomponenten zu reinigen.

Teppichmesser

Zum Schneiden von Lenkerband, Kabelbindern und der Isolierung von Lichtkabeln.

Innensechskantschlüssel

Die abgebildete Ausführung mit einer ballig ausgeformten Seite ist erste Wahl. Damit können Sie auch noch an unzugänglichen Stellen arbeiten.

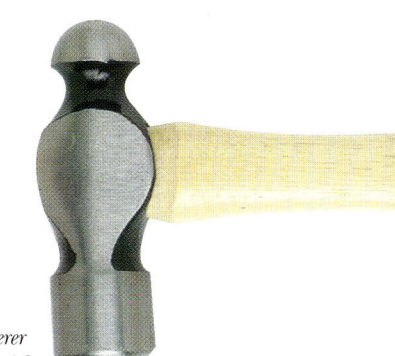

Hammer

Ein 500 Gramm schwerer Hammer ist für harte, zielgenaue Schläge geeignet. Dieses Modell ist bekannt dafür, dass es kaum abrutscht.

Drehmomentschlüssel

Viele Komponenten- und Radhersteller empfehlen die Verwendung eines Drehmomentschlüssels. Dieses relativ teure Werkzeug besitzt einen Vierkant, auf den die handelsüblichen Steckschlüssel passen. Das zum Anziehen einer Schraube oder Mutter empfohlene Drehmoment wird eingestellt; der Drehmomentschlüssel rutscht dann durch, sobald dieser Wert erreicht wird.

Arbeits-techniken

Werkzeuge anzuschaffen ist die eine Sache. Sie zu benutzen, ohne damit Schäden am Fahrrad anzurichten, eine andere …

Schrauben und Muttern weisen häufig einen Sechskant auf. Wenn Sie diesen Sechskant durch einen schlecht passenden Gabelschlüssel beschädigen, müssen Sie die Mutter oder Schraube ersetzen. Verwenden Sie daher von vornherin einen exakt passenden Ringschlüssel.

Die Länge eines Gabel- oder Ringschlüssels ist genau auf die Kraft abgestimmt, die notwendig ist, um die entsprechende Mutter festzuziehen. In der Praxis reicht es aus, eine Mutter mit der Kraft anzuziehen, die Sie mit drei Fingern aufbringen können. Wenn Sie mit Gewalt weiterdrehen, reißt das Gewinde leicht aus. Löst sich eine Mutter wiederholt, sollten Sie sie durch eine selbstsichernde Mutter ersetzen oder durch ein flüssiges Schraubensicherungsmittel, z.B. Loctite, sichern.

Mit einem Innensechskant versehene Schrauben sehen elegant aus. Im Gegensatz zu Sechskantmuttern oder -schrauben ist es aber nahezu unmöglich, sie zu lösen, wenn der Innensechskant einmal verdorben sein sollte. Achten Sie deshalb immer darauf, dass der Innernsechskant der Schraube frei von Schmutz ist. Nur so kann der Innensechskantschlüssel richtig greifen. Dass dieser optimal passen muss, dürfte klar sein. Der beste Innensechskantschlüssel, den Sie bekommen können, ist die Werkstatt-Ausführung mit einem robusten T-Griff aus Kunststoff.

Kreuzschlitzschrauben sehen ebenfalls elegant aus, sind aber noch anfälliger in Bezug auf Beschädigung. Um unnötigen Ärger zu vermeiden, sollten Sie nur Kreuzschlitzschraubendreher mit einer gehärteten Spitze verwenden. Aber selbst diese Schraubendreher halten nicht ewig. Kontrollieren Sie also regelmäßig die vier Flanken und die Spitze auf Verschleiß.

1 Wann immer möglich, sollten Sie Ringschlüssel verwenden. Sie greifen die Mutter oder den Schraubenkopf an allen sechs Flanken. Dadurch ist es fast unmöglich abzurutschen und den Sechskant zu beschädigen

2 Bei einem Gabelschlüssel ist die Wahrscheinlichkeit abzurutschen sehr viel größer. Denn er liegt nur an zwei von sechs Seiten an. Wenn Sie einen Gabelschlüssel verwenden müssen, versuchen Sie, sich dabei abzustützen.

5 Der Kopf von Innensechskantschrauben neigt dazu, sich mit Schmutz zu füllen. Reinigen Sie ihn, und stellen Sie sicher, dass der Schlüssel bis auf den Grund des Schraubenkopfs reicht, sonst rutschen Sie ab und beschädigen den Kopf.

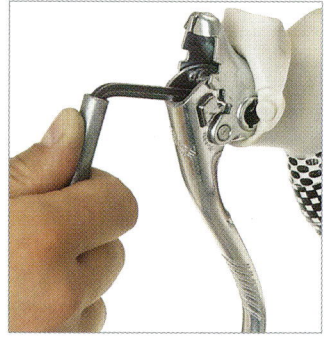

6 Wenn eine Innensechskantschraube schwer zugänglich ist, müssen Sie den langen Schenkel des Innensechskantschlüssels verwenden. Verlängern Sie den Schlüssel gegebenenfalls mit einem passenden Rohrstück.

> **Verletzungen vermeiden**
> Versuchen Sie immer den Gabelschlüssel zu sich herzuziehen. Die Verletzungsgefahr ist so deutlich geringer! Müssen Sie ihn von sich wegdrücken, tun Sie dies nicht mit der geschlossenen Hand, sondern mit dem Handballen!

3 Wenn Sie einen Satz Gabelschlüssel besitzen, können Sie damit auch eine Schraube festhalten, während Sie mit einem Ringschlüssel die Mutter lösen – beispielsweise wenn eine Schraube sich beim Lösen der Mutter mitdreht.

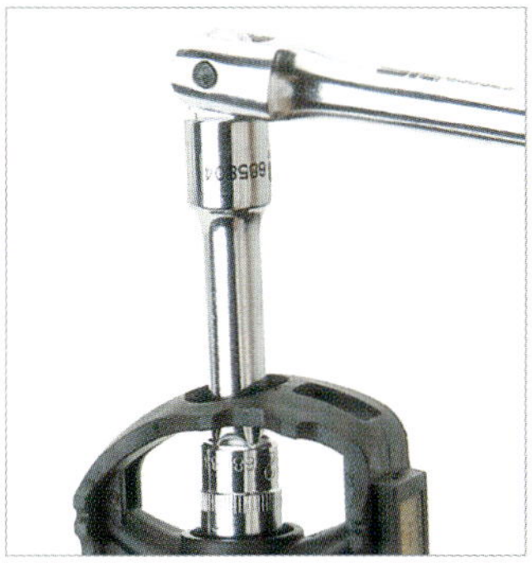

4 Steckschlüssel sind von großem Vorteil, wenn eine Mutter versteckt liegt. Kurbelbefestigungsschrauben und die Kontermuttern an manchen Pedalen können Sie viel besser mit einem Steckschlüssel erreichen.

7 Kreuzschlitzschrauben finden Sie an den Pedalen sowie an Schaltwerk und Umwerfer. Der Kreuzschlitzschraubendreher sollte nicht verschlissen sein. Richten Sie ihn senkrecht auf den Schraubenkopf, wenn Sie damit arbeiten.

8 Verbogene Metallteile lassen sich häufig wieder zurechtbiegen. Verwenden Sie dazu am besten einen Schraubstock oder zwei verstellbare Schraubenschlüssel. Durch das Zurechtbiegen wird das Metall spröder. Dieser Effekt findet aber nicht sofort statt. Führen Sie daher den Biegevorgang in einem Arbeitsgang durch und nicht in vielen kleinen Schritten.

Bowdenzüge

Meist finden sich vier Bowdenzüge am Fahrrad. Wenn diese schlecht gewartet oder verlegt sind, werden sie zu einer Quelle ständigen Ärgers. Pflegen Sie deshalb die Bowdenzüge gut.

Bei Bowdenzügen für indexierte Schaltungen dürfen nur solche verwendet werden, die eigens für diesen Einsatz konzipiert wurden. Schaltseil und Außenhülle müssen exakt aufeinander abgestimmt sein. Die Schaltseile sind meist vorgedehnt, um unnötige Einstellungskorrekturen nach den ersten Kilometern zu vermeiden. Sie sind speziell behandelt, um die Reibung gering zu halten.

Die Außenhüllen bestehen aus Flachdrähten, die nahezu parallel zum darin verlaufenden Schaltseil angeordnet sind. Dadurch lassen sie sich weniger stark komprimieren als herkömmliche Außenhüllen, bei denen die Flachdrähte spiralförmig gewickelt werden.

Schaltwerk und Umwerfer werden meist mit fertig abgelängten, auf die Schaltung abgestimmten Bowdenzügen geliefert. Wann immer es Ihnen möglich ist, sollten Sie diese Bowdenzüge verwenden. Gute Bowdenzüge sind an den Enden mit kleinen Gummiringen abgedichtet, so können Wasser und Schmutz nur schwer eindringen – ideal für Mountainbiker und Ganzjahresfahrer.

Der kurze Bowdenzug zwischen Rahmen und Schaltwerk verschmutzt am schnellsten. Pflegen Sie ihn regelmäßig und verwenden Sie hier nur Topqualität.

Bremsen arbeiten problemlos und perfekt mit jeder Art Außenhülle. Achten Sie aber darauf, dass das Bremsseil mit dem richtigen Nippel versehen ist, da es sonst nicht korrekt im Bremshebel eingehängt werden kann.

Bowdenzüge kontrollieren

1 Schalt- oder Bremsseile fransen meist unterhalb der Klemmschraube aus. Dies beeinträchtigt die Betriebssicherheit nicht. Das Nachspannen des Drahtseils wird aber erschwert. Ersetzen Sie ein ausgefranstes Drahtseil daher schnellstmöglich durch ein neues.

2 Ist nur ein einzelner Draht gerissen, reicht es, das abstehende Ende abzuschneiden. Früher oder später aber wird solch ein Drahtende in die Außenhülle hineinwandern und den Bowdenzug schwergängig machen. Wechseln Sie daher ein solches Drahtseil so schnell wie möglich aus.

3 Schaltzüge sind dünner als Bremszüge und fransen deshalb leichter aus. Versehen Sie die Enden daher mit einer Abschlusskappe, oder noch eleganter: Verlöten Sie die Enden. Halten Sie auch die Seilzugführung unter dem Tretlager möglichst schmutzfrei.

Standardaußenhüllen ablängen

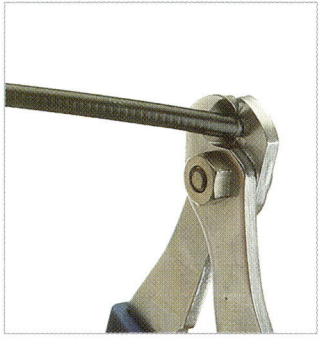

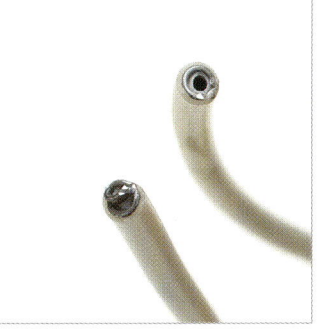

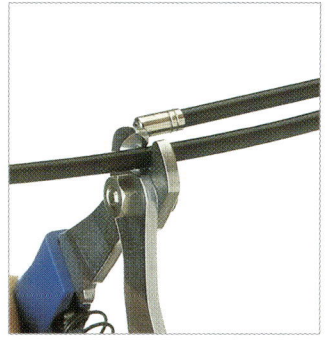

1 Zum Ablängen müssen Sie die Zange sanft anpressen, damit diese den optimalen Weg durch die Windungen des Flachdrahtes findet.

2 Wenn die Zange das Ende der Außenhülle (unten) gequetscht hat, bringen Sie es mit den Zangenbacken wieder in eine runde Form (oben).

3 Wenn Sie alte Außenhüllen durch neue ersetzen möchten, halten Sie diese einfach neben die alten, um die korrekte Länge zu bestimmen.

Moderne Fahrräder haben geschlitzte Kabelstopper. So können Sie die Außenhüllen aushängen und leichter abschmieren, ohne die Klemmschrauben des Schalt- bzw. Bremsseils lösen zu müssen.

4 Versehen Sie die Außenhüllen an den Enden immer mit Abschlusskappen aus Metall. So sitzen die Außenhüllen exakt und fest in den Kabelstoppern.

5 Versuchen Sie nicht, ein neues Drahtseil in eine beschädigte Außenhülle einzuführen. Das Drahtseil wird ausfransen und kann dann nicht mehr verwendet werden.

Werkzeuge für Bowdenzüge

Seitenschneider
◆ Für Arbeiten an den Bowdenzügen brauchen Sie einen guten Seitenschneider. Kombizangen quetschen das Drahtseil, statt es sauber abzutrennen.

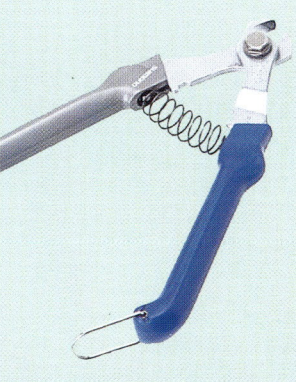

Bowdenzugzange
◆ Spezielle Bowdenzugzangen der Komponentenhersteller sind ein hervorragendes Werkzeug, um Außenhüllen abzulängen.

Bowdenzugspannzange
◆ Diese Zange kann sowohl für die Schaltung als auch für die Bremsen verwendet werden.

Abschließende Arbeiten

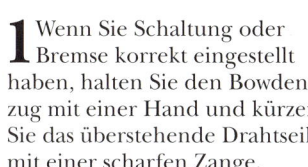

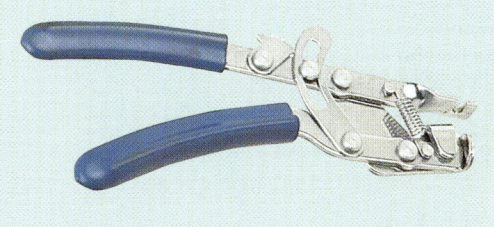

1 Wenn Sie Schaltung oder Bremse korrekt eingestellt haben, halten Sie den Bowdenzug mit einer Hand und kürzen Sie das überstehende Drahtseil mit einer scharfen Zange.

2 Lassen Sie das Drahtseil etwa 3 cm überstehen. Durch das Aufpressen einer kleinen Abschlusskappe verhindern Sie das Ausfransen des Drahtseils.

Problem-lösungen

Wenn Sie technische Probleme mit Ihrem Fahrrad haben, verraten wir Ihnen hier, wie Sie diese lösen können.

Wenn Sie sich an die Tipps und Ratschläge in diesem Buch halten, sollten Sie eigentlich keinerlei Probleme bekommen. Früher oder später aber werden Sie einmal stürzen, oder Sie vergessen bei der Montage das Schmiermittel – und schon sind Sie in Schwierigkeiten.

Um nach einem leichten Sturz noch nach Hause fahren zu können, sollten Sie einen verdrehten Vorbau wieder gerade biegen, indem Sie sich das Vorderrad zwischen die Beine klemmen und am Lenker ziehen. Wenn der Lenker verbogen ist, legen Sie das Rad auf die Seite, stellen einen Fuß auf den Vorbau und ziehen kräftig am entsprechenden Lenkerende. Wie immer, wenn Sie ein verbogenes Metallteil wieder gerade biegen müssen, sollten Sie die dafür notwendige Kraft langsam steigern und nicht ruckartig ziehen. Wenn das Rohr beginnt, sich zu bewegen, dürfen Sie mit dem Ziehen erst nachlassen, wenn der Lenker wieder gerade ist. Fahren Sie vorsichtig nach Hause und ersetzen Sie die beschädigten Teile schnellstmöglich.

Nach einem Frontalaufprall sind oft Ober- und Unterrohr des Rahmens verbogen. In den meisten Fällen wird es aber eine verbogene Gabel sein, die Sie an der Weiterfahrt hindert. Aus Sicherheitsgründen müssen Sie die verbogene Gabel schnellstmöglich durch eine neue ersetzen. Andere Probleme sollten Sie besser Profis überlassen: Eine gute Radwerkstatt ist in der Lage, festgefressene Kurbeln zu demontieren, verbogene Kurbeln wieder zu richten und festgerostete Sattelstützen zu lösen. Sie sollte ebenfalls in der Lage sein, einen Rahmen auf Verzug zu überprüfen und gegebenenfalls zu richten oder beschädigte Gewinde wieder instand zu setzen. Wenn Sie ein neues Innenlager oder einen neuen Steuersatz montieren möchten, sollte zuvor das Innenlagergewinde nachgeschnitten beziehungsweise das Steuerrohr plangefräst werden.

Festgefressene Teile

1 Sattelstützen aus Aluminium fressen leicht durch Korrosion im Sitzrohr fest. Lösen Sie die Klemmschraube und sprühen Sie die Sattelstütze mit Rostlöser ein. Dies sollten Sie mehrere Tage lang alle paar Stunden wiederholen.

2 Montieren Sie einen ausgedienten Sattel und bearbeiten Sie ihn mit einem Holzhammer. Hilft das nicht, versuchen Sie mit einer Wasserpumpen- oder Gripzange die Sattelstütze mit leichten Drehbewegungen herauszuziehen.

5 Für die Demontage der Pedale benötigen Sie einen langen Gabelschlüssel. Sie können den Schlüssel auch mit einem passenden Rohrstück verlängern. Denken Sie daran, dass das linke Pedal mit einem Linksgewinde versehen ist.

3 Lässt sich eine Kurbel nicht abziehen, umwickeln Sie sie mit einem Tuch, und bearbeiten Sie das Ende am Innenlager mit kurzen Hammerschlägen. Oder fahren Sie äußerst vorsichtig ein paar Kilometer mit herausgedrehter Kurbelbefestigungsschraube.

4 Sollten die Radmuttern durch schlechtes Werkzeug rund gedreht sein, versuchen Sie es mit einem passenden Steckschlüssel in Verbindung mit einer Ratsche. Steckschlüssel greifen die Muttern an den Flanken des Sechsecks und nicht an den empfindlichen Kanten.

6 Verlängern Sie den Hebelarm nicht zu sehr. Die Gefahr, dabei das Gewinde in der Kurbel zu beschädigen, ist groß. Sprühen Sie die Schraubverbindung von beiden Seiten mit Sprühöl ein und lassen Sie es etwas einwirken.

7 Wenn die Flächen für den Gabelschlüssel an der Pedalachse beschädigt sind, demontieren Sie die Kurbel und spannen Sie die Pedalachse in einen Schraubstock. Drehen Sie dann an der Kurbel, um die Achse zu lösen.

Der letzte Schritt

Wenn alle Tricks nicht mehr weiterhelfen, bleibt oft nur noch der Griff zur Säge. Meist ist eine kleine Säge am besten geeignet. Setzen Sie vor der Arbeit ein neues Sägeblatt ein. Wenn es sich um eine Verbindung handelt, die durch eine Schraube und Mutter zusammengehalten wird, setzen Sie die Säge hinter der Mutter an und sägen Sie die Schraube ab. Sie werden dabei teilweise durch die Rückseite der Mutter sägen müssen. Wenn Sie mit dem rund gedrehten Innensechskant einer Schraube zu kämpfen haben, sägen Sie einen Schlitz in den Schraubenkopf und versuchen Sie anschließend, die Schraube mit einem Schlitzschraubendreher zu lösen. Bei gut zugänglichen Sechskantmuttern können Sie auch zwei gegenüberliegende Flächen diagonal aufsägen. Mit Hammer und Meißel lässt sich eine derart bearbeitete Mutter dann häufig in zwei Teile spalten.

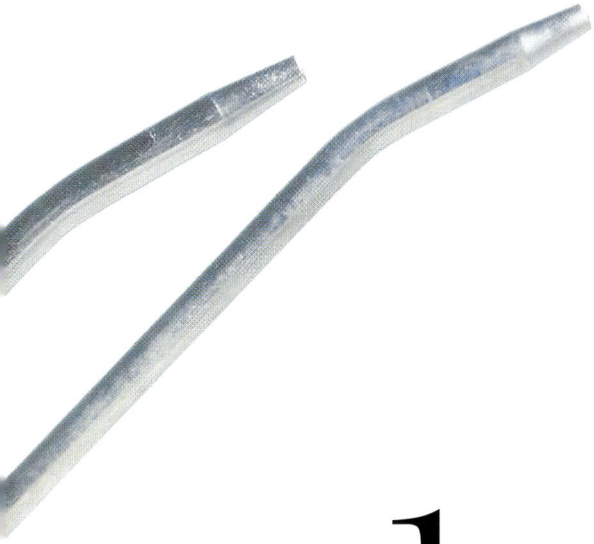

3
1x1 der Fahrradpflege

Regelmäßige Wartung zahlt sich aus. Die Gänge Ihres Fahrrads lassen sich exakter schalten, die Kette lebt länger und das Rad verliert keine Schrauben. In diesem Kapitel erfahren Sie alles Nützliche und Wissenswerte zur Fahrradpflege.

Wer gut schmiert …

Sie können Ihr Fahrrad nie zu viel schmieren. Im schlimmsten Fall zieht es etwas mehr Schmutz an als normal.

Ketten neigen dazu, Öl in kürzester Zeit wieder zu verlieren. Darüber hinaus ist die Kette schnell mit Schmutz überzogen oder Regen wäscht das Öl von den zahlreichen Gliedern. Wenn Sie nicht aufpassen und die Kette trocken laufen lassen, werden Kette wie auch Kettenblätter und Ritzel in kürzester Zeit verschleißen, und auch die Schaltung wird kaum noch funktionieren.

Schmieren Sie deshalb die Kette regelmäßig und reinigen Sie sie, sobald sich Schmutz und Staub auf den Kettengliedern abzulagern beginnen. Genaue Anweisungen zum Reinigen der Kette finden Sie auf Seite 78.

Wer mit seinem Rad zur Arbeit fährt, sollte im Winter wöchentlich, im Sommer alle 14 Tage die Kette schmieren. Wenn es regnet, müssen Sie die Kette in noch kürzeren Intervallen ölen. Freizeitradler sollten die Kettenpflege nach jeder Querfeldeinfahrt und nach jeder längeren Straßenfahrt durchführen.

Wenn Sie die weiteren Schmieranweisungen auf dieser Doppelseite mit jeder Kettenschmierung zusammen durchführen, wird es Ihrem Fahrrad nie an ausreichendem Schmierstoff mangeln.

Lassen Sie das Abschmieren wie auch das Reinigen und das routinemäßige Durchsehen Ihres Rades zu einer festen Angewohnheit werden.

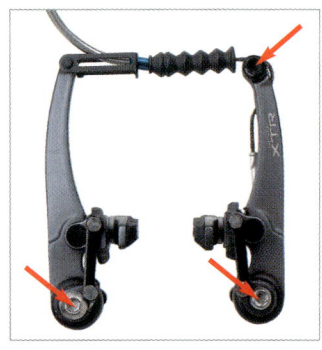

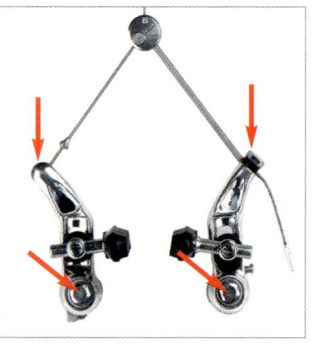

1 Die Drehpunkte von V-Bremsen werden bei der Montage mit Fett versehen. Um Wasser fern zu halten und Rost zu vermeiden, sollten Sie sie regelmäßig mit Sprühöl einsprühen.

2 Herkömmliche Cantilever-Bremsen benötigen ebenfalls etwas Schmiermittel, um die Gelenke beweglich zu halten. Schmieren Sie die Verbindung Bremsarm – Bremsseil.

3 Das Schaltwerk benötigt ebenfalls regelmäßig etwas Öl. Sprühen Sie alle Drehpunkte des Schaltwerks ein und wischen Sie überschüssiges Öl mit einem Lappen ab.

4 Die Schalträdchen bekommen vom Kettenöl nicht viel ab. Deshalb brauchen sie ab und zu etwas Sprühöl auf die Lager. Das Öl fördert auch einen Selbstreinigungseffekt.

7

8

1 & 2

Ran mit der Bürste

Wenn Sie Ihr Rad bei trockenem Wetter fahren, setzt sich Staub in alle Ritzen und Winkel. Sie sollten den Staub regelmäßig mit einer Bürste entfernen, bevor Sie Öl auftragen. So verhindern Sie, dass der Staub zusammen mit dem Öl in die Lager gelangt. Achten Sie auch darauf, dass kein Staub auf die Kette gelangt.

Welches Schmiermittel?

Die Regale der Radläden quellen über von neuen und immer teureren Schmiermitteln. Der Vorteil all dieser High-Tech-Schmiermittel ist aber zweifelhaft. Zwingend erforderlich sind sie nur selten. Verlassen Sie sich daher ruhig auf bewährte, seit Jahren erhältliche Mittel. Mit einer Büchse Sprühöl, einem Fläschchen zähflüssigen Kettenöls und einer Tube wasserfestem Fett sind Sie für alle Aufgaben bestens gerüstet.

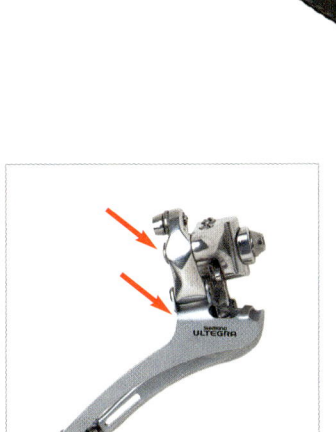

5 Die Drehpunkte des Umwerfers, die Schalthebel und das Schaltseil werden ebenfalls mit Sprühöl versorgt. Wischen Sie überschüssiges Öl mit einem Lappen ab.

6 Die Kette wird zuerst satt mit Sprühöl versorgt. Geben Sie dem Sprühöl Zeit zum Eindringen. Anschließend die Kette zusätzlich mit wachshaltigem Öl schmieren.

7 Um leichtgängig zu bleiben, braucht der Bremshebel Sprühöl am Drehpunkt. Ziehen Sie den Bremshebel, und sprühen Sie auch das Bremsseil und den Nippel ein.

8 Brems- und Schaltseile benötigen ebenfalls Schmierung. Wo ein Schalt- oder Bremsseil die Außenhülle verlässt, wirkt etwas Sprühöl Wunder.

Waschtag

Mountainbikes sollten nach jeder Geländefahrt gewaschen werden. Aber auch andere Räder erstrahlen nach einer ordentlichen Wäsche in neuem Glanz.

Das beste Reinigungsmittel für Ihr Rad, vor allem wenn es stark verölt ist, ist ein Geschirrspülmittel. Öl, Fett und Wachs werden zuverlässig entfernt. Der Rahmen kann durch Autopolitur auf Hochglanz gebracht werden. Ecken, in denen der Schmutz besonders hartnäckig sitzt, sprühen Sie mit einem Fettlöser ein und lassen diesen einwirken. Abschließend wird dann mit Wasser und einer Bürste nachgeholfen.

Ist Ihr Rad nur leicht verschmutzt, können Sie es mit einem milden Autoshampoo waschen. Autoshampoo enthält häufig auch etwas Wachspolitur und sorgt so für attraktiven Glanz. Sie sollten Ihr Rad nie in der prallen Sonne waschen. Es trocknet dann zu schnell und es bleiben Putzstreifen zurück. Verwenden Sie auf keinen Fall einen Hochdruckreiniger. Die Lager lassen das Wasser eindringen und werden beschädigt. Auch einen Wasserschlauch sollten Sie nie direkt auf Naben, Innenlager, Schaltwerk und Umwerfer sowie Steuersatz richten.

Reinigungsset

Sprühöl

Fettlöser zum Aufsprühen

Fettlöser zum Aufpinseln

Geschirrspülmittel

1 Geben Sie etwas Geschirrspülmittel oder Autoshampoo in einen Eimer mit warmem Wasser. Waschen Sie mit Schwamm oder Bürste das komplette Rad; lassen Sie das Reinigungsmittel einwirken.

2 Waschen Sie das Rad noch einmal. Die zweite Wäsche wird den meisten Schmutz lösen. Hartnäckigen Schmutz in Ecken und Winkeln entfernen Sie am effektivsten mit einer kräftigen Flaschenbürste.

Wann diese Arbeit fällig wird
◆ Nach jeder Querfeldeinfahrt.
◆ Alle zwei oder drei Monate.

Zeitaufwand
◆ Etwa eine halbe Stunde, wenn Sie es ordentlich machen möchten; etwa 10 Minuten, wenn Sie in Eile sind.

Schwierigkeitsgrad:
◆ Kinderleicht. Es gibt also keine Ausrede, das Rad nicht sauber zu halten.

Spezialwerkzeug
◆ Flaschenbürste, Geschirrspülbürste, Zahnbürste, Schwamm, Wildleder.

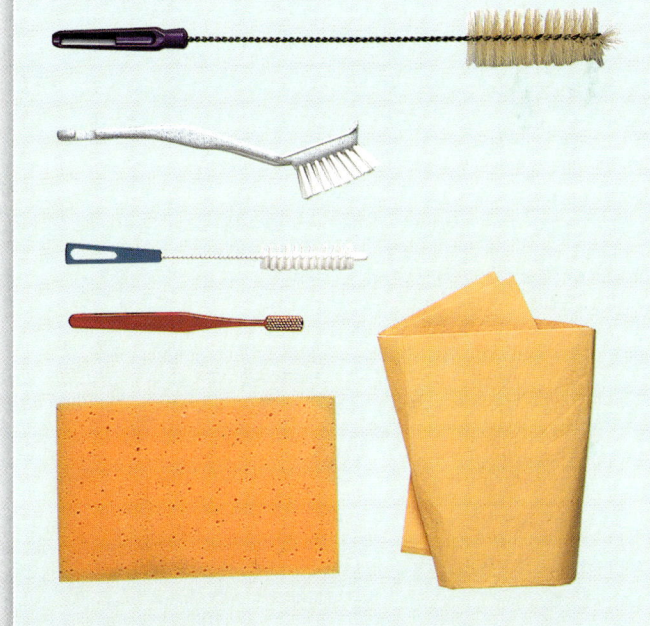

3 An stark verölten Stellen perlt das Waschwasser ab. Hier können Sie mit Fettlöser nachhelfen. Bürsten Sie diesen mit einer alten Zahnbürste in den Schmutz ein und entfernen Sie die Ölrückstände.

4 Am Ende können Sie den Schaum noch mit einem Eimer klarem Wasser abspülen. Verwenden Sie einen großen Schwamm, um das Wasser gezielt über Rahmen und Schutzbleche laufen zu lassen.

5 Trocknen Sie Rahmen, Schutzbleche und Sattel mit einem Tuch oder Wildleder ab. Sprühen Sie alle Bereiche, in denen Wasser eingedrungen sein könnte, mit Sprühöl ein.

Waschen, Schmieren, Fahren
Auch wenn Sie Ihr Rad nach der Wäsche sorgfältig abtrocknen, kann Wasser in die Lager gelangen. Wenn Sie Ihr Rad aber abschmieren, ohne es vorher zu waschen, wird vermutlich Schmutz zusammen mit dem Öl in die Lager gelangen. Betrachten Sie Waschen und Schmieren also immer als Arbeiten, die zusammengehören.

10-Minuten-Radcheck

Dieser Check sorgt für ein jederzeit sicheres Fahrrad. So können Sie unbesorgt den täglichen Weg zur Arbeit absolvieren oder gemütlich über Land fahren.

1 Die volle Bremsleistung sollte erreicht werden, wenn sich der Bremshebel in der Mitte zwischen Ruhestellung und Lenker befindet. Lässt sich der Bremshebel weiter ziehen, sollten Sie Abhilfe schaffen.

Am besten führen Sie den 10-Minuten-Check vor dem Abschmieren und nach der großen Radwäsche durch.

Die ersten vier Schritte des Routinechecks betreffen die Bremsen. Wenn Sie dabei auf Unzulänglichkeiten stoßen, sollten Sie Ihr Rad erst wieder benutzen, wenn diese beseitigt sind. Dies gilt unbedingt auch für Schäden, wie beispielsweise Rissbildung, an Lenker, Vorbau, Rahmen und Gabel! Alle anderen Fehlerquellen stellen meist keine akute Sicherheitsgefahr dar. Sie können Ihr Rad also weiterhin benutzen, gehen aber das Risiko ein, dass Ihr Rad beschädigt wird oder gar liegen bleibt.

Als Nächstes wird die Lenkung überprüft: Wenn etwas verbogen ist, läuft Ihr Rad nicht mehr sauber geradeaus. Schwieriger ist es, einen verschlissenen oder falsch eingestellten Steuersatz zu diagnostizieren. Großes Lagerspiel spüren Sie jedes Mal, wenn Sie die Vorderradbremse betätigen. Es ruckelt dann deutlich. Minimales Lagerspiel können Sie mit den Fingerspitzen direkt am Lager zwischen Gabelkopf und Rahmen ertasten. Ziehen Sie dazu die Vorderradbremse und stoßen Sie das Rad dann abwechselnd vor und zurück. Stellen Sie einen lockeren Steuersatz sofort korrekt ein, sonst ist das Lager innerhalb kürzester Zeit ruiniert und muss ausgetauscht werden.

Danach ist der Antrieb dran. Wenn eine Kurbel wackelt oder sich die Kurbeln nur schwer und knirschend drehen lassen, dann sollten Sie Ihr Rad möglichst stehen lassen und die Probleme beseitigen. Natürlich ist es möglich, mit einem lockeren Innenlager zu fahren, aber es verschleißt dann extrem schnell und verlangsamt Ihre Fahrt unnötig. Dies ist auch bei verbogenen Kettenblättern, Kurbeln und schwergängigen Pedalen der Fall.

Ein falsch eingestelltes Schaltwerk gilt als Hauptärgernis an den meisten Fahrrädern mit Kettenschaltung. Die Gangwechsel sollten schnell und zuverlässig sein. Springt die Kette von einem Gang zum anderen, muss die Schaltung neu eingestellt werden. Kontrollieren Sie auch die Indexfunktion. Die Gänge müssen deutlich und exakt einrasten.

Abschließend sollten Sie überprüfen, ob die Klemmschrauben am Sattel, an der Sattelstütze und am Vorbau fest angezogen sind.

5 Bei Federgabeln müssen Sie den Bremsbügel regelmäßig auf Risse untersuchen. Reinigen Sie die Standrohre mit einem Tuch und schmieren Sie diese mit einem vom Gabelhersteller freigegebenen Öl.

6 Nach der Prüfung von Vorbau und Lenker auf Risse sollten Sie checken, ob der Steuersatz Spiel aufweist. Korrigieren Sie das Lagerspiel sofort, um Schäden zu vermeiden. Überprüfen Sie alle Schrauben auf festen Sitz.

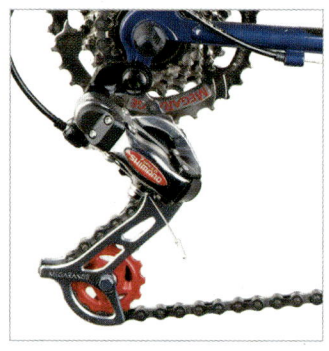

10 Sehen Sie nach, ob das Schaltseil am Schaltwerk ausgefranst ist. Überprüfen Sie die Schalträdchen auf zu großes Spiel. Schalten Sie ein paar Mal auf und ab, um sicherzustellen, dass die Gangwechsel schnell und präzise vonstatten gehen.

2 Auch wenn die Bremsen korrekt eingestellt sind, müssen Sie die Bremsgummis kontrollieren. Sie sollten genügend stark sein und mindestens 1 mm Abstand zum oberen Felgenrand aufweisen.

3 Bremsseile fransen oft an Einstell- und Klemmschrauben aus; ebenso dort, wo sie die Außenhülle verlassen. Die erforderlichen Handkräfte am Bremshebel erhöhen sich dann deutlich.

4 Auch bei mechanisch betätigten Scheibenbremsen müssen die Bremsseile kontrolliert werden. Hydraulische Bremssysteme müssen Sie auf Lecks und festen Sitz aller Schrauben überprüfen.

7 Greifen Sie mit beiden Händen die pedalseitigen Enden der Kurbeln. Wenn sie sich auf beiden Seiten gleich weit bewegen lassen, ist das Innenlager locker. Wackelt nur eine Kurbel, hat sich deren Befestigungsschraube gelöst.

8 Nehmen Sie die Kette vom Kettenblatt ab und legen Sie sie auf das Innenlagergehäuse, damit sich die Kurbelgarnitur frei bewegen lässt. Drehen Sie sie um zu checken, ob das Innenlager leicht und geräuschlos läuft.

9 Stellen Sie sicher, dass alle Kettenblattschrauben fest angezogen sind. Kontrollieren Sie durch einen Blick von oben, ob Kurbeln oder Kettenblätter verbogen sind. Prüfen Sie die Pedale auf leichten und geräuschlosen Lauf.

11 Prüfen Sie, ob das Schaltseil am Umwerfer ausgefranst und das Kettenleitblech parallel zur Kette ausgerichtet ist. Der Abstand zwischen Kettenleitblech und großem Kettenblatt sollte etwa 1–3 mm betragen.

12 Stellen Sie sicher, dass Ihre Sitzposition optimal eingestellt ist und dass Ihre Beine beim Pedalieren nahezu gestreckt sind. Ziehen Sie die Klemmschraube am Sattel vorsichtig an, um das Gewinde nicht zu beschädigen.

13 Prüfen Sie, ob sich der Sattel seitlich verdrehen lässt. Sollte dies der Fall sein, ziehen Sie die Klemmschraube oder den Schnellspanner fest. Überprüfen Sie abschließend auch den Vorbau auf festen Sitz und parallele Ausrichtung zum Vorderrad.

Laufrad- und Reifenservice

Führen Sie diesen Check möglichst im Anschluss an den auf den beiden vorherigen Seiten beschriebenen 10-Minuten-Check durch.

Wenn Sie das Vorderrad in Drehung versetzen, sollte es möglichst lange laufen. Dabei dürfen keinerlei knirschende oder mahlende Geräusche zu hören sein. Wenn das Laufrad schnell wieder zum Stillstand kommt oder seltsame Geräusche von sich gibt, muss vermutlich die Nabe zerlegt, gereinigt und neu abgeschmiert wieder montiert werden (siehe Seiten 140–141). Während das Laufrad sich dreht, können Sie es auch auf einen Seitenschlag checken. Wandert es von einer Seite zur anderen, überprüfen Sie, ob es am Reifen oder an der Felge liegt. Vor allem bei Mountainbikes haben Reifen oft einen leichten Schlag. Eine Felge aber darf nicht mehr als 1 mm von ihrem Kurs abweichen. Wenn die Felge einen Schlag hat, helfen Ihnen die Ratschläge auf Seite 142 weiter. Es kommt auch vor, dass Reifenwulst oder Reifenflanke beschädigt sind. In diesem Fall hilft nur ein neuer Reifen.

Alle Speichen eines Laufrades sollten gleich stark gespannt sein. Wenn die Felge einen Schlag hat, sind vermutlich einige wenige Speichen locker. Wenn aber alle Speichen locker sind, müssen alle gespannt werden, und das Laufrad bedarf einer neuen Zentrierung. Wenn Sie das Profil der Reifen nach eingedrungenen Steinchen untersuchen, prüfen Sie auch, ob Risse oder tiefe Schnitte vorhanden sind. Reifen werden durch die UV-Strahlung der Sonne brüchig.

5-Minuten-Laufrad- und Reifencheck

1 Heben Sie das Vorderrad, und drehen Sie es. Wenn Sie einen Schlag sehen können, versuchen Sie festzustellen, ob dieser durch den Reifen oder die Felge verursacht wird. Peilen Sie dazu entlang der Bremsgummis.

Reifen aufpumpen

1 Um ein Sklaverand-Ventil aufpumpen zu können, müssen Sie die Staubschutzkappe abschrauben und anschließend die winzige Rändelmutter lösen. Wenn Sie auf das Ventil drücken, entweicht laut zischend Luft.

Sklaverand-Ventil

Schrader-
Ventil

Undichte Ventile

Wenn ein Reifen ständig Luft verliert, aber kein Loch zu entdecken ist, dann ist oft das Ventil undicht. Überprüfen Sie das, indem Sie den Schlauch ausbauen und in einen Eimer mit Wasser halten. Es geht aber auch einfacher. Füllen Sie ein kleines Gefäß mit Wasser und tauchen Sie das Ventil hinein. Wenn es jetzt blubbert, brauchen Sie ein neues Ventil.

2 Wenn der Reifen nicht rund läuft, demontieren Sie ihn und montieren Sie ihn neu. Achten Sie darauf, dass der Reifenwulst gleichmäßig in der Vertiefung der Felge sitzt. Prüfen Sie, ob alle Speichen gleichmäßig gespannt sind.

3 Entfernen Sie mit einem Schraubendreher die im Profil eingeklemmten Steinchen. Achten Sie auch auf tiefe Schnitte oder Risse, die oft verdeckt sind. Ist der Reifen stark beschädigt, sollten Sie ihn ersetzen.

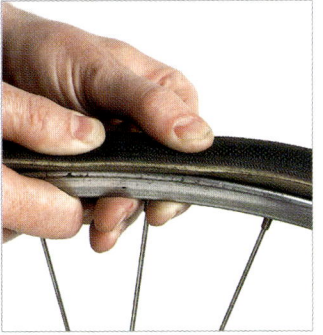

4 Die Reifenflanke muss von der Felge bis hinauf zum Profil unbeschädigt sein. Wenn die Leinwand zu sehen ist (oder bei Rissen), sollten Sie etwas Luft ablassen, um überprüfen zu können, wie groß der Schaden tatsächlich ist.

5 Drehen Sie die Radachse. Sie sollte sich weich drehen lassen. Läuft sie schwer gängig und knirschend, muss die Nabe zerlegt und neu geschmiert werden. Ist alles o.k., geben Sie ein paar Tropfen Öl zwischen Achse und Nabe.

2 Mountainbikes und Alltagsräder sind oft mit Schrader-Ventilen ausgestattet. Sie sind im Durchmesser etwas größer als Sklaverand-Ventile. Bei manchen Luftpumpen benötigen Sie für diese Ventile einen Adapter.

3 Die Luftpumpe wird auf das Ventil gesteckt. Wenn Sie sie schräg halten, kann es passieren, dass Luft entweicht. Achten Sie darauf, die Pumpe senkrecht auf das Ventil zu drücken und stabilisieren Sie Ihre Hand an einer Speiche.

4 Ist ein Reifen mit Sklaverand-Ventil aufgepumpt, prüfen Sie, ob das Ventil senkrecht zur Felge steht und dass der Sicherungsring an der Felge fingerfest angezogen ist. Abschließend Rändelmutter anziehen und Staubschutzkappe aufsetzen.

5 Bei MTBs genügt ein Reifendruck von 2,8 bar (40 psi). Reifen von Trekkingrädern können Sie bis zu 5 bar (70 psi) aufpumpen. Rennradreifen vertragen bis zu 8 bar (120 psi)! Der max. zulässige Druck ist auf der Reifenflanke angegeben.

10 hinterhältige Fehler

Nach dem 10-Minuten-Radcheck können Sie häufig auftretende Probleme leicht erkennen. Diese Seite soll Ihnen helfen, hinterhältigen Fehlern auf die Spur zu kommen.

Der 10-Minuten-Check zeigt Ihnen, ob die Grundeinstellung Ihres Fahrrades in Ordnung ist. Aber er wird Ihnen nicht helfen, versteckte Fehlerquellen aufzuspüren.

Das Wichtigste ist die Einstellung Ihrer Sitzposition. Die meisten Radfahrer stellen die Sattelhöhe grob ein und belassen es dabei. Eine häufige Fehlerquelle ist auch die Schaltung. Wenn die Gänge sich nicht sauber schalten lassen und einfache Korrekturen keine Besserung erbringen, sollten Sie die Schaltung von Grund auf neu einstellen. Montieren Sie gegebenenfalls eine neue Kette, Kettenblätter und Zahnkränze und eventuell sogar ein neues Schaltwerk (siehe Seiten 50–55).

In gewissen Abständen benötigen Sie neue Reifen. Auch wenn der Reifen noch 1 mm Profil hat, bedeutet das nicht, dass die Reifenflanken in einem guten Zustand sind. Nach eingehender Kontrolle werden Sie sich vielleicht wundern, warum Sie bei den letzten Ausfahrten keinen Plattfuß hatten. Die Montage guter Reifen ist die leichteste und sinnvollste Tuning-Maßnahme für Ihr Rad.

Kurioserweise ist bei einem guten Fahrrad die Wahrscheinlichkeit sehr groß, dass Sie von den unterschiedlichsten Quietschgeräuschen in Ihrem Fahrgenuss gestört werden. Ursache hierfür sind diverse Metalle, die aneinander reiben. Versuchen Sie nicht, diese Geräusche durch extremes Anziehen der jeweiligen Schrauben zu beseitigen. Sie könnten die Schraube abreißen oder das Gewinde ruinieren.

Auch für die Bremsen gilt: Selbst wenn Bremsgummis noch ein paar Millimeter stark sind, ist das keine Garantie dafür, dass sie noch ordentlich zupacken. Montieren Sie lieber neue Bremsgummis und richten Sie diese so aus, dass sie parallel zur Felge stehen oder diese – in Drehrichtung der Felge betrachtet – zuerst vorne berühren (Seite 125). Normalerweise finden Sie auf der Verpackung der Bremsgummis eine detaillierte Montageanleitung. Erwarten Sie aber nicht, dass die neuen Bremsgummis sofort volle Leistung bringen – sie brauchen eine gewisse Einlaufzeit, um sich optimal an die Felgenflanke anzupassen.

Zum Thema Lager: Wenn Sie Ihr Fahrrad häufig fahren, ist die Wahrscheinlichkeit groß, dass sie verschlissen sind.

1 Eine falsch eingestellte Sitzposition verschlechtert den Sitzkomfort, die Effizienz und die Kontrolle über Ihr Rad. Bringen Sie den Sattel in die empfohlene Grundeinstellung, und ermitteln Sie die für Sie optimale Sitzposition.

2 Die Kette ist verschlissen, wenn Sie sich wie abgebildet vom Kettenblatt abheben lässt. Das macht aber meist keine akuten Probleme. Kettenblätter und Ritzel verschleißen aber immer schneller und die Gangwechsel werden träge und ungenau.

5 Erst eine genaue Untersuchung der Reifen gibt Ihnen Aufschluss über deren Zustand. Wenn eine Reifenflanke Schäden vermuten lässt, lassen Sie etwas Luft ab und drücken Sie den Reifen zur Felge hin platt.

6 Wenn Ihr Rad quietscht, kommt das Geräusch vermutlich von Stahlschrauben in einem Aluminiumgewinde oder umgekehrt. Fetten Sie die Schraubverbindungen an Vorbau, Kettenrädern und am Sattel gut.

3 Wenn ein Rasseln an Ihrem Rad aufhört, sobald Sie nicht mehr pedalieren, ist häufig die Indexierung Ihres Schaltwerks nicht korrekt eingestellt. Drehen Sie die Seilzugeinstellschraube heraus oder hinein.

4 Durch richtiges Einstellen der Anschlagschrauben am Schaltwerk verhindern Sie, dass die Kette über die Ritzel hinausbefördert wird. Hilft das nicht weiter, ist vielleicht die Kette zu lang. Die Kettenlänge stimmt dann, wenn der Käfig des Schaltwerks bei auf großem Blatt und größtem Ritzel liegender Kette 45° nach vorne weist.

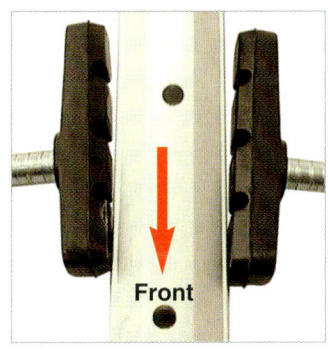

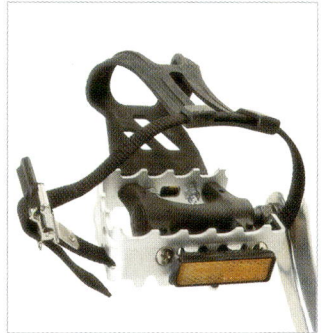

7 Eine schlechte Bremswirkung kann Ihre Ursache in verschmutzten Bremsgummis haben. Montieren Sie neue Bremsgummis. Entfernen Sie Verunreinigungen mit Spiritus, oder reinigen Sie die Felge mit feiner Stahlwolle.

8 Quietschende Bremsen werden oft von schlecht eingestellten Bremsgummis verursacht. Stellen Sie sie so ein, dass sie die Felge zuerst vorn berühren und dabei hinten noch einen Millimeter Abstand haben.

9 Ursache einer ruckelnden Vorderradbremse ist oft ein zu locker eingestellter Steuersatz. Legen Sie Ihre Finger um das untere Lager und ziehen Sie die Bremse. Wenn Sie das Rad nun vor- und zurückschieben, spüren Sie das Lagerspiel.

10 Pedale mit schwer gängigen Lagern oder verbogenen Achsen machen ein effektives Pedalieren unmöglich. Demontieren Sie das Pedal von der Kurbel, um zu überprüfen, ob das Lager leicht und spielfrei läuft.

4
Schaltung

Ein Radfahrer bemerkt bereits leichteste Steigungen.
Und selbst wenn der Wetterbericht einen windstillen Tag
verspricht, spürt der Radler häufig Gegenwind im Gesicht.
Jede Situation erfordert ein ganz bestimmtes Über-
setzungsverhältnis, um das Gleichgewicht zwischen
Tretkraft und Fahrwiderstand zu wahren.

Schaltungsvarianten

Kettenschaltungen verfügen über einen Umwerfer, der die Kette vorn zwischen zwei oder drei Kettenblättern hin- und herbefördert, und über ein Schaltwerk, das bis zu zehn Ritzel am Hinterrad bedient. Kettenschaltungen benötigen einige Wartung und Pflege, sind dafür aber leicht und an alle Einsatzbedingungen anzupassen. Nabenschaltungen verfügen meist nur über drei, fünf oder sieben Gänge und sind sehr wartungsarm.

Neunfach-Mountainbike-Schaltwerk

Verfügt über einen langen Schaltkäfig, der eine große Übersetzungsspanne ermöglicht. Wird üblicherweise von einem Schalthebel am Lenker bedient. Wird auch an Trekking- und Tourenrädern verwendet und bietet extreme Berggänge.

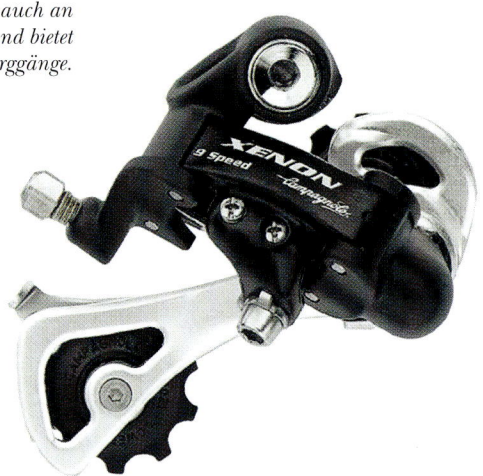

Schalt-werk

Neunfach-Rennrad-Schaltwerk

Reinrassige Rennradschaltwerke verfügen über einen kurzen Schaltkäfig (Abb. links), da Rennradritzelpakete geringe Abstufungen aufweisen und mit nur zwei Kettenblättern ausgestattet sind. Rennräder mit drei Kettenblättern benötigen Schaltwerke mit einem etwas längeren Schaltkäfig (Abb. oben). Beide Versionen werden meist durch kombinierte Brems-/Schaltgriffe wie STI oder Ergopower bedient, nur sehr selten noch von am Unterrohr montierten Schalthebeln.

Low-Budget-Schaltwerk

Wird aus Stahl gefertigt und ist mit einem angeschraubten Schaltungsauge versehen. Dadurch kann es auch an Rahmen montiert werden, die nicht mit einem angelöteten Schaltauge versehen sind.

Naben-
schaltung

Nabenschaltung

Mit integrierter Rücktrittbremse. Äußerst wartungsfreundlich, entwickelt für City-Bikes. Wird durch einen Clickschalter am Lenker bedient. Benötigt kaum Wartung, muss nur sehr selten eingestellt werden und bietet in High-Tech-Ausführung bis zu 14 Gänge.

Dreigang-Nabenschaltung

Für Alltags- und Freizeiträder geeignet. Gelegentlich muss die Schaltseilspannung korrigiert werden. Neuere Modelle müssen nicht mehr geölt werden. Wird bequem durch Clickschalter vom Lenker aus bedient und kann auch mit einem Schaltwerk kombiniert werden, um eine größere Übersetzungsspanne zu bieten.

Um-
werfer

Mountainbike- & Trekkingrad-Umwerfer

Mit langem und tief heruntergezogenem Kettenleitblech ausgestattet, ist er für drei Kettenblätter mit großer Zahnzahldifferenz geeignet. Bei Top-Pull-Modellen führt das Schaltseil von oben an den Umwerfer, bei Bottom-Pull-Modellen dagegen von unten.

Rennrad-Umwerfer

Mit einem leichten Kettenleitblech ausgestattet, sind Rennradumwerfer für zwei oder drei Kettenblätter erhältlich. Entweder mittels Klemmschelle oder einem speziellen Anlötteil am Sitzrohr zu befestigen.

Schaltwerk: Pflege und Wartung

Wenn Sie einen Berg hinaufradeln und sich die Kurbeln von Umdrehung zu Umdrehung schwerer drehen lassen, müssen Sie schnell und zuverlässig in einen kleineren Gang wechseln können. Jetzt zeigt sich, ob Ihr Schaltwerk ordentlich arbeitet.

Das Schaltwerk ist das wichtigste Bauteil einer Kettenschaltung und muss regelmäßig geschmiert und gewartet werden, wenn es perfekt funktionieren soll. Zunächst müssen Sie herausfinden, ob das Schaltwerk indexiert ist. Nur wenn es sich um ein ganz altes Fahrrad handelt, wird die Schaltung noch nicht indexiert sein. Sie müssen dann die Gänge mit Gefühl einlegen und selbst abschätzen, wie weit Sie den Schalthebel bewegen müssen. Wenn Sie sich daran gewöhnt haben, sollten exakte und spontane Gangwechsel kein Problem sein.

Bei nahezu allen Rädern aber rastet der Schalthebel in jedem Gang mit einem deutlichen Klicken exakt ein. Die Kette wird zuverlässig und ohne lästige Korrekturen am Schalthebel auf das gewünschte Ritzel befördert.

Egal, um welche Ausführung es sich auch handelt – wenn das Schaltwerk die Kette über die Ritzel hinausbefördert oder wenn die Kette nur unwillig auf das nächste Ritzel wandert, dann stimmt etwas nicht. Um Abhilfe zu schaffen, sollten Sie das Schaltwerk reinigen, schmieren und neu einstellen. Die Vorgehensweise finden Sie auf den folgenden Seiten beschrieben.

BITTE BEACHTEN: Die Kombination kleinstes Ritzel und größtes Kettenblatt ergibt den schnellsten Gang und umgekehrt.

AM HINTERRAD ist das größte Ritzel für den Berggang, das kleinste für den schnellsten Gang zuständig.

AN DER KURBEL dagegen ist das kleinste Kettenblatt für den Berggang und das größte für den schnellsten Gang zu schalten.

1 Muss die Kette gereinigt werden, trifft dies häufig auch auf das Schaltwerk zu. Sprühen Sie es mit etwas Öl ein und reiben Sie es mit einem weichen Tuch sauber. Anschließend schmieren Sie alle Drehpunkte sorgfältig ab.

2 Kümmern Sie sich um die Schalträdchen, die oft stark verschmutzt sind. Entfernen Sie hartnäckigen Schmutz mit einem Schraubendreher und einem Tuch. Schmieren Sie abschließend die Lagerung der Schalträdchen mit Sprühöl.

4 Schalträdchen verschleißen recht schnell. Ziehen Sie den Schaltkäfig nach vorn, um das untere Schalträdchen von der Kette zu trennen. Prüfen Sie mit den Fingern, ob sich das Schalträdchen seitlich bewegen und frei drehen lässt.

5 Überprüfen Sie auch das obere Schalträdchen auf Verschleiß und leichten Lauf. Bei neueren Schaltwerken kann man es seitlich bewegen. Sie müssen zwischen Verschleiß und diesem beabsichtigten Spiel unterscheiden.

Wann diese Arbeit fällig wird:
◆ Punkt 1, 2 und 3 – wenn Sie die Kette schmieren.
◆ Punkt 4, 5 und 6 – wenn Sie die Kette sorgfältig reinigen. Es lohnt sich auch, die Punkte 4, 5 und 6 beim Kauf eines gebrauchten Fahrrades zu überprüfen.

Zeitaufwand:
◆ 1 Minute, um das Schaltwerk zu schmieren. 5 Minuten, um es auf Verschleiß oder Beschädigung zu überprüfen.

Schwierigkeitsgrad: 🔧🔧
◆ Einfach, aber eine recht schmutzige Angelegenheit. Tragen Sie gegebenenfalls dünne Haushaltshandschuhe aus Plastik.

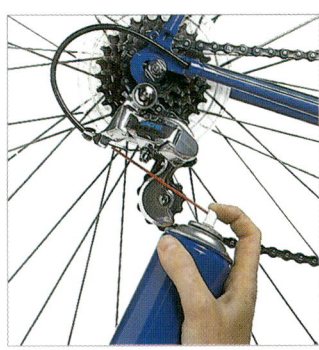

3 Das Schaltseil muss auf die geringste Bewegung am Schalthebel reagieren. Um dies sicherzustellen, sollten Sie das Schaltseil schmieren und den Schalthebel ein paar Mal hin und her bewegen, damit sich das Öl gut verteilt.

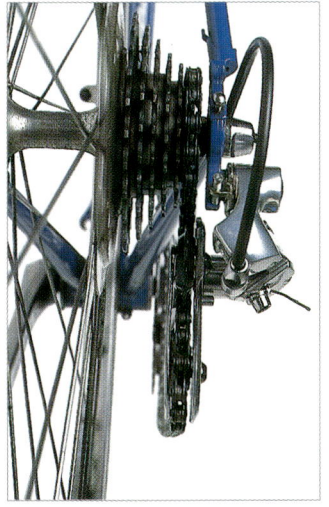

6 Durch seine exponierte Lage ist ein Schaltwerk extrem sturzgefährdet. Um das Schaltwerk auf Schäden zu untersuchen, sollten Sie das Rad in einen Montageständer spannen oder es von einem Helfer halten lassen. Begeben Sie sich hinter das Hinterrad – mit den Augen in Höhe der Nabe. So können Sie leicht sehen, ob das Schaltwerk senkrecht steht. Wenn das Schaltwerk schräg steht, überprüfen Sie das Schaltungsauge am Rahmen auf abgeplatzte Farbe – ein sicheres Zeichen dafür, dass es verbogen ist. Wenn alles in Ordnung ist, bilden das obere und untere Schalträdchen eine Linie mit den Ritzeln.

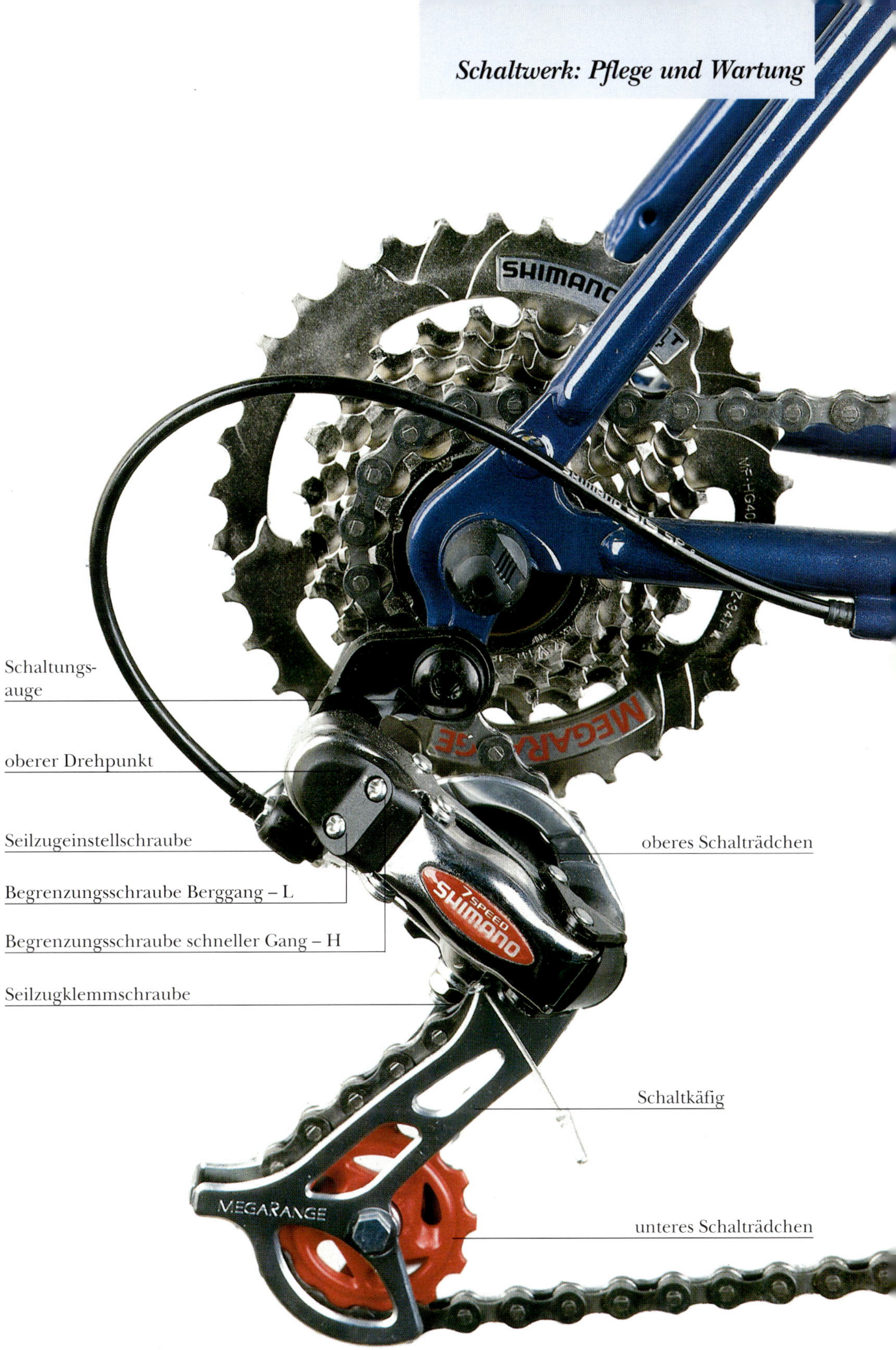
Schaltungsauge
oberer Drehpunkt
Seilzugeinstellschraube
Begrenzungsschraube Berggang – L
Begrenzungsschraube schneller Gang – H
Seilzugklemmschraube
oberes Schalträdchen
Schaltkäfig
unteres Schalträdchen
SHIMANO
MEGARANGE
7 SPEED
SHIMANO
MEGARANGE

Extremer Berggang

In Bezug auf die Bergtauglichkeit setzen Megarange-Schaltungen neue Maßstäbe: Nicht weniger als 34 Zähne zählt hier das größte Ritzel am Hinterrad. Um die längere Kette spannen zu können, wird das Schaltwerk etwas nach hinten versetzt und mit einem besonders großen unteren Schalträdchen versehen. Megarange-Schaltungen arbeiten meist nach dem Rapid-Rise-Prinzip: Einstellhinweise hierzu finden Sie auf Seite 54.

Schaltwerk einstellen

Nahezu alle Schaltungen sind heute indexiert. Bei Problemen reichen meist kleine Korrekturen der Einstellung oder ein neues Schaltseil aus, um das System wieder perfekt arbeiten zu lassen.

Die Grundeinstellung eines Schaltwerks ist fast bei jeder Kettenschaltung identisch. Sie müssen sicherstellen, dass sich der Schaltkäfig des Schaltwerks weder über das kleine noch über das große Ritzel hinausbewegt, da die Kette sonst in die Speichen gelangt oder Gefahr läuft, unten zwischen Rahmen und Ritzel eingeklemmt zu werden. Es gibt aber auch Unterschiede zwischen den Systemen.

Bei älteren Schaltwerken muss das Schaltseil nur selten nachgespannt werden.

Bei Indexschaltungen sitzt der Clickmechanismus in den Schalthebeln. Diese Rastung muss möglichst präzise vom Schalthebel über das Schaltseil auf das Schaltwerk übertragen werden. Dafür muss das Schaltseil immer unter der richtigen Spannung stehen. Das heißt im Klartext: Die Schaltseilspannung muss regelmäßig kontrolliert und bei Bedarf korrigiert werden. Wird die Schaltung regelmäßig gewartet, genügt meist eine halbe Umdrehung gegen den Uhrzeigersinn an der Seilzugeinstellschraube, um das Schaltwerk wieder exakt arbeiten zu lassen. Sollte dies nicht ans Ziel führen, lesen Sie den Abschnitt »Indexierung einstellen« auf dieser Seite. Eventuell müssen Sie auch ein neues Schaltseil samt Außenhülle montieren (siehe Seiten 63–67).

Indexierung einstellen:

5 Wenn Sie eine Index-Schaltung neu einstellen, vergewissern Sie sich, dass die Kette geräuschlos auf dem kleinsten Ritzel läuft. Tut sie das nicht, drehen Sie die Seilzugeinstellschraube (großer Pfeil) – nicht die H- und L-Begrenzungsschrauben – eine Umdrehung gegen den Uhrzeigersinn heraus, falls die Kette vom kleinsten Ritzel springen möchte; und eine Umdrehung hinein, wenn sie versucht, auf das zweite Ritzel zu klettern.

Schalten Sie dann auf das zweitkleinste Ritzel und drehen dann die Seilzugeinstellschraube so lange gegen den Uhrzeigersinn heraus, bis Sie ein metallisches Rasseln hören. Dieses Rasseln wird von der Kette verursacht, die versucht, auf das nächstgrößere Ritzel zu klettern. Drehen Sie dann die Seilzugeinstellschraube gerade so weit hinein, bis das Rasseln aufhört. Machen Sie eine Probefahrt und testen Sie, ob Ihre Schaltung sich nun spontan und akkurat schalten lässt.

Schalten Sie mit äußerster Vorsicht auf das größte Ritzel! Sollte die Begrenzungsschraube (L) nicht korrekt eingestellt sein, könnte die Kette über das Ritzel hinausbefördert werden und zwischen diesem und den Speichen eingeklemmt werden.

Am Hinterrad:
kleines Ritzel = schneller Gang – Einstellung mittels H-Schraube,
großes Ritzel = Berggang – Einstellung mittels L-Schraube

An den Kettenblättern:
großes Kettenblatt = schneller Gang – Einstellung mittels H-Schraube,
kleines Kettenblatt = Berggang – Einstellung mittels L-Schraube

Indexschaltung einstellen

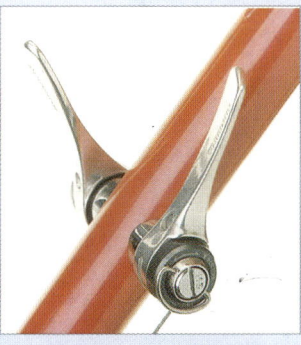

1 Das Schaltseil darf nicht ausgefranst sein. Auch die Außenhülle darf nicht geknickt oder beschädigt sein. Schmieren Sie das Schaltseil mit etwas Sprühöl überall dort, wo es die Außenhülle verlässt. Den kurzen Abschnitt zwischen Ausfallende und Schaltwerk sollten Sie besonders sorgfältig reinigen und schmieren. Heben Sie das Hinterrad an, drehen Sie die Kurbeln und schalten Sie auf das kleinste Ritzel (= schnellster Gang).

2 Lösen Sie vorsichtig die Seilzugklemmschraube und drehen Sie die Pedale so lange, bis die Kette exakt auf dem kleinsten Ritzel liegt. Ziehen Sie das Schaltwerk senkrecht und peilen Sie von hinten über die Schalträdchen zum kleinsten Ritzel. Wenn diese sich links vom Ritzel befinden, drehen Sie die mit H gekennzeichnete Begrenzungsschraube ein kleines Stück heraus; drehen Sie sie etwas hinein, wenn die Schalträdchen rechts vom Ritzel stehen.

3 Drücken Sie das Schaltwerk nach innen und heben Sie die Kette auf das größte Ritzel. Der Schaltkäfig muss nun genau unter der Mitte des Ritzels stehen. Drehen Sie die mit L gekennzeichnete Begrenzungsschraube ein Stück hinein, sollte der Käfig links vom größten Ritzel stehen, und etwas heraus, wenn dieser rechts vom Ritzel steht. Drehen Sie die Pedale: Die Kette sollte schnell und zuverlässig auf das kleinste Ritzel hinunterwandern. Spannen Sie das Schaltseil mit einer Zange, und fixieren Sie es mit der Klemmschraube.

4 Die mit H (High) und L (Low) markierten Begrenzungsschrauben befinden sich meist hinten am Schaltwerk. Bei manchen Schaltwerken aber finden Sie sie neben der Seilzugklemmschraube. Sind die Schrauben nicht gekennzeichnet, müssen Sie selbst herausfinden, welchem Ritzel sie zugeordnet sind.

Wann diese Arbeit fällig wird:
◆ Wenn das Schaltwerk Geräusche macht.
◆ Wenn sich die Gänge nicht mehr exakt schalten lassen.
◆ Wenn die Kette in die Speichen gelangt oder zwischen Rahmen und Ritzel eingeklemmt wird.

Zeitaufwand:
◆ 30 Minuten, wenn Sie die Schaltung von Grund auf neu einstellen (inklusive Einstellung der Indexierung).
◆ 5 Minuten für die Feinabstimmung der Indexierung.

Schwierigkeitsgrad: ✗✗✗
◆ Die Grundeinstellung ist schnell vorgenommen, die Feinabstimmung der Indexierung erfordert etwas Geduld.

Schaltung mit Reibungsschalthebel einstellen

Bei älteren Rennrädern, die noch nicht mit einer Index-Schaltung ausgestattet sind, sitzen die Reibungsschalthebel meist am Unterrohr. Zuerst sollten Sie sicherstellen, dass sich der rechte Schalthebel leicht bewegen lässt. Ist dies nicht der Fall, lösen Sie die zentrale Klemmschraube vorsichtig. Ist die Klemmschraube dagegen zu locker, wird der Schalthebel von der starken Feder im Schaltwerk zurückgezogen. Ziehen Sie dann die zentrale Klemmschraube etwas an.

Checken Sie Schaltseil und Außenhülle und stellen Sie dann die Begrenzungsschrauben wie unter Schritt 2 und 3 beschrieben korrekt ein. Abschließend fixieren Sie das Schaltseil am Schaltwerk wieder mit der Seilzugklemmschraube.

Machen Sie eine Probefahrt. Rasselt die Kette nach einem Gangwechsel, müssen Sie am Schalthebel etwas nach oben oder unten korrigieren. Wenn Sie auf das größte Ritzel schalten und die Kette rasselt, lässt sich das am Schalthebel nicht korrigieren. Dann ist die Begrenzungsschraube noch nicht exakt eingestellt, das obere Schalträdchen sitzt nicht exakt unter dem Ritzel. Korrigieren Sie dann den Endanschlag des Schaltwerks mittels der mit »H« gekennzeichneten Begrenzungsschraube so lange, bis die Kette geräuschlos läuft. Schalten Sie dann auf das kleinste Ritzel und wiederholen Sie diesen Vorgang mit der mit »L« gekennzeichneten Schraube. Sollte sich die Schaltung nicht sauber einstellen lassen, kann auch ein verbogener Schaltkäfig oder ein schräg stehendes Ausfallende die Ursache sein.

Sollte das obere Schalträdchen zu dicht am größten Ritzel sitzen oder dieses gar berühren, muss die Anschlagschraube des Schaltwerks wie auf Seite 59 beschrieben korrekt eingestellt werden.

Schaltwerk einstellen: SRAM und Shimano Rapid Rise

Die Vorgehensweise bei der Einstellung von SRAM- und Shimano-Rapid-Rise-Schaltwerken unterscheidet sich deutlich von der bei herkömmlichen Modellen. Sie sollten dennoch zuerst die Seiten 52–53 studieren, um sich mit der allgemeinen Funktion von Schaltwerken vertraut zu machen.

Bei Shimano-Rapid-Rise-Schaltwerken schwenkt die Federkraft das Schaltwerk auf das größte Ritzel und nicht auf das kleinste, wie das bei herkömmlichen Schaltwerken der Fall ist. Die Feder unterstützt bei diesem Funktionsprinzip den Gangwechsel von einem kleineren zu einem größeren Ritzel. In diese Richtung wechselt die Kette grundsätzlich unwilliger als in die andere. Die Federkraft wird also genutzt, um die Schaltvorgänge in dieser Richtung zuverlässiger und schneller zu gestalten.

SRAM ESP-Schaltwerke unterscheiden sich in ihrer Funktion ebenfalls deutlich von herkömmlichen Modellen. SRAM nennt das Prinzip »1 : 1 actuation ratio«. Das heißt, dass sich das Schaltwerk um 1 mm verschiebt, sobald sich das Schaltseil 1 mm bewegt. Bei herkömmlichen Modellen bewirkt 1 mm Schaltseilbewegung 2 mm Weg am Schaltwerk. Dies bedeutet, dass das Schaltseil äußerst präzise justiert werden muss. In der Praxis bedeutet dieses weniger Wartungsaufwand und eine wesentlich zuverlässigere Indexierung bei SRAM-Schaltwerken.

1 Justieren Sie die Begrenzungsschraube H so, dass die Mitte des Schalträdchens exakt unter der Außenkante des kleinsten Ritzels steht. Voraussetzung hierfür ist eine korrekte Kettenlänge – nähere Hinweise hierzu auf den Seiten 82–83.

Rapid Rise-Einstellung

1 Ohne Spannung auf dem Schaltseil befördert ein Rapid-Rise-Schaltwerk die Kette automatisch auf das größte Ritzel. Lösen Sie die Schaltseilklemmschraube und drehen Sie die Kurbeln, bis die Kette auf dem größten Ritzel zu liegen kommt.

2 Justieren Sie die mit L gekennzeichnete Begrenzungsschraube so, dass das Schalträdchen exakt unter der speichenseitigen Kante des großen Ritzels liegt. Ziehen Sie die Seilzugklemmschraube wieder fest an und prüfen Sie, ob die Kette ruhig auf dem Ritzel läuft.

Rapid Rise
Die Rapid-Rise-Technologie wurde zuerst bei Top-Mountainbike-Komponenten eingeführt. Die erste Version war mit einer Umlenkrolle für das Schaltseil versehen – neue Modelle weisen wieder eine herkömmliche Schaltseilführung auf. Nexave-Komponenten – für Trekking- und Alltagsräder konzipiert – verfügen ebenfalls über die Rapid-Rise-Technologie.

werkeinstellung

2 Drehen Sie mit einer Hand die Pedale und drücken Sie mit der anderen das Schaltwerk in Richtung des größten Ritzels. Sobald die Kette auf dem großen Ritzel liegt, justieren Sie die Begrenzungsschraube L so, dass das Schalträdchen exakt darunter liegt. Halten Sie das Schaltwerk so lange mit einer Hand in dieser Position, bis der Einstellvorgang beendet ist.

3 Belassen Sie das Schaltwerk in diesem Gang und zählen Sie die Kettennieten zwischen dem Punkt, an dem die Kette das große Ritzel verlässt, und dem Punkt, an dem sie das obere Schalträdchen berührt. Stellen Sie die B-Schraube so ein, dass exakt drei Kettennieten (ältere Versionen) bzw. 6 mm (neueste Versionen) dazwischen liegen. Diese Einstellung ist bei herkömmlichen Schaltwerken nicht so wichtig, wohl aber bei SRAM. Beenden Sie die Schaltwerkeinstellung wie auf Seiten 52–53 beschrieben.

4 Um das Schaltseil auszutauschen, müssen Sie die kleine Abdeckkappe neben der Schaltseileinstellschraube entfernen. Schieben Sie dann das alte Schaltseil durch diese Öffnung heraus. Führen Sie anschließend das neue Schaltseil durch die Öffnung und die Einstellschraube in die Außenhülle. Schieben Sie es hindurch. Nun können Sie das Schaltseil straff ziehen und die Abdeckkappe wieder einsetzen. Bei den Topmodellen müssen Sie im Drehgriff eine 2,5 mm Schraube lösen, um das Schaltseil wechseln zu können.

5 Die Montage des kurzen Bowdenzugs zwischen Rahmen und Schaltwerk unterscheidet sich nicht von der Vorgehensweise bei anderen Schaltwerken. Da dieses kurze Stück Bowdenzug Schmutz und Nässe extrem ausgesetzt ist, lohnt es sich aber, hier etwas tiefer in die Trickkiste zu greifen. Montieren Sie nur Bowdenzüge, die über kleine Gummidichtungen an den Enden verfügen. Um eine reibungslose Funktion auch unter widrigsten Bedingungen zu gewährleisten, werden spezielle Schutzhüllen angeboten. Diese dichten den Bowdenzug zusätzlich ab.

SRAM-Schaltwerk
SRAM stellt Schaltwerke für MTBs, Trekking- und Tourenräder her. Der Körper des Schaltwerks ist so ausgeformt, dass Schalträdchen und Schaltkäfig exakt der Kontur des Ritzelpakets folgen. Außerdem kann sich das Schaltwerk frei um den Befestigungsbolzen drehen. Auf die obere Feder wurde, im Gegensatz zu herkömmlichen Schaltwerken, verzichtet. Die neuen X.O-Schaltwerke besitzen einen Schaltkäfig aus Aluminium und üppig dimensionierte Kugellager in den Schalträdchen.

SRAM/Gripshift-Drehschaltgriffe
Gripshift-Drehschaltgriffe werden von derselben Firma hergestellt wie die SRAM-Schaltwerke. Die meisten SRAM-Schaltwerke arbeiten aber auch mit Schalthebeln anderer Hersteller, z.B. Shimano. Nur das ESP-Modell arbeitet ausschließlich in Verbindung mit einem Gripshift-Drehschaltgriff. Diese Schaltgriffe benötigen kaum Wartung. Werden sie schwer gängig, ersetzen Sie zuerst die Schaltseile samt Aussenhüllen. Hilft das nicht weiter, prüfen Sie, ob sich die Plastikscheibe zwischen Griffgummi und Drehgriff frei bewegt. Sollte der Drehgriff immer noch schwer gängig sein, schmieren Sie ihn durch die Öffnung für das Schaltseil mit Fett. Verwenden Sie ausschließlich das von SRAM angebotene Fett, da andere Fette oder Öle den Kunststoff angreifen könnten.

Schaltwerk überholen

Wenn Sie das Schaltwerk sorgfältig eingestellt haben und die Schaltung trotzdem nicht perfekt funktioniert, muss es vermutlich zerlegt und gereinigt werden.

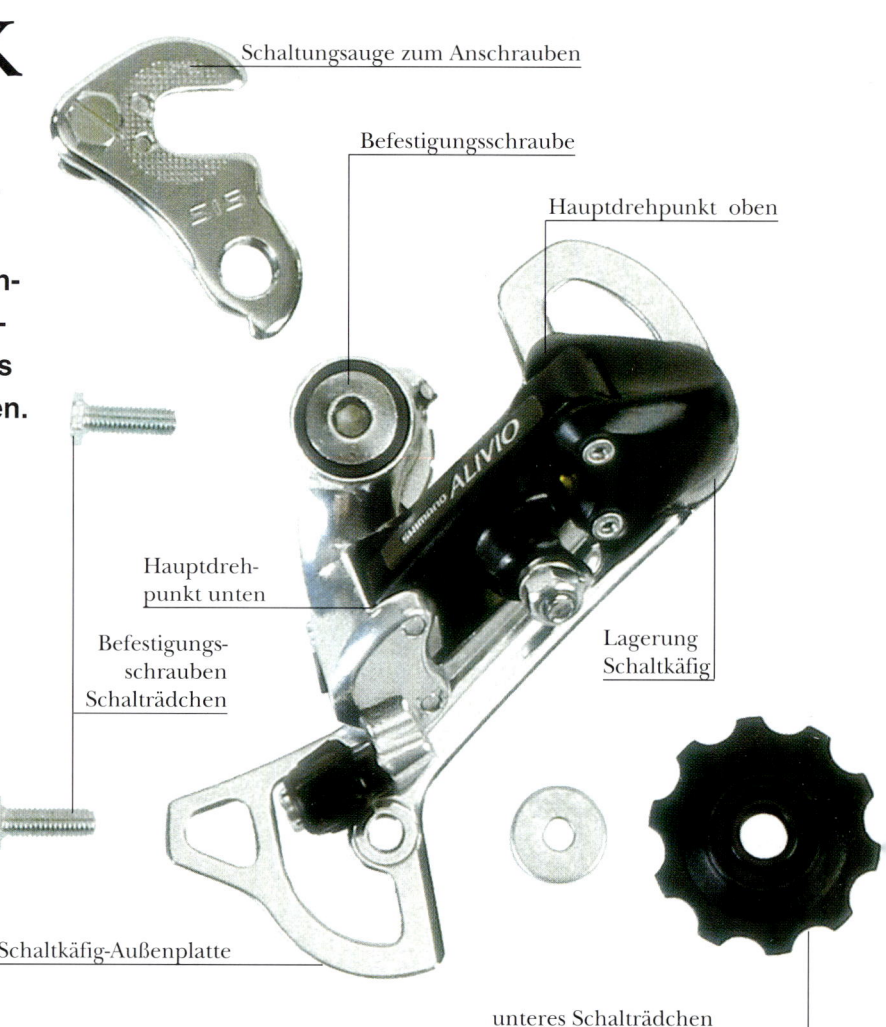

Schaltungsauge zum Anschrauben

Befestigungsschraube

Hauptdrehpunkt oben

Hauptdrehpunkt unten

Befestigungsschrauben Schalträdchen

Lagerung Schaltkäfig

Schaltkäfig-Außenplatte

unteres Schalträdchen

Es gibt keinen festgelegten Zeitabstand, nach dem ein Schaltwerk grundsätzlich zerlegt und gereinigt werden muss. Wenn Sie ein Mountainbike gern im Schlamm fahren, dann sollten Sie diese Arbeit mindestens einmal im Monat durchführen. Das andere Extrem stellen Rennradfahrer dar, die – vor allem, wenn sie nur bei trockenem Wetter unterwegs sind – erst nach Jahren ihr Schaltwerk auseinander nehmen und reinigen müssen. Spätestens aber, wenn Sie das Schaltseil austauschen oder wenn die Schalträdchen verschlissen sind, sollten Sie das Schaltwerk zerlegen und sorgfältig reinigen. Es genügt, die hintere Hälfte des Schaltkäfigs samt Schalträdchen zu demontieren. Manche Schaltwerke lassen sich noch weiter zerlegen, dies ist aber nicht nötig.

Wenn Sie das Schaltwerk demontiert haben, sollten Sie auch die Hauptdrehpunkte auf Verschleiß überprüfen. Dazu greifen Sie das Schaltwerk mit jeweils einer Hand oben und unten. Versuchen Sie, es in sich zu verdrehen. Wenn sich das Schaltwerk dabei verwindet, sind die Hauptdrehpunkte verschlissen, und Sie benötigen ein neues Schaltwerk. Sie können diesen Test auch im eingebauten Zustand des Schaltwerks durchführen. Fassen Sie den Schaltkäfig dazu unten und checken Sie, wie weit er sich hin- und herbewegen lässt. Sind es mehr als 3 mm, liegt die Ursache entweder in verschlissenen Hauptdrehpunkten oben am Schaltwerkskörper oder an der Verbindung Schaltwerk/Schaltkäfig.

Bei der hier geschilderten Vorgehensweise zur Demontage des Schaltwerks muss die Kette nicht geöffnet werden. Jedes unnötige Öffnen und anschließende erneute Vernieten einer Kette erhöht die Wahrscheinlichkeit, dass diese später reißt, und sollte deshalb vermieden werden.

Manche Schalträdchen sind links und rechts mit unterschiedlichen Unterlegscheiben ausgestattet. Prägen Sie sich genau ein, welche Scheibe wohin gehört, bevor Sie die Schalträdchen demontieren.

Details

Campagnolo

Shimano

Campagnolo stellt ausschließlich Schaltwerke für Rennräder her. Diese werden meist mit Ergopower-Brems-/Schaltgriffen kombiniert und arbeiten nur mit Ritzelpaketen des legendären italienischen Herstellers.

Shimano produziert Schaltungen für alle nur erdenklichen Fahrräder. Die meisten Komponenten lassen sich miteinander kombinieren. Sie arbeiten auch problemlos mit vielen Suntour- und allen Nicht-ESP-Gripshift-Schalthebeln.

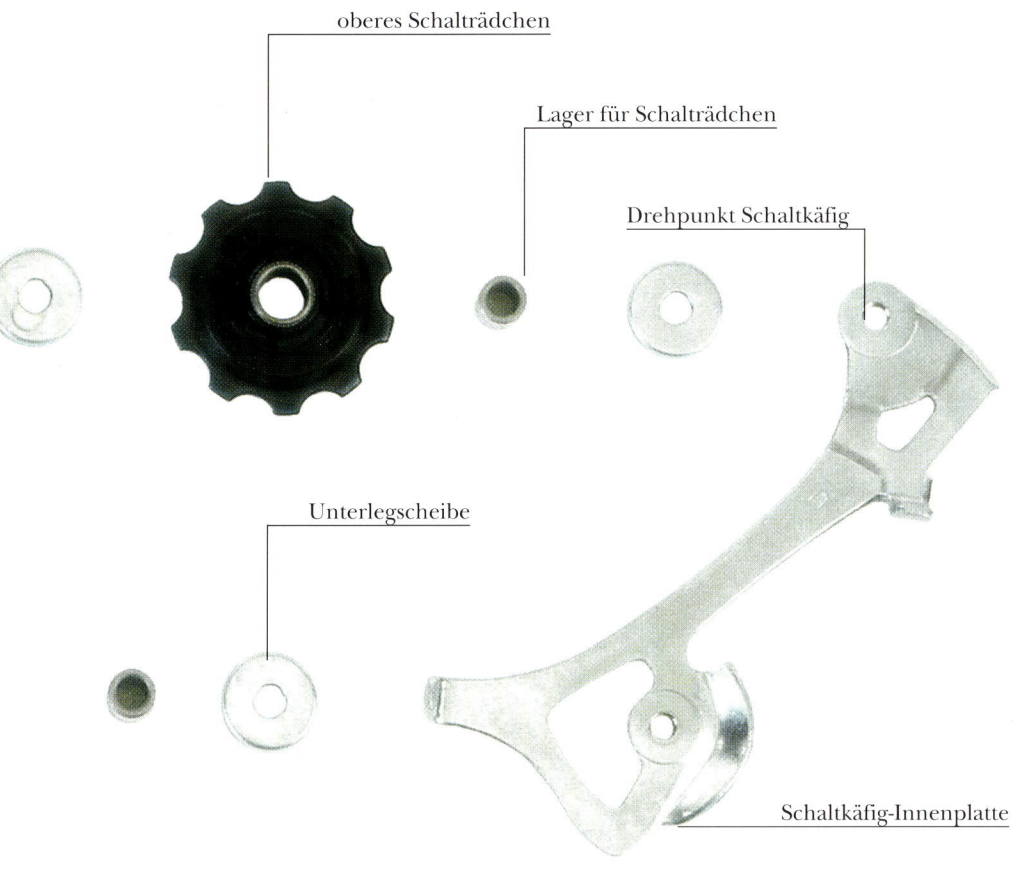

oberes Schalträdchen

Lager für Schalträdchen

Drehpunkt Schaltkäfig

Unterlegscheibe

Schaltkäfig-Innenplatte

SRAM

Sun Race

SUNTOUR

Neuere Schaltwerke von SRAM werden aus Metall gefertigt, nicht mehr aus Kunststoff. Auf Grund des speziellen Designs sollten sie nur mit Komponenten von SRAM kombiniert werden. ESP-Schaltwerke arbeiten nur mit ESP-Schalthebeln.

Sun Race ist eine preiswerte Alternative zu Shimano. Die Schaltwerke arbeiten mit allen Shimano-kompatiblen Schalthebeln und werden auch wie diese eingestellt. Noch werden diese Schaltwerke nur aus Stahl, nicht aus Aluminium, gefertigt.

SUNTOUR feiert sein Comeback mit einem neuen Schaltwerk-Design, das nur mit den dazugehörigen Schalthebeln arbeitet. Ältere Modelle arbeiten mit Schalthebeln und Ritzelpaketen von Shimano und werden auch so eingestellt.

Schaltwerk demontieren und montieren

Die Demontage und Montage eines Schaltwerks erfordert einige Fertigkeiten. Abschließend dürfen Sie nicht vergessen, die Kette auf die korrekte Länge zu bringen.

Spätestens wenn Sie das Schaltseil austauschen oder wenn die Schalträdchen verschlissen sind, sollten Sie das Schaltwerk zerlegen und sorgfältig reinigen. Es genügt, die hintere Hälfte des Schaltkäfigs samt Schalträdchen zu demontieren. Manche Schaltwerke lassen sich noch weiterzerlegen, dies ist aber nicht nötig.

Wenn Sie das Schaltwerk demontiert haben, sollten Sie auch die Hauptdrehpunkte auf Verschleiß überprüfen. Dazu greifen Sie das Schaltwerk mit jeweils einer Hand oben und unten. Versuchen Sie, es in sich zu verdrehen. Wenn sich das Schaltwerk dabei verwindet, sind die Hauptdrehpunkte verschlissen, und Sie benötigen ein neues Schaltwerk. Sie können diesen Test auch im eingebauten Zustand des Schaltwerks durchführen. Fassen Sie den Schaltkäfig dazu unten und checken Sie, wie weit er sich hin und her bewegen lässt. Sind es mehr als 3 mm, liegt die Ursache entweder in verschlissenen Hauptdrehpunkten oben am Schaltwerkskörper oder an der Verbindung Schaltwerk/Schaltkäfig.

Bei der hier geschilderten Vorgehensweise zur Demontage des Schaltwerks muss die Kette nicht geöffnet werden. Jedes unnötige Öffnen und anschließende erneute Vernieten einer Kette erhöht die Wahrscheinlichkeit, dass diese später reißt und sollte deshalb vermieden werden. Sollten Sie eine neue Kette montieren, müssen Sie diese zuerst auf die korrekte Länge kürzen. Die exakte Vorgehensweise wird auf Seite 83 beschrieben.

1 Am leichtesten lässt sich das Schaltwerk demontieren, wenn Sie zuerst die Kette entfernen. Halten Sie dann das Schaltwerk mit einer Hand und lösen Sie die Befestigungsschraube mit einem langen Innensechskantschlüssel.

2 Wenn Sie an einem älteren Schaltwerk arbeiten, nutzen Sie die Gelegenheit für eine Demontage und Reinigung der Schalträdchen (genaue Beschreibung siehe Seite 56). Schmieren Sie die Schalträdchen mit wasserfestem Fett.

5 Drehen Sie langsam an den Pedalen und drücken Sie das Schaltwerk nach innen, bis die Kette auf dem größten Ritzel zu liegen kommt. Stellen Sie die Begrenzungsschraube L so ein, dass das Schalträdchen unter dem Ritzel steht.

6 Legen Sie die Kette wieder auf das kleinste Ritzel und spannen Sie anschließend das Schaltseil. Nun können Sie dessen Klemmschraube fest anziehen. Kürzen Sie das Schaltseil auf 3 cm und montieren Sie eine Abschlusskappe.

Feinabstimmung Indexschalt

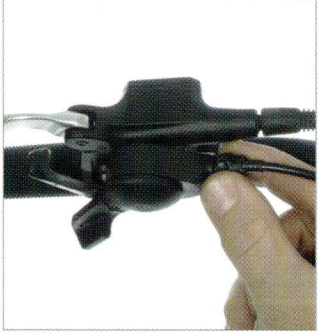

1 Für die Feineinstellung die Schaltseilspannung nachjustieren. Tasten Sie sich mit Viertelumdrehungen an der Einstellschraube (an Schaltwerk oder -hebel) an das Optimum.

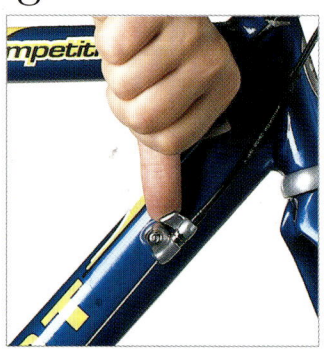

2 Rennräder mit STI- oder Ergopower-Schaltgriffen haben oft eine Stellschraube am Unterrohr, wo die Außenhülle im Kabelstopper endet. Diese kann unterwegs justiert werden.

3 Die Montage des Schaltwerks geht wesentlich besser vonstatten, wenn Sie Ihre linke Hand mit dem Zeigefinger von hinten am Schaltauge abstützen. Drehen Sie die Befestigungsschraube gefühlvoll in das Gewinde.

4 Nun können Sie die Kette wieder montieren. Stellen Sie anschließend mit der Begrenzungsschraube H das Schaltwerk so ein, dass das Schalträdchen exakt unter der Außenkante des kleinsten Ritzels steht.

Schaltauge beschädigt

Als äußerst exponiertes Bauteil ist das Schaltwerk extrem sturzgefährdet. Aber auch wenn das Rad umfällt, wird das Schaltwerk häufig beschädigt. Oft ist dann auch das Schaltauge verbogen. Im Zubehörhandel sind daher Befestigungsschrauben mit Sollbruchstelle erhältlich. Im Falle eines Falles bricht dieser Bolzen. Schaltwerk und

Schaltauge bleiben unbeschädigt. Auf Seite 29 sehen Sie, wie Sie ein verbogenes Schaltauge an einem Stahlrahmen wieder gerade richten können. Da Aluminium leicht bricht, werden an Alurahmen oft austauschbare Schaltaugen montiert. Kaufen Sie am besten mit dem Rahmen auch gleich ein Ersatzschaltauge.

7 Stellen Sie sicher, dass die Außenhülle in einem weichen, nicht zu engen Bogen verlegt ist. Nehmen Sie dann die Feineinstellung wie auf Seite 52 beschrieben vor. Beenden Sie diese Arbeit mit einer Probefahrt.

Wann diese Arbeit fällig wird:

◆ Bei unbefriedigenden Schaltvorgängen.
◆ Wenn die Schalträdchen verschlissen sind.
◆ Wenn das Schaltwerk verschlissen ist.

Zeitaufwand:

◆ 1 Stunde, um ein Schaltwerk zu demontieren, zu reinigen und zu montieren.
◆ 30 Minuten, um ein neues Schaltwerk zu montieren.

Schwierigkeitsgrad:

◆ Es ist nicht immer ganz einfach, die Schalträdchen wieder korrekt zu montieren.

Spezialwerkzeuge:

◆ Exakt passender Gabel- bzw. Innensechskantschlüssel zur Demontage der Schalträdchen.

ung

Die Kette rasselt

Neben den beiden mit »L« und »H« gekennzeichneten Begrenzungsschrauben finden Sie bei den meisten Schaltwerken noch eine weitere Einstellschraube. Diese wird meist nur benötigt, wenn Sie ein neues Schaltwerk montieren. Die Schraube reguliert den Abstand des oberen Schalträdchens zum Ritzelpaket und befindet sich hinter dem oberen Drehpunkt des Schaltwerks.

Wenn das obere Schalträdchen die Ritzel berührt, rasselt die Kette. Drehen Sie die Anschlagschraube so weit hinein, dass das Schalträdchen die Ritzel nicht berührt, und die Kette wird nicht mehr rasseln.

Die genaue Vorgehensweise für SRAM-Schaltwerke finden Sie auf Seite 54 beschrieben. Bei MTB-Schaltwerken von SUNTOUR stellen Sie den Abstand auf 6−8 mm ein.

Umwerfer: Pflege und Einstellung

Umwerfer sind bezüglich ihrer Einstellung nicht so anspruchsvoll wie Schaltwerke. Wenn sie einmal richtig eingestellt sind, erfordern sie kaum noch Aufmerksamkeit.

Umwerfer ähneln sich in ihrer Bauweise. Neuere Mountainbikes haben häufig einen in drei Schritten indexierten Umwerfer. Auch hier sitzt der Rastmechanismus im Schalthebel und erleichtert so die Wahl des Kettenblatts. Bei älteren Mountainbikes und den meisten Renn- und Tourenrädern aber ist der Umwerfer nicht indexiert.

Ein weiteres wesentliches Unterscheidungsmerkmal bei Umwerfern ist das Kettenleitblech. Bei drei Kettenblättern ist die Zähnedifferenz zwischen dem größten und dem kleinsten Kettenblatt häufig beträchtlich. Daher haben Mountainbike-Umwerfer ein langes, weit heruntergezogenes Kettenleitblech. Rennräder dagegen sind oft mit nur zwei Kettenblättern bestückt. Hier genügt ein Umwerfer mit einem kurzen, leichten Kettenleitblech. Versuchen Sie nicht, solch einen Umwerfer an einem Rad mit drei Kettenblättern zu montieren, es wird nicht funktionieren. Auch der Abstand zwischen innerem und äußerem Kettenleitblech variiert von Modell zu Modell. Bei den mit extrem schmalen Ketten ausgestatteten Rädern mit 9 oder 10 Ritzeln ist der Abstand geringer als bei den Ausführungen mit 7 oder 8 Ritzeln. Ganz gleich aber, um was für einen Umwerfer es sich handelt, die Kette wird immer wieder einmal am Kettenleitblech streifen. Sie müssen dann die Stellung des Kettenleitblechs mit dem Schalthebel entsprechend korrigieren.

Wartungsarbeiten beschränken sich auf ein paar Spritzer Öl auf die Drehpunkte im Zuge der Kettenschmierung. Abgesehen davon müssen Sie nur noch dafür sorgen, dass das Kettenleitblech immer frei von Schmutz ist. Wenn Sie dies nicht tun, wird der Umwerfer immer träger reagieren. Es lohnt sich auch, die Drehpunkte und das Kettenleitblech gelegentlich auf Verschleiß zu überprüfen. Aber keine Sorge: Umwerfer verschleißen nur sehr langsam.

Lassen Sie sich von den neuesten Umwerfern an topaktuellen Bikes nicht irritieren: Hier sind die Einstellschrauben teilweise genau andersherum angeordnet, als Sie es bislang gekannt haben.

1 Der Umwerfer ist dann korrekt auf dem Sitzrohr positioniert, wenn die Unterkante des Kettenleitblechs etwa 1 bis 3 mm Abstand zum großen Kettenblatt aufweist. Der rote Aufkleber an neuen Umwerfern hilft, auf ihm ist der korrekte Abstand aufgedruckt.

2 Richten Sie den Umwerfer so aus, dass das Kettenleitblech parallel zu den Kettenblättern steht. Die Kette sollte dabei auf dem kleinen Blatt liegen, da das Schaltseil so keinen Zug auf den Umwerfer ausübt. Ziehen Sie abschließend die Rahmenschelle fest.

3 Legen Sie die Kette auf das kleinste Kettenblatt und drehen Sie an der Anschlagschraube L, bis die Innenseite des Kettenleitblechs 1 mm Abstand zur Kette aufweist. Drehen Sie die Pedale, um sicherzustellen, dass die Kette nicht am Umwerfer streift.

4 Als nächsten Schritt drücken Sie den Umwerfer mit einer Hand nach außen und legen die Kette auf das große Kettenblatt. Drehen Sie an der Anschlagschraube H, bis die Außenseite des Kettenleitblechs 1 mm Abstand zur Kette hat.

5 Montieren Sie nun das Schaltseil. Stellen Sie sicher, dass sich das Schaltseil frei in der Außenhülle bewegt und dass diese nicht geknickt ist. Prüfen Sie, ob die Außenhülle korrekt in den Kabelstoppern sitzt. Schmieren Sie abschließend Schaltseil und Umwerfer.

6 Ziehen Sie das Schaltseil zwischen den Kettenstreben durch und straffen Sie es mit der linken Hand. Anschließend ziehen Sie die Klemmschraube mit der rechten Hand fest an. Prüfen Sie, ob der Umwerfer die Kette spontan und sicher von einem Blatt zum anderen befördert.

7 Machen Sie eine Probefahrt, um die Funktion des Umwerfers zu checken. Bei indexierten Umwerfern sollten Sie dem Wechsel vom kleinen zum mittleren Blatt besondere Aufmerksamkeit widmen. Wird dieser Schaltvorgang nur unwillig ausgeführt, erhöhen Sie die Schaltseilspannung so lange, bis er schnell und präzise erfolgt. Eventuell können leichte Korrekturen an den Begrenzungsschrauben L und H erforderlich sein, um ein Kettenrasseln zu vermeiden. Kürzen Sie das Schaltseil auf 3 cm und bringen Sie eine Abschlusskappe an.

Wann diese Arbeit fällig wird:
◆ Wenn die Kette über das große bzw. kleine Kettenblatt hinausbefördert wird oder sich nicht auf diese schalten lässt.

Zeitaufwand:
◆ 10 Minuten für die Einstellung oder die Demontage.
◆ Weitere 10 Minuten für eine Probefahrt.

Schwierigkeitsgrad:
◆ Ziemlich einfach.

Die Anschlagschrauben am Umwerfer

Die Anschlagschrauben am Umwerfer sind oft mit einem H (= High) für das große Kettenblatt und einem L (= Low) für das kleine Kettenblatt gekennzeichnet.

Die Bezeichnungen sind identisch mit denen am Schaltwerk. Wenn die Zuordnung unklar ist, legen Sie die Kette auf das kleine Kettenblatt, drehen an einer Anschlagschraube und beobachten, ob sich der Käfig bewegt.

Umwerfer: Fortsetzung

Umwerfer werden meist mittels einer Klemmschelle am Sitzrohr montiert. Bevor Sie also einen Umwerfer kaufen, müssen Sie erst einmal den Sitzrohrdurchmesser Ihres Rades ermitteln. Es sind aber auch Distanzhülsen erhältlich, die es ermöglichen, einen Umwerfer an einem Sitzrohr mit geringerem Durchmesser zu montieren.

Viele hochwertige Räder aber sind mit einer am Sitzrohr angelöteten Halterung für den Umwerfer ausgestattet. In diesem Fall muss ein dafür entwickelter Umwerfer montiert werden.

Sollte die Kette in manchen Gängen am Kettenleitblech des Umwerfers streifen, können Sie das leicht mit dem Schalthebel korrigieren. Dies wird meist dann notwendig, wenn Sie das große Kettenblatt in Verbindung mit einem der größeren Ritzel bzw. das kleinste Kettenblatt mit einem der kleinsten Ritzel kombinieren, die Kette also extrem schräg läuft. Sie können diese Gangkombinationen aber leicht vermeiden. Sie finden die gleiche Übersetzung auch auf dem mittleren Kettenblatt, die Kette läuft dann nicht so schräg.

Neuen Umwerfer montieren

1 Sie können den Umwerfer demontieren, ohne die Kette mit einem Kettennieter öffnen zu müssen. Lösen Sie die Seilzugklemmschraube, und entfernen Sie das Schaltseil. Lösen Sie dann die Klemmschraube, die den Umwerfer am Sitzrohr fixiert.

2 Entfernen Sie die kleine Schraube, die das innere und äußere Kettenleitblech an deren hinteren Ende verbindet, und nehmen Sie die Kette heraus. Die Montage erfolgt in umgekehrter Reihenfolge.

Bei Rennrädern und bei vielen MTBs verläuft das Schaltseil unter dem Innenlager. Es wird hier leicht beschädigt und verschmutzt schnell. Checken Sie es regelmäßig auf Schäden, und schmieren Sie es mit Sprühöl.

Am Innenlager montierter Umwerfer
Um rationeller produzieren zu können, verwenden manche Radhersteller Umwerfer, die mittels einer Halteplatte gemeinsam mit dem Innenlager verschraubt werden. In diesem Fall können keine größeren oder kleineren Kettenblätter montiert werden, da sich der Umwerfer nicht in der Höhe verstellen lässt. Ersetzen Sie ihn bei Bedarf durch einen herkömmlichen Umwerfer mit Schelle.

Umwerfer an Anlötteil

1 Auch einen an einem Anlötteil montierten Umwerfer können Sie demontieren, ohne die Kette trennen zu müssen. Entfernen Sie zuerst die Halteschraube und öffnen Sie dann den Kettenleitkäfig am hinteren Ende wie links beschrieben. Fixieren Sie den neuen Umwerfer so auf dem Anlötteil, dass der Abstand zwischen der Unterkante des Leitblechs und der Oberkante des großen Kettenblatts etwa 1–2 mm beträgt.

2 Im Gegensatz zu herkömmlichen Umwerfern ergibt sich hier die parallele Ausrichtung zu den Kettenblättern ganz von allein. Legen Sie die Kette auf das kleinste Kettenblatt und stellen Sie die »L«-Schraube korrekt ein (Seite 61). Straffen Sie das Schaltseil und fixieren Sie es mit der Klemmschraube. Abschließend heben Sie die Kette auf das große Kettenblatt und justieren die »H«-Schraube.

Schalthebel

Reibungsschalthebel lassen sich leicht zerlegen. Indexschalthebel aber bestehen aus vielen winzigen Teilen und sollten grundsätzlich nicht zerlegt werden.

Nahezu alle Mountainbikes sind mit am Lenker montierten Indexschalthebeln versehen. Indexschalthebel arbeiten entweder mit einem Ratschenmechanismus oder mit einem komplizierten Hubsystem. Den Ratschenmechanismus erkennen Sie leicht am harten, deutlichen Klicken während des Schaltvorgangs. Innerhalb des Schalthebels befindet sich eine runde Platte mit einer Reihe von kleinen runden Aussparungen, die die jeweiligen Gangpositionen bestimmen. Durch eine Feder wird eine kleine Kugel in die dem jeweiligen Gang zugeordnete Aussparung gedrückt. Dadurch ensteht im Schalthebel eine deutliche Rastung, die Indexierung. Solch einen Schalthebel sollten Sie nicht zerlegen.

Indexschalthebel, die mit einem Hubsystem arbeiten, sind noch komplizierter aufgebaut. Bei solch einem Schalthebel können Sie die zentrale Schraube lösen, die Staubschutzkappe entfernen und dann die nun zugänglichen Teile reinigen und abschmieren bzw. ein neues Schaltseil einziehen. Bei Schalthebeln, die über eine optische Ganganzeige verfügen, müssen zunächst zwei kleine Schrauben entfernt werden, um diese demontieren zu können. Wenn Sie die Ganganzeige demontiert haben, wird die Schraube sichtbar, die den Schalt- mit dem Bremshebel verbindet. Erst wenn diese gelöst ist, können Sie den Schalthebel abnehmen.

Ältere Rennräder sind meist noch mit am Unterrohr montierten herkömmlichen Reibungsschalthebeln ausgestattet. Diese lassen sich leicht zerlegen und funktionieren über lange Zeit hinweg problemlos. Meist wird eine Demontage erst nötig, wenn der Schalthebel nach dem Abschmieren durch die starken Federn in Schaltwerk oder Umwerfer zurückgezogen wird. Die Klemmung durch die zentrale Flügelschraube reicht dann nicht mehr aus.

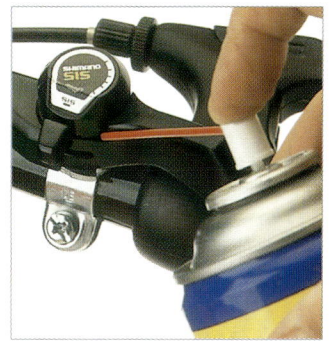

1 Bei einfachen Daumenschalthebeln beschränkt sich die Wartung auf einen gelegentlichen Spritzer Sprühöl. Sprühen Sie direkt auf den Nippel des Schaltseils und bewegen Sie den Schalthebel ein paar Mal hin und her.

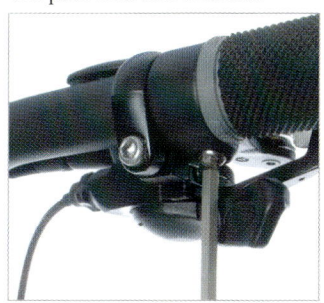

3 Sollten Sie mit der Bedienbarkeit Ihrer Schalthebel unzufrieden sein, versuchen Sie es mit einer veränderten Ausrichtung der Schalthebel am Lenker. Lösen Sie die Klemmschrauben und drehen Sie die Schalthebel.

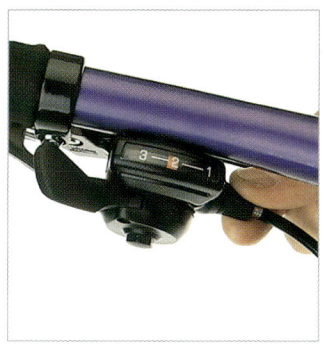

2 Rapidfire-Plus-Schalthebel besitzen zwei getrennte Hebel für das Rauf- und Runterschalten und sollten nicht zerlegt werden. Um Sie zu schmieren, entfernen Sie die Gummikappe am Gehäuse und sprühen etwas Öl hinein.

4 Bei Rennrädern mit indexierten Schalthebeln am Unterrohr geben Sie Öl auf den Nippel und auf das Schaltseil. Das Öl findet von allein den Weg in den Ratschenmechanismus. Entfernen Sie überschüssiges Öl mit einem Tuch.

Reibungs-schalthebel

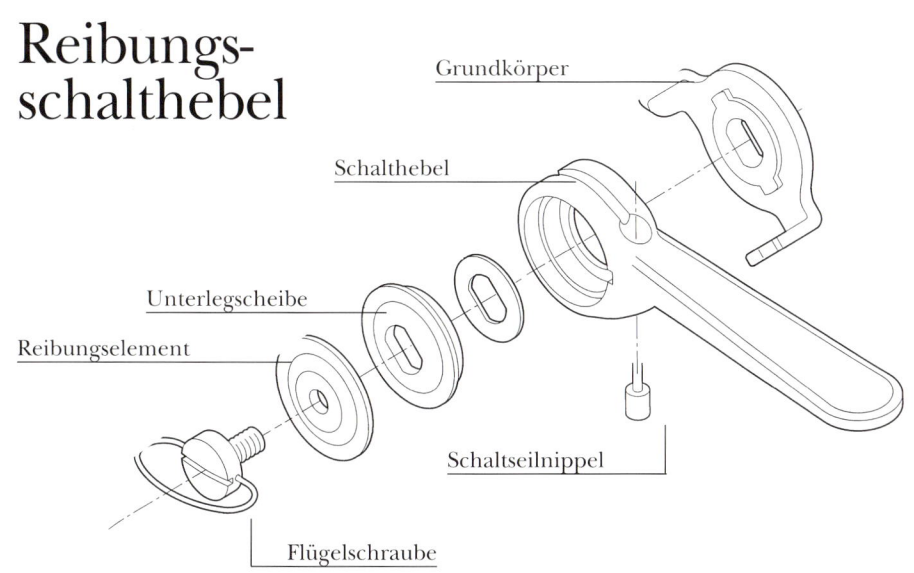

Grundkörper

Schalthebel

Unterlegscheibe

Reibungselement

Schaltseilnippel

Flügelschraube

5 Am Unterrohr montierte Schalthebel werden häufig an Anlötsockeln, ganz selten mit einer Schelle verschraubt. Achten Sie bei der Demontage besonders auf die Positionierung der Vierkantaussparung am Schalthebel.

Schalthebel: STI und Ergopower

Mit den Bremshebeln kombinierte Schalthebel sind wesentlich einfacher und sicherer zu bedienen als am Unterrohr montierte Hebel. Dafür sind sie in ihrem Aufbau aber deutlich komplizierter und sollten daher nicht zerlegt werden.

Shimanos kombinierte Schalt-/Bremshebel für die Montage an Rennradlenkern tragen den kurzen und prägnanten Namen STI. Das Pendant von Campagnolo hört auf den Namen Ergopower. Auch wenn beide Versionen exakt denselben Job verrichten, die Komponenten der beiden Hersteller lassen sich nicht miteinander kombinieren.

Die Klemmschraube für Shimanos STI-Hebel finden Sie an der Außenseite, versteckt unter der Gummiabdeckung. Hier befindet sich eine Vertiefung, in die sich ein 5-mm-Innensechskant-Schlüssel einführen lässt.

Die Vorgehensweise zur Einstellung von Schaltwerk und Umwerfer unterscheidet sich bei STI-Hebeln nicht von der auf den vorangegangenen Seiten beschriebenen. Um den Nippel des Schaltseils zu erreichen, müssen Sie mit dem kleinen, sich hinter dem Bremshebel befindlichen Schalthebel so lange herunterschalten, bis die Kette auf dem kleinsten Ritzel bzw. dem kleinsten Kettenblatt liegt. Nur in dieser Position lässt sich das Schaltseil herausziehen. Das Bremsseil lässt sich am besten entfernen bzw. montieren, wenn der große Brems-/Schalthebel zur Seite gedrückt wird. Ganz gleich ob Schalt- oder Bremsseil: Stellen Sie sicher, dass der Nippel satt in der Aussparung sitzt.

Auch bei Ergopower-Hebeln unterscheidet sich die Einstellung der Schaltung nicht von der bereits beschriebenen. Um an die Klemmschraube zu kommen, müssen Sie aber bei den Hebeln von Campagnolo den Bremshebel betätigen. Um das Schaltseil zu montieren, müssen Sie zuerst den an der Innenseite sitzenden kleinen Schalthebel in die unterste Position bringen. Die Kette liegt jetzt auf dem kleinsten Ritzel. Klappen Sie die Gummikappe zur Seite, und das Schaltseil sollte sich leicht in die nun sichtbare Außenhülle schieben lassen.

Ein leicht gängiges Schaltseil ist die wichtigste Voraussetzung für eine perfekte Funktion von STI- und Ergopower-Hebeln. Verwenden Sie daher nur beste Qualität und reinigen und schmieren Sie das Schaltseil regelmäßig.

Wann diese Arbeit fällig wird:
◆ Bei Erstmontage kombinierter Schalt-/Bremshebel.
◆ Wenn Schaltung oder Bremsen schwer gängig geworden sind und neue Schalt-/Bremszüge montiert werden müssen.
Zeitaufwand:
◆ Wenn auch die Außenhüllen gewechselt werden müssen, werden Sie etwa zwei Stunden benötigen.

Schwierigkeitsgrad: ↻↻↻↻
Das Wechseln von Schalt- und Bremsseil ist recht einfach. Der Austausch der Außenhüllen aber erfordert etwas Fingerspitzengefühl.

STI-Hebel

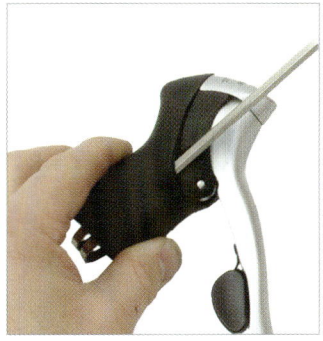
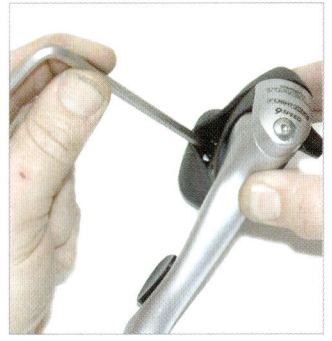
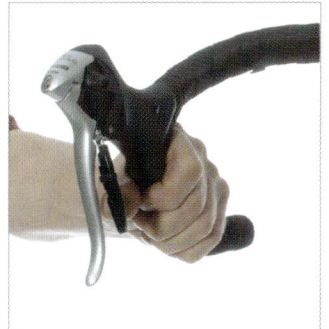
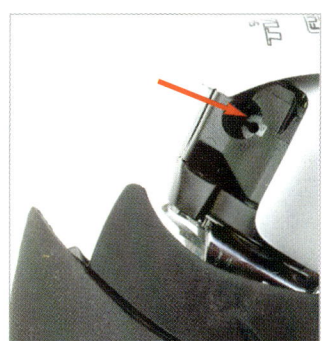

1 Lösen Sie die Klemm-schraube mit einem seitlich unter der Gummiabdeckung eingeführten 5-mm-Innensechs-kantschlüssel. Positionieren Sie die Hebel in einer für Sie komfortablen Position am Lenker.

2 Wenn Sie eine bequeme Position gefunden haben, können Sie die Klemm-schraube anziehen. Denken Sie daran: Mit dem hinteren, kleinen Hebel schalten Sie herauf und mit dem großen Haupthebel herunter.

3 Um das Schaltseil einführen zu können, müssen Sie den kleinen Hebel bis zu achtmal betätigen. Der interne Schalt-mechanismus befindet sich dann in der Postion für den schnellsten Gang. Ziehen Sie jetzt den Haupthebel Richtung Lenker.

4 Nun sollte die Aussparung für den Nippel des Schalt-seils (Pfeil) sichtbar werden. Ist dies nicht der Fall, betätigen Sie den kleinen, hinteren Hebel erneut. Der interne Schaltmechanismus war dann noch nicht in der Endposition.

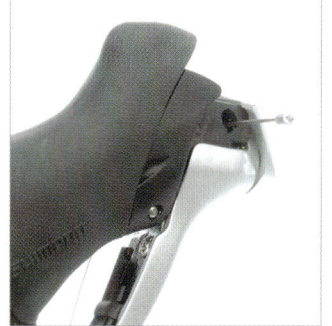
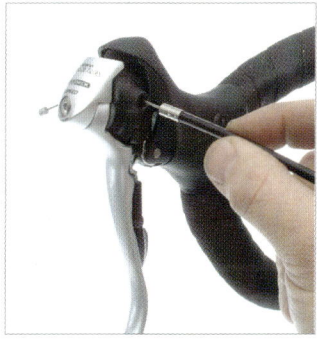

5 Fädeln Sie das Schaltseil durch die Öffnung und ziehen Sie es dann von der anderen Seite so weit hinein, dass der Nippel noch etwa 2 cm über den Hebel hinaus-ragt. Er darf noch nicht in seiner Aussparung sitzen.

6 Schieben Sie jetzt auf der anderen Seite die Außen-hülle über das Schaltseil, bis diese fest in ihrer Verankerung sitzt. Straffen Sie dann das Schaltseil und stellen Sie sicher, dass der Nippel fest in seiner Aussparung sitzt.

Ergopower-Hebel

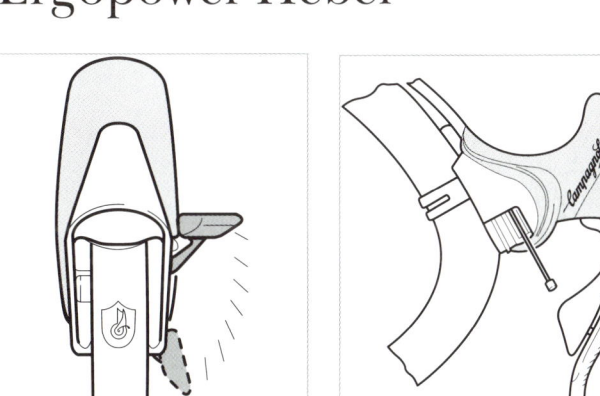
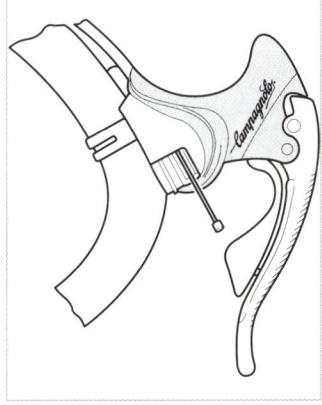
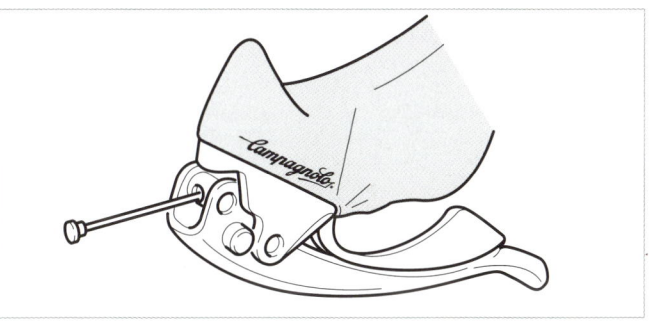

Drehen Sie die Pedale und schalten Sie mit dem kleinen, innen liegen-den Hebel so lange, bis die Kette hinten auf dem kleinsten Ritzel liegt. Lösen Sie die Klemmschraube des Schaltseils am Schaltwerk und

stülpen Sie die Gummikappe am Hebel um. Jetzt lässt sich das Schaltseil herausschieben. Führen Sie dann das neue Schaltseil in die Aussparung am Hebel ein. Stellen Sie sicher, dass es nicht am Über-gang zur Außenhülle hängen bleibt. Vorsichtiges Drehen des Schaltseils wirkt hier oft Wunder. Bringen Sie dann die Gummi-kappe wieder in ihre Ausgangs-position.

Um ein neues Bremsseil zu montieren, drücken Sie zuerst den Entriege-lungsknopf und ziehen dann den Bremshebel in Richtung Lenker. Jetzt wird der Bremsnippel sichtbar und Sie können das Bremsseil durch die unter dem Lenkerband versteckte Außenhülle herausschieben.

Schaltzüge erneuern

Wenn die Bowdenzüge ausgefranst oder schwer gängig geworden sind, müssen sie erneuert werden. Lesen Sie zuerst die Seiten 63–65 über Schalthebel. Arbeiten Sie dann Punkt 1 bis 5 durch, um den Typ zu finden, der Ihrem Schalthebel am nächsten kommt.

Wenn Sie neue Bowdenzüge kaufen, sollten Sie zuerst abklären, ob es sich um eine herkömmliche oder um eine Indexschaltung handelt. Bowdenzüge für Indexschaltungen lassen sich weniger stark komprimieren als herkömmliche Bowdenzüge und sind häufig auch beschichtet, um die Reibung auf ein Minimum zu reduzieren. Es kann also nie von Nachteil sein, solche Bowdenzüge auch an einer herkömmlichen Schaltung zu verwenden. Einfache Bowdenzüge sollten Sie jedoch nie in Verbindung mit einer Indexschaltung verwenden. Die Schaltvorgänge werden unpräzise, und die Schaltung muss öfter nachgestellt werden.

Ein weiteres Problem stellen die Nippel dar. Sie sind teilweise unterschiedlich geformt. Wenn Sie nur das Schaltseil wechseln möchten, müssen Sie zuerst prüfen, ob die Außenhülle frei von Knick- und Druckstellen ist. Wenn diese beschädigt ist, sollten Sie den kompletten Bowdenzug austauschen. Bei der Indexausführung bestehen die Außenhüllen aus nahezu parallel zum Schaltseil verlaufenden, mit Kunststoff überzogenen Flachdrähten. Diese Außenhüllen werden durch das unter Spannung stehende Schaltseil so gut wie nicht komprimiert. Einfache Außenhüllen sind aus spiralförmig gewickeltem Flachdraht gefertigt und lassen sich stark komprimieren. Die Bewegungen des Schalthebels werden deshalb nicht exakt auf das Schaltwerk oder den Umwerfer übertragen.

Die Seilzug-Klemmschrauben sind häufig so gestaltet, dass das Schaltseil diese leicht umschlingt. Oftmals finden Sie an Schaltwerk oder Umwerfer einen entsprechend ausgeformten Schlitz, in den das Schaltseil zu liegen kommt. Prägen Sie sich dessen Verlauf gut ein, wenn Sie die Klemmschraube lösen. Schmieren Sie Bowdenzüge nie mit Fett, sondern mit Silikon, mineralischem Öl oder synthetischen Schmierstoffen.

Seilzugabdichtungen
Überall dort, wo Kabelstopper die Außenhülle unterbrechen, können Schmutz und Nässe eindringen. Dadurch wird das Schaltseil schwer gängig; die Schaltpräzision verschlechtert sich. Montieren Sie daher bei der Montage neuer Züge am besten zusätzliche Seilzugabdichtungen.

MTB und Trekkingrad

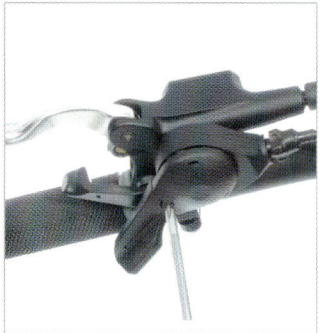

1 Bei manchen Schalthebeln verläuft das Schaltseil teilweise verdeckt. Drücken Sie den Schalthebel nach vorn, damit der Verlauf des Schaltseils und die Lage des Nippels klar werden. Lösen Sie die Klemmschraube an Schaltwerk oder Umwerfer, und schieben Sie das Schaltseil heraus.

2 Bei unter dem Lenker montierten Schalthebeln gelangen Sie am einfachsten an das Schaltseil, wenn Sie die untere Abdeckung entfernen. Diese wird meist durch zwei oder drei kleine Kreuzschlitzschrauben fixiert.

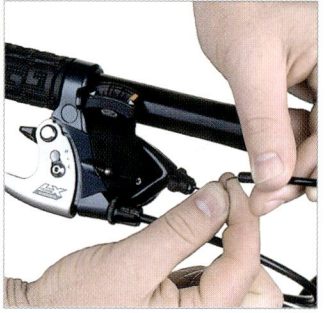

7 Wenn das Schaltseil an der Einstellschraube erscheint, ziehen Sie es etwas heraus und führen es dann in die Außenhülle ein. Schieben Sie es durch die einzelnen Segmente der Außenhülle, bis es am Schaltwerk erscheint, und spannen Sie es. Prüfen Sie, ob die Außenhüllen korrekt in den Kabelstoppern und den beiden Einstellschrauben sitzen.

Verlegen Sie die Außenhülle zwischen Rahmen und Schaltwerk in weichem Bogen. Führen Sie das Schaltseil vorsichtig durch die Einstellschraube zur Klemmschraube. Achten Sie auf satten Sitz der Außenhülle in der Einstellschraube.

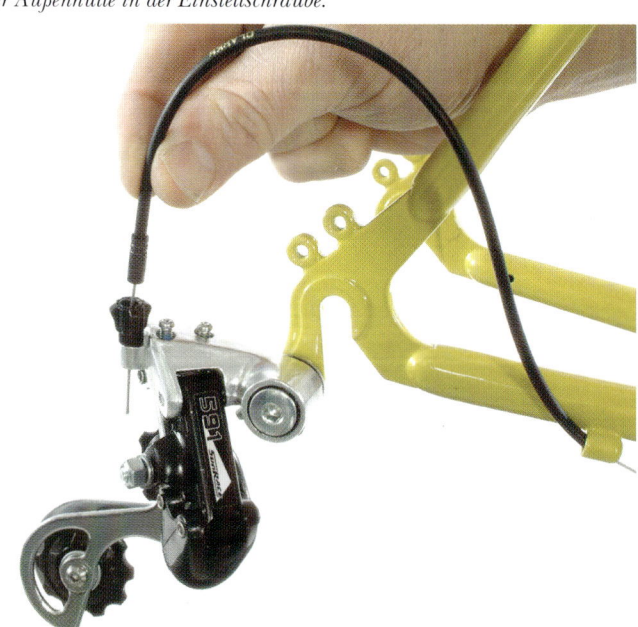

3 Entfernen Sie eventuell vorhandenes altes, zäh gewordenes Fett mit einem weichen Tuch. Danach sollten Sie das Innere des Schalthebels vorsichtig mit Sprühöl abschmieren.

4 Um das Schaltseil entfernen zu können, müssen Sie zuerst die Außenhülle aus der Einstellschraube ziehen. Jetzt lässt sich der Nippel in Richtung Schalthebel herausschieben.

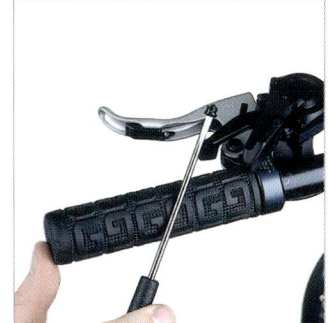

5 Bei manchen Schalthebeln, vor allem bei Drehschalthebeln, ist die Schaltseilöffnung mit einer Schraube verschlossen. Hier kann das Schaltseil geschmiert bzw. demontiert werden.

6 Die Schaltseilmontage ist oft leichter von unten zu bewerkstelligen. Halten Sie es zwischen Daumen und Zeigefinger und führen Sie es vorsichtig in die Aussparung im Schalthebel ein.

Rennrad

1 Demontieren Sie das Schaltseil an Umwerfer oder Schaltwerk und schauen Sie, wie der Nippel am Schalthebel eingehängt ist. Bei am Unterrohr montierten Schalthebeln reicht es aus, den Schalthebel nach vorn zu drücken.

2 Unter dem Innenlager sorgt ein Kunststoffteil dafür, dass die Schaltseile nicht unkontrolliert verrutschen. Prüfen Sie, ob es beschädigt ist und ob die Schaltseile in den dafür vorgesehen Aussparungen liegen.

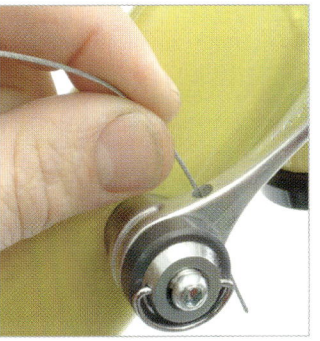

3 Legen Sie die Kette auf das kleinste Ritzel und bringen Sie den Schalthebel in diese Position. Führen Sie das Schaltseil durch die Einstellschraube und die Außenhüllensegmente bis zur Klemmschraube am Schaltwerk.

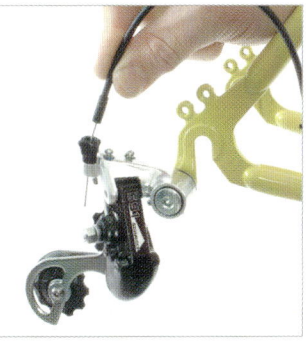

4 Überprüfen Sie die Außenhülle auf korrekten Sitz und spannen Sie das Schaltseil. Ziehen Sie die Klemmschraube fest an. Kürzen Sie das Schaltseil auf 3 cm und bringen Sie ein Abschlusskäppchen an.

Wann diese Arbeit fällig wird:
◆ Wenn die Schaltseile ausgefranst sind oder sich nur schwer in den Außenhüllen bewegen.
◆ Wenn sich die Indexschaltung nicht einstellen lässt.

Zeitaufwand:
◆ 30 Minuten, um den Bowdenzug auszutauschen.

Schwierigkeitsgrad: ✗✗✗
◆ Bei Rennrädern mit am Unterrohr montierten Schalthebeln sehr einfach, bei am Lenker montierten Schalthebeln eine etwas fummelige Arbeit.

Spezialwerkzeug:
◆ Eine Bowdenzugzange erleichtert die Arbeit.

Fertige Bowdenzüge
Wenn die Außenhülle erst einmal verschmutzt ist, kann sie nicht mehr gereinigt werden. Selbst Sprühöl oder ein dünner Draht helfen da nicht weiter. Ersetzen Sie das schwer gängig gewordene Stück – meist der Abschnitt zwischen Rahmen und Schaltwerk – durch ein neues.

Nabenschaltungen: Sturmey Archer & Torpedo

Viele Fahrer von Alltagsrädern plagen sich mit schlecht funktionierenden Nabenschaltungen herum. Dabei sind diese leicht einzustellen und haben sich immer wieder bewährt.

In einer Nabenschaltung verbergen sich Einzelteile, die in ihrer Komplexität beeindruckend sind. Wenn Probleme auftreten, sind oft wichtige Teile verschlissen, und es wird eine neue Nabe fällig. Versuchen Sie nicht, eine Nabenschaltung selbst zu zerlegen. Ohne Spezialwerkzeug und Erfahrung werden Sie sie kaum wieder in einen funktionstüchtigen Zustand zurückversetzen können.

Häufigstes Problem bei Sturmey-Archer-Nabenschaltungen ist, dass Sie nur noch in einem Gang fahren können oder dass der Leerlauf eingelegt ist, obwohl sich der Schalthebel in einer völlig anderen Stellung befindet. Ein anderes Problem ist das Durchrutschen der einzelnen Gänge. Die Ursache liegt in verschlissenen Teilen der Nabe. Meist aber rühren diese Probleme nur von einem falsch gespannten oder gar gerissenen Schaltseil oder einem beschädigten Schaltungskettchen her.

Wie Sie Schaltseil und Schaltungskettchen erneuern sowie die Nabenschaltung korrekt einstellen, finden Sie in den Punkten 1 bis 3 erläutert. Neue Bowdenzüge werden immer komplett mit Schaltseil und Außenhülle verkauft und bei älteren Rädern häufig mit einer Rahmenschelle befestigt. Wenn Sie das Schaltseil nicht korrekt einstellen können, überprüfen Sie zunächst die Schelle auf festen Sitz.

Die neuesten Sturmey-Archer-Nabenschaltungen sind komplett abgedichtet und müssen nicht mehr geölt werden. Bei älteren Modellen finden Sie eine mit einer kleinen schwarzen Abdeckkappe versehene Ölbohrung. Träufeln Sie hier alle paar Wochen etwas Öl hinein.

Bei den Radlagern einer Nabenschaltung handelt es sich um Konuslager, die auf die bekannte Art und Weise eingestellt werden. Dafür benötigen Sie aber einen speziellen Konusschlüssel. Eingestellt werden die Lager auf der der Kette gegenüberliegenden Seite der Nabe.

Hinterradausbau

1 Das Schaltungskettchen führt durch die Radachse ins Nabeninnere. Trennen Sie Schaltungskettchen und Schaltseil voneinander. Lösen Sie dazu die Rändelmutter und drehen Sie dann die Einstellhülse vollständig herunter.

2 Lösen Sie die Radmuttern mit einem Schlüssel. Damit die Radachse sich nicht drehen kann, sitzen spezielle Umterlegscheiben zwischen Radmuttern und Rahmen. Prägen Sie sich deren Einbaulage genau ein.

Schaltseil ersetzen und einstellen

1 Prüfen Sie, ob sich das Schaltungskettchen frei bewegen lässt. Drehen Sie das Schaltungskettchen so, dass es in Richtung Schaltseil weist. Ist es schwer gängig oder beschädigt, muss es in jedem Fall ersetzt werden.

2 Bringen Sie den Schalthebel in Position 1. Lösen Sie den Nippel des Schaltseils und entfernen Sie die Außenhülle. Montieren Sie den Bowdenzug, und drehen Sie die Einstellhülse so weit fest, bis sie die Rändelmutter berührt.

3 Bringen Sie den Schalthebel in Position N oder 2. Peilen Sie durch die Aussparung der Radmutter. Stellen Sie die Schaltseilspannung an der Einstellhülse so ein, dass das Zugstangenende mit dem Achsende fluchtet (siehe Skizze).

Wann diese Arbeit fällig wird:

◆ Das Schaltseil ist gerissen.

◆ Das Schaltungskettchen ist schwer gängig oder beschädigt.

◆ Die Gänge lassen sich nicht schalten oder rutschen durch.

Zeitaufwand:

◆ 15 Minuten, um ein neues Schaltseil zu montieren.

◆ 2 Minuten für die Einstellung.

Schwierigkeitsgrad: ✗✗✗

◆ Schaltseilwechsel ist einfach, die Einstellung der Gänge etwas umständlich.

Spezialwerkzeug:

Konusschlüssel.

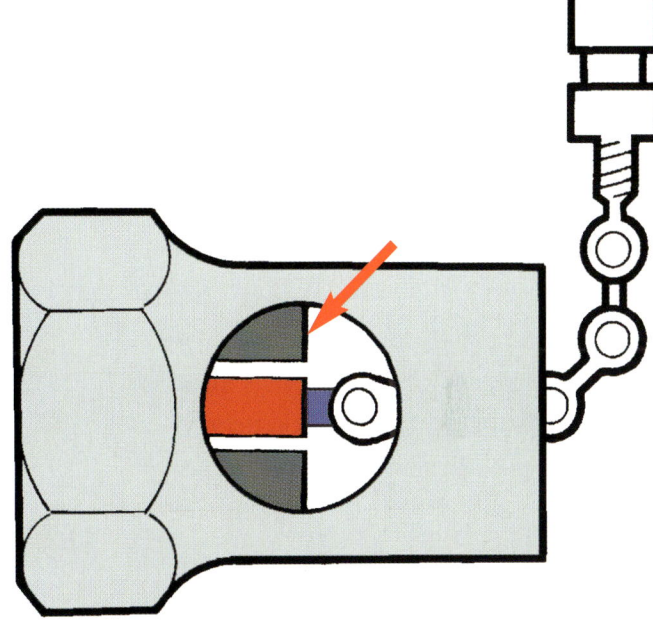

Durch die Prüföffnung in der Achsmutter wird die Einstellung kontrolliert: Die Zugstange in der Mitte muss mit dem Achsende (siehe Pfeil) fluchten.

3 Schieben Sie die Radachse mit den Daumen nach vorn, und stellen Sie das Hinterrad auf den Boden. Nun können Sie die Kette vom Ritzel abheben und das Hinterrad problemlos aus dem Rahmen herausnehmen.

4 Erneuern Sie die Unterlegscheiben und ziehen Sie die Radmuttern leicht an. Ziehen Sie das Hinterrad so weit nach hinten, dass sich die Kette in der Mitte um 1 cm auf und ab bewegen lässt. Ziehen Sie die Radmuttern fest an.

Torpedo-Nabenschaltungen

1 Das Schaltungskettchen muss vollständig in die Radachse eingeschraubt sein. Überprüfen Sie, ob das Schaltseil unbeschädigt und an der Umlenkrolle nicht ausgefranst ist. Wählen Sie am Schalthebel die Position H oder 3.

2 Das Schaltseil an einer Torpedo-Nabe ist mit einer Klemmhülse versehen, die auf das Schaltungskettchen aufgeklemmt wird. Positionieren Sie die Klemmhülse idealerweise so, dass das Schaltseil eben gespannt ist.

3 Führen Sie dazu das geriffelte Ende des Schaltungskettchens in die Klemmhülse ein und schieben Sie diese darüber, bis das Schaltseil gespannt ist. Das Schaltseil darf weder durchhängen noch unter Spannung stehen.

Naben-schaltungen: Nexus und Sachs

Die Torpedo-Nabenschaltungen sind ähnlich aufgebaut wie die von Sturmey Archer. Die neue Generation von Mehrgang-Nabenschaltungen aber läutet eine neue Ära für Citybikes ein.

Bei den Torpedo-Naben (siehe vorherige Doppelseite) handelt es sich um äußerst zuverlässige und einfach aufgebaute Dreigang-Nabenschaltungen. Anders als bei einer Sturmey-Archer-Nabenschaltung werden Sie hier immer pedalieren können. Sie können vielleicht nicht den gewünschten Gang einlegen, für Vortrieb aber ist immer gesorgt. Hauptfehlerquelle ist das Schaltseil samt Schaltungskettchen. Diese müssen bei Problemen entweder nachgespannt oder erneuert werden. Unter Punkt 1 bis 3 finden Sie diese Arbeiten erläutert. Wenn Sie das Hinterrad ausbauen möchten, lösen Sie das Schaltseil vom Schaltungskettchen wie in Punkt 4 beschrieben. Ansonsten ist der Radausbau identisch mit dem bei einem Rad mit Sturmey-Archer-Nabenschaltung.

Shimano-Nexus-Naben haben entweder vier oder sieben Gänge. Die Siebengang-Version besitzt ein sehr breites Übersetzungsverhältnis – inklusive Berggang.

Das Hauptproblem bei Nexus-Naben ist ein sich verstellendes Schaltseil. Ist dies der Fall, lassen sich die Gänge nicht mehr wechseln oder es treten ungewöhnliche Geräusche auf. Bei Modellen mit Rücktrittbremse kann auch diese für Geräusche sorgen: Die Bremse läuft dann trocken und muss neu gefettet werden. Auch eine bissige Bremse deutet auf Fettmangel hin. Sie können die Abschmierung vom Radhändler durchführen lassen oder selbst erledigen: Füllen Sie dazu Fett in die dafür vorgesehene Öffnung am Bremskörper. Auch wenn keine Probleme auftreten, sollte die Nabe alle sechs Monate gewartet und mit neuem Fett versorgt werden.

Um das Hinterrad ausbauen zu können, schalten Sie die Nexus-Nabe in den 1. Gang und lösen das Schaltseil und die Bremsabstützung an der Kettenstrebe.

Die meisten Nabenschaltungen sind völlig gekapselt und bedürfen keiner Schmierung. Im Zweifelsfall sollten Sie Ihren Fachhändler zu Rate ziehen.

Nexus – Schaltseilwechsel

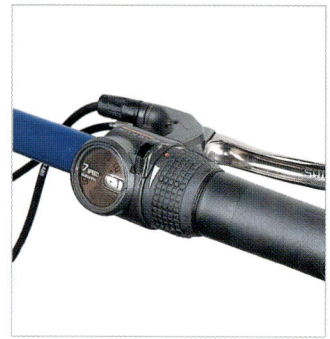

1 Um das Schaltseil zu wechseln oder die Nabe einzustellen, schalten Sie diese mit dem Drehschaltgriff in den vierten Gang. In dem kleinen runden Kontrollfenster am Drehschaltgriff muss dann die Ziffer vier erscheinen.

2 Sie müssen, um das alte Schaltseil ausbauen zu können, die drei kleinen Kreuzschlitzschrauben der Schalthebelabdeckung entfernen. Arbeiten Sie vorsichtig, um keine Schraube zu verlieren, da diese von unten eingeschraubt sind.

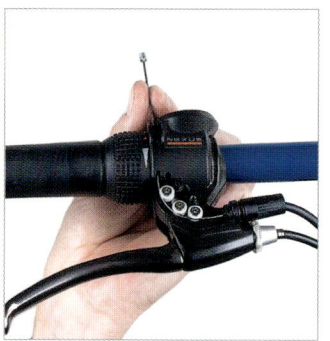

5 Legen Sie das neue Schaltseil um die drei Führungsrollen im Schalthebel und führen Sie es durch die Einstellschraube in die Außenhülle ein. Schieben Sie es vollständig durch die Außenhülle, bis der Nippel korrekt in seiner Aussparung sitzt.

6 Schieben Sie das Schaltseil durch die Außenhülle und die Schaltkassette, bis es am Rahmenausfallende erscheint. Führen Sie es um die Umlenkung und durch die Klemmschraube. Ziehen Sie dann das Schaltseil straff.

7 Ziehen Sie die Schaltseilklemmschraube an, um das Schaltseil unter Spannung zu halten. Drehen Sie dann die Schaltseileinstellschraube so weit hinein bzw. heraus, bis sich die beiden roten Einstellmarkierungen decken. Unternehmen Sie eine Probefahrt und checken Sie, ob sich alle Gänge exakt und geräuschlos schalten lassen. Leichte Geräusche während des Gangwechsels und unmittelbar danach sind völlig normal.

und Einstellung

3 Entfernen sie die silberne Abdeckung auf der Oberseite des Schalthebels. Schneiden Sie das Schaltseil an der Nabe ab. Jetzt können Sie den Nippel heraushebeln und das Schaltseil vollständig aus der Außenhülle ziehen.

4 Der Rest des Schaltseils ist jetzt noch mit der Nabe verschraubt. Lösen Sie die Klemmschraube und entfernen Sie das alte Schaltseil komplett. Mit der Montage des neuen Schaltseils beginnen Sie oben am Schalthebel.

Wann diese Arbeit fällig wird:
◆ Wenn das Schaltungskettchen steif oder beschädigt ist.
◆ Wenn das Schaltseil ausgefranst oder gerissen ist.
◆ Wenn sich nicht alle Gänge schalten lassen.

Zeitaufwand:
◆ 10 Minuten, um das Schaltseil zu erneuern.
◆ 5 Minuten, um an einer Nexus-Nabe die Schaltseilspannung einzustellen.
◆ 2 Minuten, um die Clickbox auf richtigen Sitz zu prüfen.

Schwierigkeitsgrad: ⚒
◆ Sehr leicht – einfacher als bei Sturmey Archer.

Sachs-Siebengang-Nabenschaltung

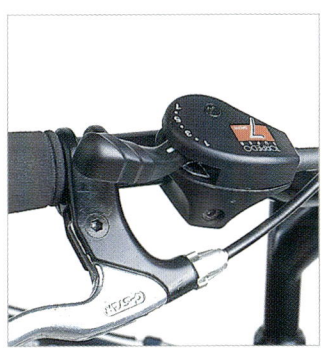

1 Bei Sachs-Siebengang-Nabenschaltungen können Bowdenzug und Schalthebel nur als komplette Einheit erneuert werden. Demontieren Sie den Schalthebel am Lenker, und lösen Sie die Klemmschrauben des Schaltseils.

2 Das Schaltseil braucht nicht gespannt zu werden, da es sich unzugänglich im Inneren der Clickbox befindet. In gewissen Abständen sollten Sie deren Befestigungsschraube lösen, die Box auf die Achse drücken und die Schraube wieder anziehen.

3 Aufgrund ihrer exponierten Lage ist die Clickbox stark sturzgefährdet. Stellen Sie Ihr Rad also immer sorgfältig ab, und vergessen Sie nach einem Hinterradausbau nie, den speziellen Schutzbügel wieder zu montieren.

Abgebildet sehen Sie hier eine Nabenschaltung in Kombination mit einer Rücktrittbremse. Der mit der linken Kettenstrebe verschraubte Bügel oben rechts überträgt das Bremsmoment auf den Rahmen.

5

Kette, Pedale & Kurbeln

Der Antrieb ist das Herzstück eines Fahrrades. Er sorgt dafür, dass die Kraft der Beine über die Kette aufs Hinterrad übertragen wird. Diese genial einfache Umwandlung der Kraft sich auf und ab bewegender Beine in Vortrieb macht das Fahrrad so effizient.

Antrieb: Komponenten

Sie sollten wissen, welche Kurbeln und welches Innenlager an Ihrem Rad montiert sind. Denn nur mit dem exakt dazu passenden Werkzeug sind Sie in der Lage, Reparaturen und Wartungsarbeiten auszuführen.

Kurbel-
schraube

Kurbelstern

Kettenblatt

Kettenblatt-
schraube

Kurbel

Vier-Stern-Kurbelgarnituren sind weit verbreitet. Theoretisch sind Fünf-Stern-Versionen zu bevorzugen, in der Praxis aber zeigen sich keine Nachteile. Für Fünf-Stern-Ausführungen ist das Angebot an Kettenblättern aber deutlich größer.

Dieser keillose LX-Kurbelsatz wird entfernt, indem der Kurbelbolzen mit einem passenden Inbusschlüssel gegen den Uhrzeigersinn gelöst wird. Danach wird ein Abzieher angesetzt. Es gibt verschiedene Kettenblätter zur Auswahl, die auch einzeln ersetzt werden können.

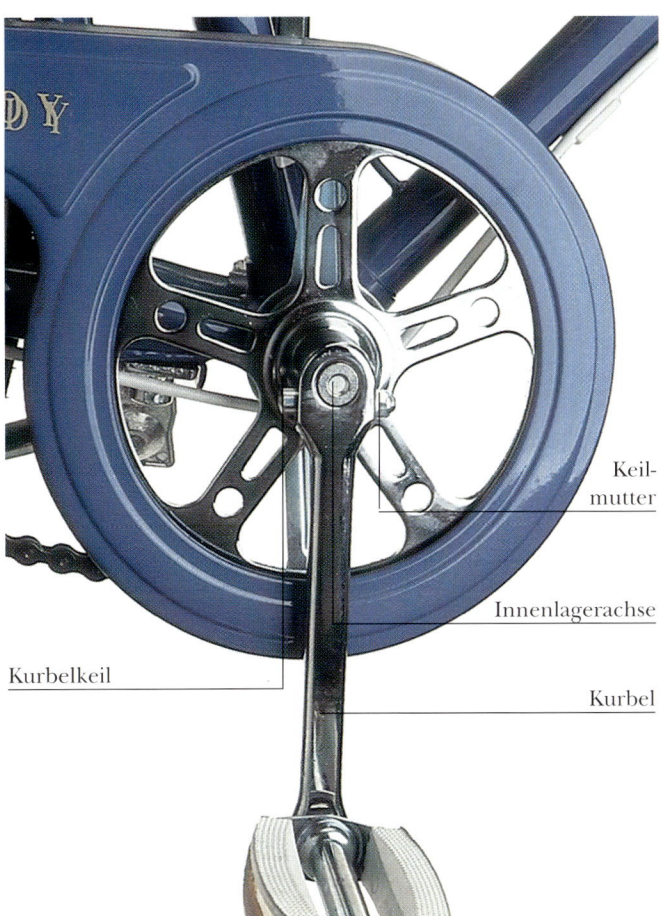

Keil-mutter

Innenlagerachse

Kurbelkeil

Kurbel

1 Hier handelt es sich um eine Vierkantkurbel; zu erkennen an der Kurbelschraube mit Innensechskant. Andere Vierkantkurbeln sind mit Sechskantschrauben befestigt, die unter einer Staubschutzkappe sitzen.

2 Konuslager müssen in regelmäßigen Abständen zerlegt, gereinigt, neu gefettet und genau eingestellt werden. Sie erkennen diese an dem links außen sitzenden Konterring mit den Aussparungen.

3 Manche Konuslager haben an Kontermutter und Lagerschale einen Sechskant für Gabelschlüssel. Konterringe mit Aussparungen werden mit einem speziellen Haken- und Stirnlochschlüssel eingestellt.

4 Keilkurbeln erkennen Sie an dem Keil und der aufgeschraubten Mutter, die die Kurbel mit der Achse des Innenlagers verbinden. Sie werden nur noch an Niedrig-Preis-Rädern verwendet und aus verchromtem Stahl hergestellt. Keilkurbeln können nur in Verbindung mit einem Innenlager in Konusbauweise montiert werden.

5 Herkömmlichen Pedale eignen sich für den Einsatz mit Turnschuhen und anderem leichtem Schuhwerk. An vielen einfachen Rädern können die Pedallager weder zerlegt noch eingestellt werden. Sie können aber problemlos hochwertige, langlebige Pedale aus Metall nachrüsten.

6 Clickpedale gibt es in verschiedenen Ausführungen und Preisklassen. Sie stellen einen großen Fortschritt dar, da sie eine wesentlich effektivere Kraftübertragung und sicheren Halt ermöglichen.

7 Clickpedale sind auch für Einsteiger erschwinglich geworden, erfordern aber spezielle Radschuhe. Der Schuh rastet auf dem Pedal ein und kommt durch leichte Drehung nach außen schnell und sicher wieder frei.

Kombi-Pedale

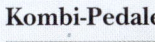

Sehr beliebt sind Kombi-pedale, die auf der einen Seite mit Clickschuhen und auf der anderen mit herkömmlichen Straßenschuhen gefahren werden können.

Antrieb: Pflege und Wartung

Mit jedem Kilometer entsteht Verschleiß im Antrieb. Sie sollten den Antrieb daher regelmäßig durchchecken.

Wenn Sie die Kette sauber halten und regelmäßig schmieren, können Sie den Verschleiß gering halten. Wird eine Kette nie gereinigt oder zu stark geschmiert, verbinden sich Öl und Staub zu einer zähen Schleifpaste. Diese wirkt wie feinstes Sandpapier und ruiniert in kürzester Zeit neben der Kette auch Kettenblätter und Ritzel.

Kettenblätter werden häufig aus Aluminium gefertigt. Dies ist wesentlich weicher als beispielsweise Stahl. Durch die Kette, die sich zwischen die einzelnen Zähne des Kettenblatts drückt, wird das Aluminium aber quasi nachgehärtet. In der Praxis verschleißen deshalb Kette und Ritzel – beide sind aus Stahl gefertigt – häufig zuerst. Im Extremfall kann sich die Kette bereits nach 1000 km so stark in das meistgefahrene Ritzel eingeschliffen haben, dass sie über die seltener verwendeten Ritzel springt und nicht mehr richtig greift. Eine neue Kette würde zwar zu den kaum benutzten und deshalb noch neuwertigen Ritzeln passen, nicht aber zu dem verschlissenen. Sie müssen also Kette und Ritzel gemeinsam erneuern.

Ein neuer Antrieb verschleißt relativ langsam. Mit zunehmendem Verschleiß seiner einzelnen Bestandteile aber steigert sich das Tempo des Abriebs. Wenn Sie die Kette sorgfältig pflegen und rechtzeitig erneuern, können Sie den Ersatz der Ritzel und der teuren Kettenblätter lange hinauszögern.

1 Die Kettenblätter sind mit vier oder fünf Schrauben mit dem Kurbelstern verschraubt und müssen fest sitzen. Sollte sich die Mutter an der Rückseite mitdrehen, halten Sie sie mit einem Schraubendreher fest.

2 Sind die Kurbeln locker, knacken sie während der Fahrt. Halten Sie eine Kurbel mit der linken Hand und bewegen Sie mit der rechten die andere. Zeigt sich Spiel, müssen die Kurbelschrauben nachgezogen werden.

3 Prüfen Sie das Innenlager auf Spiel: Nehmen Sie die Kette vom Kettenblatt. Fassen Sie dann beide Kurbeln oben mit den Händen und ruckeln Sie diagonal. Lassen sich beide Kurbeln hin- und herbewegen, hat das Innenlager Spiel.

4 Legen Sie die Kette dicht am Rahmen auf das Innenlagergehäuse und versetzen Sie die Kurbeln in Rotation. Peilen Sie von oben am Rahmen entlang auf die Kettenblätter. So lassen sich verbogene Kurbeln oder Kettenblätter leicht erkennen.

Lockere Kurbeln
Wackelt die linke Kurbel und lässt sich nicht mehr anziehen, feilen Sie die Rückseite am Vierkant der Kurbel etwas ab. Dadurch wird sie weiter auf die Achse gezogen. Ziehen Sie sie unter Verwendung von Loctite fest an.

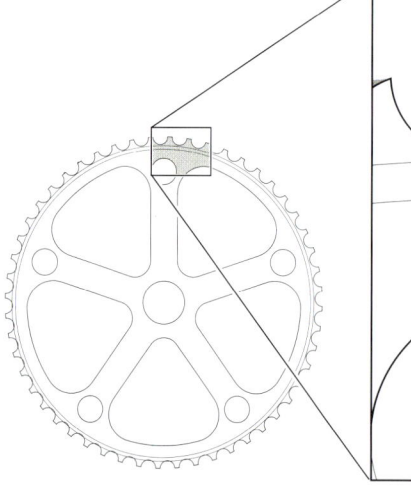

5 Überprüfen Sie die Kettenblätter auf Verschleiß. Weisen Zähne auch nur einen leichten Haken an der Zahnspitze auf, ist das Kettenblatt verschlissen. Es muss dann unverzüglich durch ein neues ersetzt werden. Häufig müssen dann auch Kette und Ritzel erneuert werden.

Kettenflucht und Gangwahl

Um den Verschleiß so gering wie möglich zu halten, sollte die Kette möglichst gerade verlaufen. Da die Ritzel aber nebeneinander montiert sind, stellt eine Kettenschaltung diesbezüglich immer einen Kompromiss dar. Die Mitte des Ritzelpakets sollte exakt mit dem mittleren Kettenblatt fluchten. Ist dies nicht der Fall, fragen Sie einen Profi in Ihrer Radwerkstatt nach Lösungsvorschlägen.

Kleinstes Ritzel

Kleinstes Kettenblatt

Größtes Ritzel

Größtes Kettenblatt

Vermeiden Sie Gänge, bei denen die Kette extrem schräg läuft. Der Kettenverschleiß wird höher und Sie müssen unnötig viel Kraft aufwenden. Meist findet sich eine günstigere Kettenblatt-Ritzel-Kombination mit nahezu identischem Übersetzungsverhältnis.

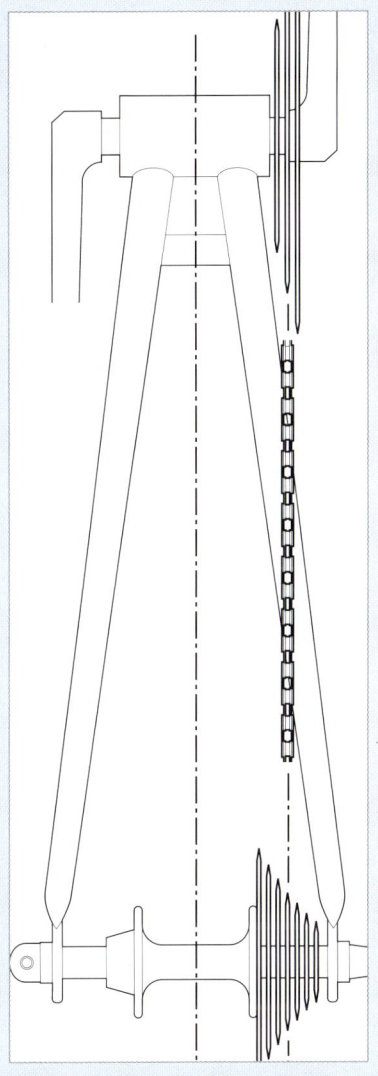

Perfekte Kettenflucht an einem Rad mit 21 Gängen – sieben Ritzel und drei Kettenblätter.

Wann diese Arbeit fällig wird:
◆ Alle paar Monate, wenn Sie regelmäßig Rad fahren.
◆ Wenn Sie ein altes Rad wieder in Betrieb nehmen.
◆ Wenn Sie abschätzen möchten, wie viel Sie in ein Gebrauchtrad investieren müssen.

Zeitaufwand:
◆ 15 Minuten für einen Komplettcheck, inklusive Kettenverschleiß und Kettenflucht.

Schwierigkeitsgrad:
◆ Probleme mit den Kurbeln sind recht schwer zu diagnostizieren.
◆ Ebenfalls recht schwer ist es, die Kettenflucht zu kontrollieren. Diese ist – vor allem bei Rädern mit sieben oder acht Ritzeln – aber äußerst wichtig.

Spezialwerkzeug:
◆ Stahllineal mit gut ablesbaren Ziffern.
◆ Etwa 1 m langes Stahllineal zur Kontrolle der Kettenflucht.

Antrieb: Kettenpflege

Wenn Sie Ihre Kette sorgfältig pflegen, arbeitet sie mit minimalem Verlust und einem Wirkungsgrad von bis zu 98%.

Fast alle modernen Fahrräder sind mit einer 3/32-Zoll-Kette ausgestattet. Dieses Maß bezieht sich auf die lichte Weite zwischen den Kettenlaschen und ist auf die Stärke der Ritzel und Kettenblätter abgestimmt. 3/32 Zoll entsprechen knapp 2,4 mm. Die einzige Ausnahme sind Kinderräder und Räder, die mit einer Nabenschaltung ausgestattet sind. Hier kommen 1/8-Zoll-Ketten zum Einsatz (1/8 Zoll = knapp 3,2 mm). Da die Ketten exakt auf Ritzel und Kettenblätter abgestimmt sind, sind die beiden Systeme nicht kompatibel.

Wenn Sie Ersatzteile für ein Rad kaufen, das mit einer 1/8-Zoll-Kette ausgestattet ist, lassen Sie dies Ihren Radhändler wissen. Achten Sie darauf, dass ein Kettenschloss vorhanden ist. Dies gibt es nur bei 1/8-Zoll-Ketten.

Die Informationen und Vorgehensweisen, die Sie auf dieser Doppelseite finden, treffen für beide Kettenabmessungen zu. Wie eine 1/8-Zoll-Kette montiert und demontiert wird, ist auf Seite 81 beschrieben.

Fahrräder mit Kettenschaltung sind grundsätzlich mit 3/32-Zoll-Ketten ausgestattet, selbst wenn es sich um Kinderräder handelt. Diese Ketten müssen häufig mit einem speziellen Werkzeug, einem Kettennieter, vernietet werden. Immer öfter aber werden Sie auf eine 3/32-Zoll-Kette stoßen, die mit einem patentierten Verbindungsglied ausgestattet ist (siehe Seite 82).

Einfache 3/32-Zoll-Ketten eignen sich nur für Sechsfach-Ritzelpakete. Teurere 3/32-Zoll-Ketten sind nicht ganz so breit, dadurch aber flexibler und für Sieben- und Achtfach-Ritzelpakete geeignet. Schaltungen mit neun bzw. zehn Ritzeln benötigen spezielle, extrem schmale und flexible Ketten. Standard-Ketten können hier nicht verwendet werden. Meist werden auch spezielle Kettennietwerkzeuge benötigt.

Automatische Kettenreinigung

Kettenreinigungsgeräte sind eine saubere Lösung. Sie werden mit Reinigungsmittel gefüllt und hinter dem unteren Schalträdchen eingehakt. Durch Rückwärtsdrehen der Kurbeln reinigen die Bürsten die Kette automatisch. Füllen Sie das Reinigungsmittel nach getaner Arbeit in ein Glas – der Schmutz setzt sich ab, und es kann wieder verwendet werden. Auf dem Zubehörmarkt werden verschiedene Ausführungen von Kettenreinigungsgeräten angeboten. Sie alle werden aus Kunststoff gefertigt und sind daher bruchempfindlich.

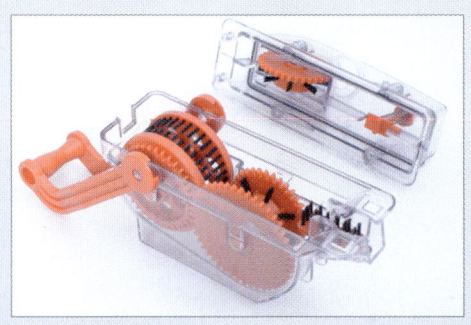

Welche Kette?

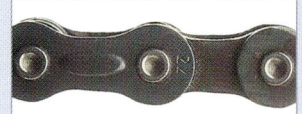 

Auf den Kettenlaschen finden Sie den Namen des Kettenherstellers. Sedis, Sachs und Taya sind die bekanntesten Marken bei 3/32-Zoll-Ketten. Die Kettenbolzen lassen sich mit einem Kettennieter hinaus- und wieder hineindrücken.

Ketten von Shimano sind mit UG, HG oder IG gekennzeichnet. Hier sind die Kettenbolzen umgebördelt. Beim Herausdrücken wird das Loch aufgeweitet. Um sie erneut zu vernieten, verwenden Sie die speziellen, schwarzen Nietbolzen.

Spezielle Reinigungsflüssigkeit

Kettenreinigungsgeräte werden häufig im Set mit einer Flasche Reinigungsflüssigkeit angeboten. Ist die Flasche leer, können Sie auch herkömmlichen Fettlöser verwenden; dieser ist meist auch noch günstiger. Gießen Sie verschmutzte Reinigungsflüssigkeit niemals in den Ausguss oder in einen Straßengully. Verwenden Sie möglichst biologisch abbaubare Mittel. Filtern Sie stark verschmutzte Reinigungsflüssigkeit durch Zeitungspapier oder ein Tuch – so können Sie sie länger verwenden.

Kettenreinigung von Hand

 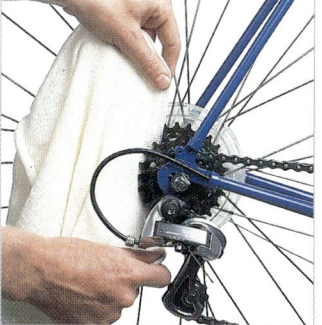  

1 Ist die Kette verschmutzt, spritzen Sie sie mit dem Schlauch ab. Ist der Schmutz mit Öl vermischt, reiben Sie die Kette mit einem Tuch gründlich sauber.

2 Wenn die Kette stark verschmutzt ist, sind meist auch Ritzel und Kettenblätter alles andere als sauber. Reinigen Sie alle Zahnflanken und die Zwischenräume sorgfältig.

3 Da Sie die Zwischenräume der Kette nicht mit einem Lappen reinigen können, müssen Sie sie mit Fettlöser einsprühen. Entfernen Sie den Schmutz mit einer alten Zahnbürste.

4 Ist die Kette sauber, schmieren Sie sie mit Sprühöl. Geben Sie anschließend etwas zähflüssiges Öl am Ritzelpaket auf die Kette. So werden auch die Ritzel geschmiert..

Kettenverschleiß

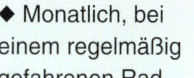

1 Ketten werden länger, wenn sie verschleißen.Versuchen Sie die Kette mit zwei Fingern vom großen Kettenblatt abzuheben. 1 bis 2 mm sind normal; ab 6 bis 7 mm ist die Kette verschlissen und muss erneuert werden.

2 Durch das Messen mit einem Lineal können Sie den Kettenverschleiß wesentlich exakter bestimmen. Verwenden Sie ein Stahllineal und positionieren Sie die Null genau in der Mitte eines Kettenbolzens.

3 Zählen Sie 24 Kettenglieder ab (innere und äußere Glieder zwischen dem 1. und 25. Kettenbolzen). Eine neue Kette ist 30,5 cm lang. Hat sie sich auf 31 cm gelängt, ist sie reif für den Müll.

4 Am elegantesten lässt sich der Kettenverschleiß mit einer Messlehre, beispielsweise von Wippermann, messen. Diese lässt sich ganz einfach zwischen 20 Kettengliedern einhaken. Bildet die Messlehre ein leichtes Dreieck mit Abstand zur Kette (siehe links), ist diese neuwertig, liegt das Werkzeug dagegen auf der Kette auf, ist sie verschlissen.

Wann diese Arbeit fällig wird:
◆ Monatlich, bei einem regelmäßig gefahrenen Rad.
◆ Wenn die Kette verschmutzt ist.
◆ Nach einer verregneten Ausfahrt.

Zeitaufwand:
◆ 15 Minuten, um eine verschmutzte Kette zu reinigen; weitere 15 Minuten, um anschließend Ihre Hände zu reinigen. Tragen Sie deshalb Gummihandschuhe.

Schwierigkeitsgrad:
◆ Kein großes Problem.

Spezialwerkzeug:
◆ Kettenreinigungsgerät, alte Zahnbürste, zahlreiche Lappen.

Kette entfernen und erneuern

Früher oder später müssen Sie die Kette einmal trennen. Mit jedem Mal aber wächst die Gefahr, dass die Kette später reißt.

Ist Ihre Kette stark verschmutzt oder rostig, reinigen Sie sie in Petroleum, damit sie wieder so sauber und geschmeidig läuft wie eine neue. Dazu müssen Sie die Kette abnehmen. Zuerst einmal müssen Sie aber herausfinden, um was für eine Kette es sich handelt (siehe Seite 78). Dann entfernen Sie mit einem Kettennieter einen Kettenbolzen bzw. öffnen Sie das Kettenschloss.

Wenn Ihr Rad mit einer Shimano-Kettenschaltung ausgestattet ist, benötigen Sie spezielle Nietbolzen, um die Kette wieder vernieten zu können. Sie dürfen auf keinen Fall die alten Bolzen verwenden. Diese speziellen Nietbolzen sind schwarz und verfügen über einen Führungsstift, der nach erfolgter Vernietung mit einer Zange abgebrochen wird. Die Kette darf niemals an solch einem schwarzen Nietbolzen getrennt werden. Öffnen Sie die Kette an einem beliebigen silbernen Bolzen.

Shimano-Kettennieter

Spezieller Nietbolzen

Normale Kette

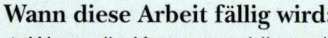

1 Drehen Sie den Nietstift zurück, und legen Sie die Kette in die Führung. Shimano-Kettennieter eignen sich auch für Ketten anderer Hersteller. Ziehen Sie die Rändelschraube so an, dass sie fest an der Kette anliegt.

Wann diese Arbeit fällig wird:
◆ Wenn die Kette verschlissen/verrostet ist.
◆ Wenn sich die Schrauben der Schalträdchen nicht lösen lassen.

Zeitaufwand:
◆ Rechnen Sie beim ersten Mal mit 20 Minuten, damit Sie sich Schritt für Schritt einarbeiten können.

Schwierigkeitsgrad: 🔧🔧🔧🔧
◆ Das Herausdrücken des Kettenbolzens ist mit hohem Kraftaufwand verbunden. Diese Tatsache wird Sie beim ersten Mal etwas verunsichern. Wenn Sie eine Shimano-Kette trennen, dürfen Sie nie den einzelnen schwarzen Verbindungsbolzen herausdrücken.

Spezialwerkzeug:
◆ Standard-/Shimano-Kettennieter.
◆ Kräftige Zange und Feile.

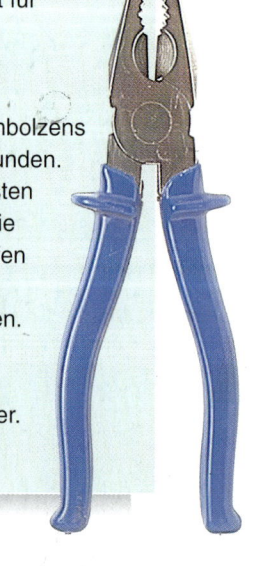

Shimano HG- und IG- Ketten

1 Drücken Sie niemals einen schwarzen Kettenbolzen heraus. Legen Sie die Kette in die Führung des Kettennieters und drehen Sie die Rändelmutter hinein, bis sie die Lasche der Kette berührt.

2 Stellen Sie sicher, dass der Nietstift mittig sitzt, und drücken Sie den Kettenbolzen vollständig heraus. Dies erfordert viel Kraft. Entfernen Sie den Kettennieter, und trennen Sie die Kette.

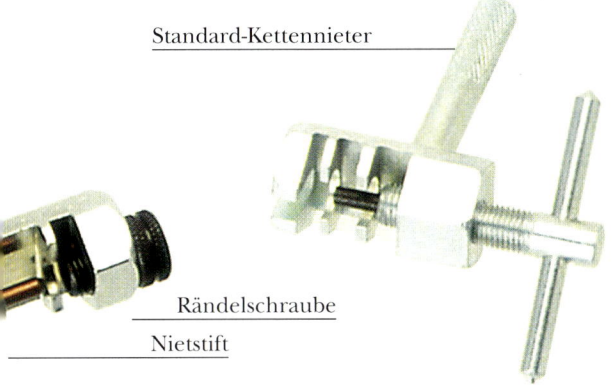

Standard-Kettennieter

Rändelschraube

Nietstift

Kettenschloss an ⅛-Zoll-Kette öffnen

1 Alltagsräder haben häufig einen Kettenschutz gegen Schmutz und Nässe. Demontieren Sie diesen. Die Arbeiten an der Kette sind dann einfacher zu bewerkstelligen.

2 Suchen Sie das Kettenschloss. Drücken Sie das offene Ende der Verschlusslasche mit einem kleinen Schraubendreher aus der Nut in den beiden Kettenbolzen heraus.

3 Ist die Verschlusslasche entfernt, können Sie die Deckplatte mit zwei Fingern abziehen und das eigentliche Kettenschloss nach hinten herausziehen. Die Kette ist jetzt geöffnet.

4 Montiert wird in umgekehrter Reihenfolge. Das geschlossene Ende der Verschlusslasche muss in Kettenlaufrichtung weisen, damit es später nicht heruntergehebelt werden kann.

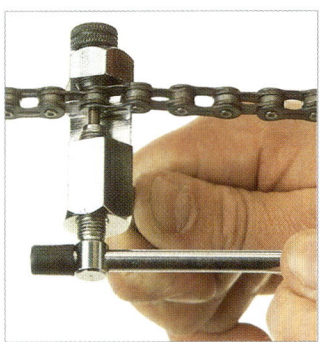

2 Die Kette muss sauber in der Führung des Kettennieters sitzen. Drehen Sie den Nietstift hinein, bis er mittig in der Vertiefung im Kettenbolzen sitzt, und drehen Sie ihn dann etwa sechs Umdrehungen hinein.

3 Entfernen Sie den Kettennieter und öffnen Sie die Kette, indem Sie sie leicht zur Seite biegen. Drücken Sie den Kettenbolzen nicht ganz heraus. So können Sie die Kettenenden zum Vernieten bequem zusammenklicken.

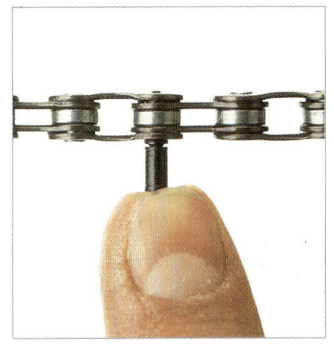

3 Um die Kette zu vernieten, müssen Sie einen schwarzen Nietbolzen durch die Kettenlasche führen und sie in den Kettennieter legen. Drehen Sie den Nietstift hinein, bis er mittig im Nietbolzen liegt.

4 Drücken Sie den Nietbolzen hinein, bis auf der Gegenseite die in der Mitte sitzende Nut sichtbar wird. Das überstehende Teil brechen Sie mit einer Zange ab und glätten die Bruchstelle mit einer Feile.

Steife Kettenglieder

Wurde die Kette lange nicht mehr geschmiert bzw. schlecht vernietet, können steife Kettenglieder auftreten. Die Kette springt dann geräuschvoll über die Ritzel. Oft können Sie ein steifes Kettenglied wieder gangbar machen, indem Sie das betroffene Glied hin und her biegen. Wenn der Kettenbolzen auf einer Seite weiter übersteht als auf der anderen, muss er mit dem Kettenieter gleichmäßig eingepresst werden.

Ketten montieren

Bei der Montage einer neuen Kette müssen Sie nicht nur die Tipps der vorherigen Doppelseite beachten, sondern auch noch die korrekte Kettenlänge bestimmen.

Ihre neu erworbene Kette ist meist 114 Glieder lang, sodass sie selbst in Kombination mit extrem langen Kettenstreben und/oder extrem großen Kettenblättern und Ritzeln noch ausreichend lang ist. Daher muss eine neue Kette fast immer auf die für Ihr Rad korrekte Länge gekürzt werden.

Dies ist äußerst wichtig, da der Spannmechanismus des Schaltwerks nur eine begrenzte Anzahl an Kettengliedern spannen kann. Die Kette muss ausreichend lang sein, um die Kombination großes Kettenblatt/großes Ritzel zu bewältigen. Liegt die Kette dagegen auf dem kleinsten Kettenblatt und dem größten Ritzel, ist sie um einige Kettenglieder zu lang – diese Differenz muss das Schaltwerk mit seinem Spannmechanismus, dem Schaltkäfig, bewältigen. Jedes überflüssige Kettenglied sollte vermieden werden, da die Kette dann unter Umständen durchhängt und im Gelände auch schon mal von den Ritzeln springen kann. Außerdem werden die Gangwechsel durch eine unnötig lange Kette unpräzise.

Die korrekte Kettenlänge bestimmen Sie ganz einfach: Legen Sie die Kette vorn auf das große Kettenblatt und hinten auf das größte Ritzel. Der Schaltkäfig des Schaltwerks muss nun genau 45° nach vorn weisen. So wird sichergestellt, dass die Feder des Schaltarms in diesem Gang nicht überlastet wird und andererseits die Spannkraft noch ausreicht, um die frei werdende Kettenlänge bei der Kombination kleines Kettenblatt/kleinstes Ritzel straff zu halten. Bei voll gefederten Rädern sollten Sie die Hinweise des Herstellers beachten.

Shimano-HG-Ketten (HyperGlide) sind mit nahezu allen Shimano-Komponenten kompatibel. IG-Kettenblätter und Ritzel (InterGlide) aber dürfen nur mit IG-Ketten kombiniert werden. SRAM, Rohloff und andere Hersteller bieten ebenfalls Ketten an, die mit HG- und IG-Komponenten harmonieren. Achtung: Neun- und Zehnfach-Schaltungen erfordern spezielle Ketten!

Power Chain und andere

Es erfordert Übung und Fingerspitzengefühl, eine Kette mittels eines Kettennietwerkzeuges zu vernieten. Außerdem stellt ein vernietetes Kettenglied immer eine Schwachstelle dar.

Spezielle Verbindungsglieder wie Power Chain, Connex von Wippermann und ähnliche Produkte dagegen machen das Vernieten der Kette überflüssig.

Die beiden Hälften des Verbindungsglieds werden zusammengesteckt und dann durch Zug an der Kette eingerastet.

Geöffnet wird das Verbindungsglied ganz einfach, indem die beiden Hälften in Richtung der runden Aussparung zusammengepresst werden.

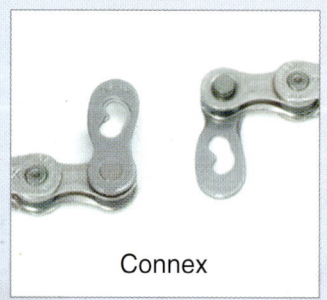

Connex

Power Chain

Korrekte Kettenlänge

1 Legen Sie die neue Kette auf das kleinste Ritzel und das größte Kettenblatt und bringen Sie die Schalthebel in die entsprechende Position. Führen Sie die Kette um die Schalträdchen durch den Käfig des Schaltwerks.

2 Bringen Sie die Kettenenden zusammen und straffen Sie die Kette am unteren Kettentrum so weit, bis der Käfig des Schaltwerks 45° nach vorne weist. Zählen Sie die Anzahl der sich überlappenden Kettenglieder.

3 Entfernen Sie dann die überschüssigen Kettenglieder mit einem Kettennieter. Entfernen Sie den Kettenbolzen nicht völlig; so lässt sich das andere Kettenende an der überstehenden Niete einrasten.

4 Legen Sie die Kette auf das größte Ritzel und das größte Kettenblatt. Prüfen Sie, ob die Kettenlänge stimmt. Drücken Sie die Niete wieder hinein und stellen Sie sicher, dass das Kettenglied nicht versteift ist.

5 Um die korrekte Kettenlänge zu ermitteln, können Sie die Kette alternativ auch auf das kleinste Ritzel und das größte Kettenblatt legen. Straffen Sie die Kette so weit, bis der Käfig des Schaltwerks 90° nach unten weist, und zählen Sie – wie bereits beschrieben – die Anzahl der zu entfernenden Kettenglieder. Jetzt können Sie die Kette kürzen und vernieten und Ihre Arbeit durch eine Probefahrt abschließen.

Räder mit Nabenschaltung

Bei Rädern mit Nabenschaltung, aber auch bei Eingang-Rädern, wird die Kette durch Verschieben des Hinterrads in den horizontal angeordneten Ausfallenden gespannt. Setzen Sie das Hinterrad in die Mitte des Verstellbereichs der Ausfallenden. Entfernen Sie überflüssige Kettenglieder mit einem Kettennieter und verbinden Sie die Enden der Kette mit dem mitgelieferten Kettenschloss (Seite 81). Durch Verschieben des Hinterrades spannen Sie die Kette so, dass sich diese in der Mitte zwischen Innenlager und Hinterradachse etwa 1,5 cm nach oben drücken lässt. Achten Sie darauf, dass das Hinterrad nicht schräg im Rahmen steht.

Starre Naben

Starre Naben besitzen keinen Freilauf, das heißt, die Kurbeln drehen sich unentwegt. Diese Technik wird gelegentlich von Rennradfahrern angewandt und ermöglicht ein besonders intensives Training. Dazu sind aber spezielle Radnaben aus dem Bahnradsport erforderlich. Alternativ werden auch Adapter für herkömmliche Mehrgangnaben angeboten.

Schraubzahnkränze

Schraubzahnkränze sind nach wie vor erhältlich. In Verbindung mit Acht-, Neun- oder Zehnfach-Ritzelpaketen aber ist das Kassetten-Prinzip klar im Vorteil.

Die am Hinterrad montierten Zahnräder werden als Ritzel bezeichnet. Die Kombination aus bis zu zehn solcher Ritzel nennt man Ritzelpaket. Wenn Sie mit der Abstufung Ihrer Kettenschaltung unzufrieden sind, können Sie durch die Montage eines anderen Ritzelpakets Abhilfe schaffen. Bei Schraubzahnkränzen ist der Freilauf in das Ritzelpaket integriert. Schraubzahnkränze können daher nur komplett mit dem Freilauf ersetzt werden. Bei Kassettennaben dagegen ist der Freilauf in die Nabe integriert, und es werden nur die Ritzel ausgetauscht. Diese sitzen auf dem mit Aussparungen versehenen Kassettenkörper an der Nabe. Um Schraub- wie auch Kassettenzahnkränze demontieren zu können benötigen Sie Spezialwerkzeug: bis zu zwei Kettenpeitschen und/oder einen Zahnkranzabzieher.

Schraubzahnkranz

Im Zentrum des Ritzelpakets finden sich Aussparungen, in denen die Nasen des Zahnkranzabziehers Halt finden. Die einzelnen Ritzel sind angeschrägt, was den Gangwechsel erleichtert.

Wann diese Arbeit fällig wird:
◆ Bei verschlissenen Ritzeln und wenn der Freilauf geräuschvoll arbeitet und gereinigt werden muss.

Zeitaufwand:
◆ Kalkulieren Sie 15 Minuten ein, und arbeiten Sie ohne Hast.

Schwierigkeitsgrad:
◆ Nicht die Aussparungen im Zentrum des Schraubkranzes beschädigen.

Spezialwerkzeug:
◆ Exakt passender Zahnkranzabzieher.

Kassettenkranz

Bei Kassettennaben ist der Freilauf wesentlich aufwändiger abgedichtet als bei Schraubkränzen. Sie sind daher deutlich langlebiger. Bei einem Kassettenkranz werden bis zu zehn Ritzel auf die Nabe aufgesteckt. Diese sind stark profiliert und mit Steighilfen für schnelle und spontane Gangwechsel versehen.

Einzelne Ritzel demontieren

Das einzelne Ritzel an einem Eingang- oder an einem mit einer Nabenschaltung ausgestatteten Rad lässt sich mit Hammer und Meißel demontieren. Setzen Sie den Meißel in der Aussparung in der Mitte an und lösen Sie das Ritzel mit vorsichtigen Hammerschlägen gegen den Uhrzeigersinn. Achten Sie darauf, mit dem Meißel nichts zu beschädigen.

Schraubzahnkranz demontieren

1 Entfernen Sie die Radmutter bzw. bei einem Schnellspanner die Rändelmutter. Setzen Sie den Zahnkranzabzieher sorgfältig und exakt in die Aussparungen des Ritzelpakets, damit dieser nicht abrutschen kann.

2 Drehen Sie die Radmutter bzw. Rändelmutter leicht gegen den Zahnkranzabzieher, damit er nicht verrutschen kann. Spannen Sie den Zahnkranzabzieher samt Hinterrad in einen festmontierten Schraubstock.

3 Drehen Sie die Felge mit den Händen kraftvoll etwa 2 bis 3 cm gegen den Uhrzeigersinn und entfernen Sie die Radmutter wieder. Sie können statt eines Schraubstocks auch einen Gabelschlüssel verwenden.

4 Jetzt können Sie den Schraubzahnkranz von Hand herunterdrehen. Fetten Sie das Gewinde vor der Montage. Setzen Sie den Schraubzahnkranz gefühlvoll an, um das Gewinde nicht zu beschädigen.

Kassettenzahnkränze

Acht, neun oder gar zehn Ritzel lassen sich auf einer Nabe nur unterbringen, wenn sie schmal gebaut ist. Dadurch wird die Nabe aber geschwächt. Die Konstrukteure haben das Problem gelöst, indem sie ein Radlager weit außen in den Freilauf-Kassettenkörper der Nabe integriert haben.

Schraubzahnkränze sind nahezu völlig von Kassettenzahnkränzen verdrängt worden. Dies hat einen einfachen Grund. Bis zu zehn Ritzel lassen sich nur unterbringen, wenn die Nabe immer schmaler gebaut wird. Denn die lichte Weite zwischen den Ausfallenden ist vorgegeben: 130 mm bei Rennrädern und 135 mm bei Mountainbikes. Bei Schraubzahnkränzen aber würden dadurch die Radlager zu dicht beieinander sitzen, die Gefahr eines Achsbruchs wäre zu groß.

Naben für Kassettenzahnkränze kennen dieses Problem nicht. Hier ist der Freilauf in die Nabe integriert. Dadurch kann das Radlager weit außen platziert werden, und die gefürchteten Achsenbrüche gehören der Vergangenheit an. Bei besonders aufwändigen Konstruktionen kommt noch ein drittes Lager in Nabenmitte zum Einsatz.

Bei älteren Kassettennaben von Campagnolo und SUNTOUR ist das kleinste Ritzel aufgeschraubt und hält alle anderen an ihren Platz. Um dieses verschraubte Ritzel zu lösen, benötigen Sie zwei Kettenpeitschen. Beide Hersteller verwenden bei ihren aktuellen Kassettennaben, wie Shimano auch, einen aufgeschraubten Sicherungsring, der die Ritzel fixiert und sich elegant mit einem kleinen Zahnkranzabzieher demontieren lässt.

Um Gewicht zu sparen, sitzen die größeren Ritzel meist auf einem Stern aus Aluminium und sind entweder miteinander verschraubt oder vernietet. Manche Kassetten lassen sich also öffnen, und einzelne Ritzel können ausgetauscht werden. Da aber zahlreiche Versionen am Markt sind, ist dies eine Aufgabe für Radprofis.

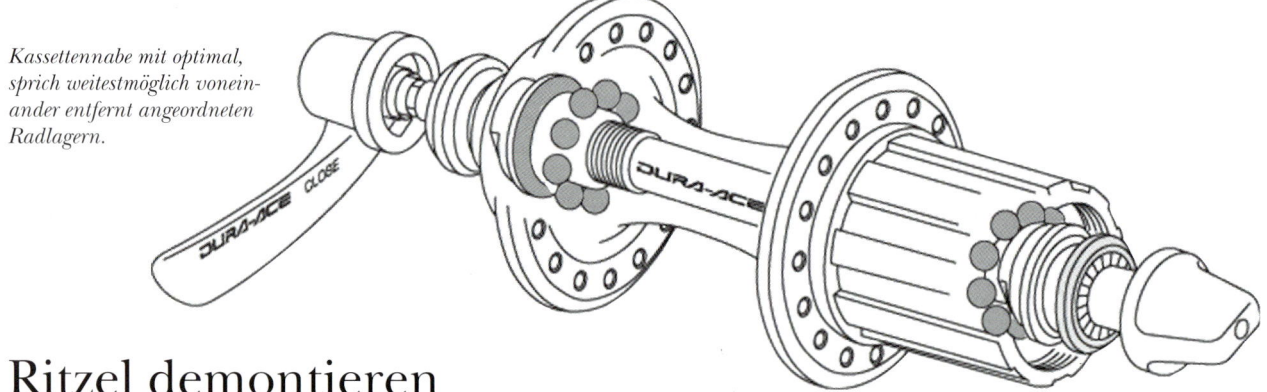

Kassettennabe mit optimal, sprich weitestmöglich voneinander entfernt angeordneten Radlagern.

Ritzel demontieren

1 Setzen Sie einen exakt passenden Zahnkranzabzieher in die Aussparungen des Sicherungsrings und schrauben Sie die Rändelmutter des Schnellspanners wieder auf.

2 Setzen Sie das Kettenstück der Kettenpeitsche auf dem mittleren Ritzel an. Legen Sie das freie Kettenstück so um die Zähne, dass Sie im Uhrzeigersinn drehen können.

3 Setzen Sie einen Gabelschlüssel am Zahnkranzabzieher an und lösen Sie ihn im Gegenuhrzeigersinn. Drücken Sie das Hinterrad dazu mit einer Hand auf den Boden.

4 Lösen Sie den Sicherungsring und entfernen Sie dann die Rändelmutter des Schnellspanners. Jetzt können Sie den Sicherungsring von Hand herausdrehen.

Der Freilaufkörper

1 Sind die Ritzel demontiert, können auf der gegenüberliegenden Seite Kontermutter und Konus von der Achse geschraubt und diese aus der Nabe herausgezogen werden. Entfernen Sie das alte Fett des Lagers.

2 Sie sehen nun den Bolzen, der den Freilaufkörper auf der Nabe hält. Reinigen Sie den Innensechskant und lösen Sie den Bolzen mit einem Innensechskantschlüssel. Danach lässt sich der Freilaufkörper von der Nabe abnehmen.

3 Reinigen Sie die Fläche zwischen Nabe und Freilaufkörper. Versehen Sie die Kontaktfläche, die Innenseite des Freilaufkörpers und den Befestigungsbolzen mit Kupferfett. In umgekehrter Reihenfolge montieren.

4 Sind alle Ritzel demontiert, reinigen Sie diese zusammen mit dem Freilaufkörper. Träufeln Sie am Freilaufkörper zähflüssiges Öl in den Spalt an der Rückseite. Montage und Einstellung der Radlager finden Sie auf Seite 140 erläutert.

Campagnolo-Kassettennabe

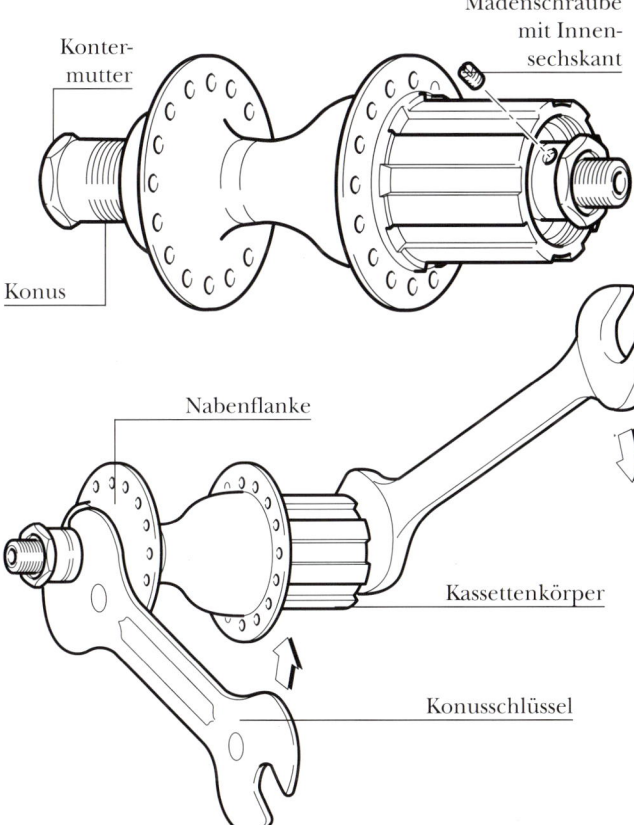

Konter-mutter

Konus

Madenschraube mit Innensechskant

Nabenflanke

Kassettenkörper

Konusschlüssel

Um den Freilaufkörper einer Campagnolo-Nabe demontieren zu können, müssen Sie zuerst die zur Sicherung dienende Madenschraube lösen. Halten Sie dann mit einem Konusschlüssel gegen und lösen Sie die auf der Achse sitzende Kontermutter mit einem Gabelschlüssel.

Wann diese Arbeit fällig wird:
◆ Wenn Sie eine neue Kette aufziehen, müssen oft auch die Ritzel gewechselt werden.
◆ Wenn Sie eine andere Übersetzung wünschen.
◆ Wenn der Freilauf nicht mehr richtig arbeitet und gereinigt/geschmiert bzw. erneuert werden muss.

Zeitaufwand:
◆ 15 Minuten zur Demontage der Ritzel.
◆ 10 Minuten, um die Radachse zu demontieren.
◆ 5 Minuten, um den Freilaufkörper zu demontieren.
◆ 1 Stunde, um alles wieder zu montieren.

Schwierigkeitsgrad: 🔧🔧🔧🔧🔧
◆ Dies ist sicherlich die schwierigste Arbeit, auf die Sie an Ihrem Fahrrad stoßen werden. Verwenden Sie nur das beste Werkzeug. Die Demontage des Sicherungsrings und die Montage der Nabe erfordern größte Sorgfalt (siehe auch Seite 136).

Spezialwerkzeuge:
◆ Exakt passender, unbeschädigter Zahnkranzabzieher.
◆ Kettenpeitsche.
◆ Gabelschlüssel bzw. verstellbaren Gabelschlüssel.
◆ 10-mm-Innensechskantschlüssel.

Zahnkranzabzieher

Pedale ab- und anbauen

Unterschätzen Sie nicht die Bedeutung der Pedale. Wenn sie knacken und knirschen, ist es unmöglich, einen runden und effektiven Tritt zu entwickeln. Des Weiteren können schlechte Pedale zu Kniebeschwerden führen.

Um Kosten zu sparen, montieren viele Fahrradhersteller ihre Räder mit den billigsten Pedalen, die der Markt zu bieten hat. Gebrochene Pedalkäfige, festgefressene Lager und abgefallene Staubschutzkappen sind die Folgen für die Kunden. Mit Billigpedalen können Sie nie einen runden und effektiven Tritt verwirklichen. Außerdem sind sie sehr gefährlich, da sie dem Schuh keinen richtigen Halt bieten.

Lagerprobleme haben ihre Ursache oft auch in schlampiger Montage durch den Hersteller. Meist wird dabei mit Fett gegeizt, das durch eindringendes Wasser ohnehin schnell herausgewaschen wird. Selbst bei einem neuen Fahrrad lohnt es sich, die Pedale regelmäßig zu zerlegen und zu fetten. Dazu müssen sie aber zuvor von den Kurbeln demontiert werden.

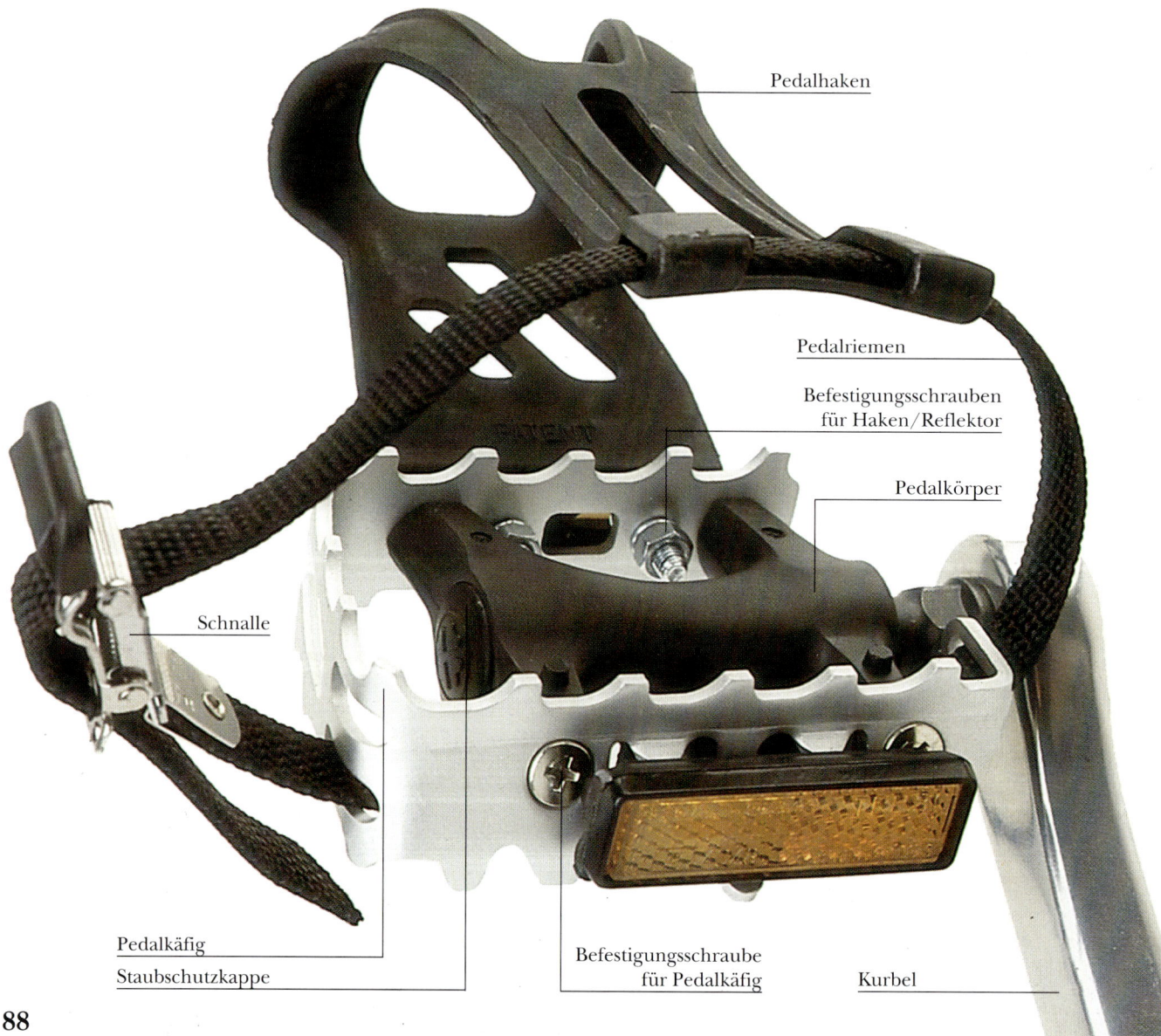

Pedalhaken

Pedalriemen

Befestigungsschrauben für Haken/Reflektor

Pedalkörper

Schnalle

Pedalkäfig

Staubschutzkappe

Befestigungsschraube für Pedalkäfig

Kurbel

1 Um das rechte Pedal zu lösen, setzen Sie einen passenden Gabelschlüssel (15 mm, in ganz seltenen Fällen 17 mm) an der Pedalachse an. Lösen Sie die Verbindung gegen den Uhrzeigersinn. Ein spezieller Pedalschlüssel leistet dabei wertvolle Dienste.

2 Löst sich das Pedal nur schwer, sprühen Sie das Achsende von beiden Seiten mit Rostlöser ein. Lassen Sie diesen einwirken und versuchen Sie es erneut. Hilft auch das nicht weiter, drehen Sie die Kurbel, bis der Gabelschlüssel fast parallel zum Boden steht.

3 Halten Sie sich an Sattel und Lenker fest und stellen Sie sich mit Ihrem ganzen Gewicht auf den Gabelschlüssel oder verlängern Sie ihn mit einem passenden Rohrstück. Vorsicht: Die Verschraubung löst sich meist plötzlich.

Pedalgewinde

Das Gewinde in der Kurbel anzusetzen ist eine recht fummelige Angelegenheit. Halten Sie daher mit der einen Hand das Pedal und drehen Sie die Achse gefühlvoll mit zwei Fingern der anderen Hand. Verkanten Sie die Pedalachse dabei leicht in verschiedene Richtungen, bis die Achse ihren Weg in das Kurbelgewinde gefunden hat.

4 Das linke Pedal ist mit einem Linksgewinde versehen, damit es sich durchs Pedalieren nicht selbst löst. Es wird durch Drehung im Uhrzeigersinn gelöst – umgekehrt wie bei einer Schraubverbindung mit einem Rechtsgewinde.

5 Um die Demontage der Pedale einfacher zu gestalten, sollten Sie Kupferfett auf das Pedalgewinde geben. Notfalls reicht auch zähflüssiges Öl. Dies ist besonders wichtig, wenn Ihr Rad mit Kurbeln aus Aluminium ausgestattet ist.

Der Pedal-Innensechskant

Pedale sind an der Achse mit zwei Flächen für einen 15-mm-Gabelschlüssel versehen. Manche Pedale verfügen über einen Innensechskant im Achsende. Hier ist es einfacher, die Pedale mit einem langen Innensechskantschlüssel in Werkstattqualität von der Innenseite der Kurbeln her zu demontieren.

Links- und Rechtsgewinde

Achten Sie bei der Pedalmontage auf die ins Achsende eingestanzten Buchstaben L (für links) und R (für rechts).

Das linke Pedal wird im Gegenuhrzeigersinn eingeschraubt!

Die Faustregel lautet:
rechtes Pedal = Rechtsgewinde,
linkes Pedal = Linksgewinde.

Wann diese Arbeit fällig wird:
◆ Wenn Sie neue Pedale montieren.
◆ Wenn Sie die Pedale warten.

Zeitaufwand:
◆ 5 Minuten.

Schwierigkeitsgrad:
◆ Die größte Hürde ist die Überlegung, welches Pedal mit einem Rechts- und welches mit einem Linksgewinde versehen ist.

Spezialwerkzeug:
◆ Langer, flacher Gabelschlüssel oder ein spezieller Pedalgabelschlüssel bzw. extra langer Innensechskantschlüssel.

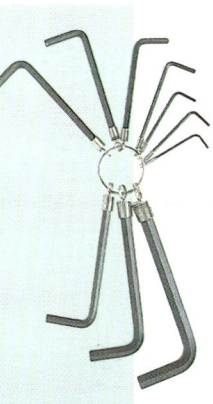

Pedale zerlegen, fetten, montieren

Auch wenn sie im Aufbau den anderen Lagern am Rad entsprechen, kann es eine recht fummelige Angelegenheit werden, an den Pedallagern zu arbeiten.

Bei jeder Regenfahrt werden die Pedale nass. Die meisten Hersteller versuchen, das Regenwasser durch den Einsatz von Dichtungen vom Lager fernzuhalten. Diese Gummidichtungen sitzen zwischen Pedalachse und Pedalkörper am Achsende. Wenn Sie ein Pedal zerlegen, sollten Sie darauf achten, diese Dichtung nicht zu beschädigen und sie an der richtigen Stelle wieder zu montieren. Wenn die Dichtung im Pedalkörper sitzt, können Sie sie mit Klebstoff dort fixieren. So wird die Montage erleichtert, und die Dichtung kann in Zukunft nicht mehr herausfallen.

Eine andere Möglichkeit, mit eindringendem Wasser fertig zu werden, ist eine üppige Füllung mit gutem, wasserbeständigem Lagerfett. Wenn Sie die Pedallager sorgfältig montieren und einstellen, sollten Sie über viele Kilometer hinweg klaglos ihren Dienst versehen. Die Vorgehensweise bei der Einstellung ist identisch mit der von Konuslagern an Radnaben (siehe Seiten 140–141). Machen Sie sich keine Sorgen, wenn Pedalachse oder Konus leichte Narben aufweisen. Pedale laufen auch mit leicht beschädigten Lagerlaufflächen noch recht sauber und rund.

Sie werden feststellen, dass Sie mit intakten Pedalen schnell einen runden, ökonomischen Tritt entwickeln. Es gibt keine Pedaliertechnik, die jedermann gerecht wird. Eine Grundregel aber müssen Sie beachten: Ihre Fußspitze sollte im obersten Punkt der Kurbelumdrehung leicht nach oben zeigen und bei der Abwärtsbewegung, wenn die meiste Kraft übertragen wird, waagerecht stehen oder gar leicht nach unten zeigen. Abhängig von Anatomie und Fahrstil können Sie diese Grundregeln Ihren persönlichen Bedürfnissen entsprechend variieren.

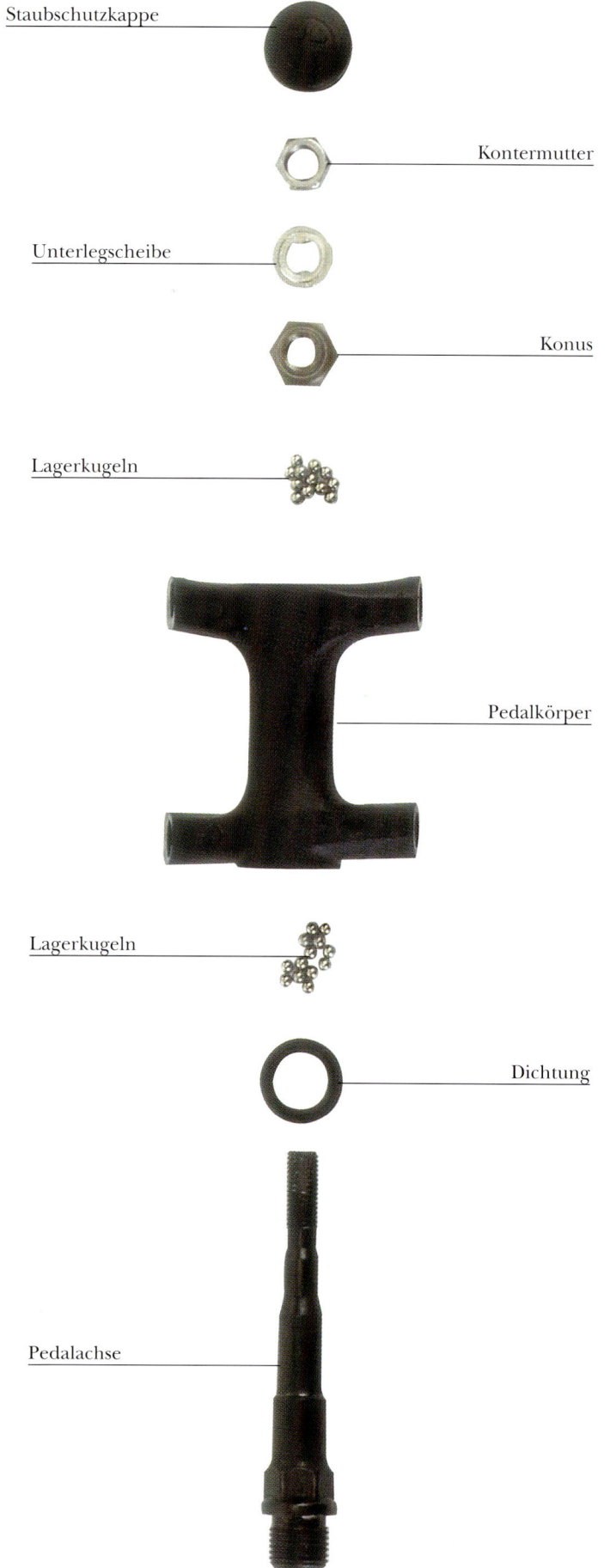

Staubschutzkappe

Kontermutter

Unterlegscheibe

Konus

Lagerkugeln

Pedalkörper

Lagerkugeln

Dichtung

Pedalachse

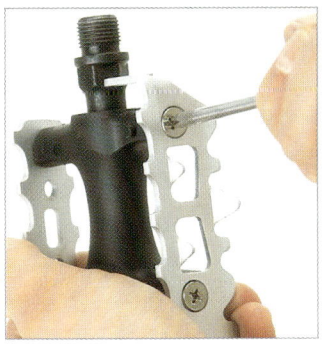

1 Teilweise lässt sich der Pedalkäfig vom Pedalkörper trennen. Da er die Arbeiten behindert, sollten Sie ihn demontieren. Spannen Sie dazu das Pedal am besten in einen Schraubstock.

2 Der Pedalkäfig wird mit Kreuzschlitz- oder Innensechskantschrauben mit dem Pedalkörper verschraubt. Lösen Sie zuerst alle vier Schrauben leicht, bevor Sie sie komplett herausdrehen.

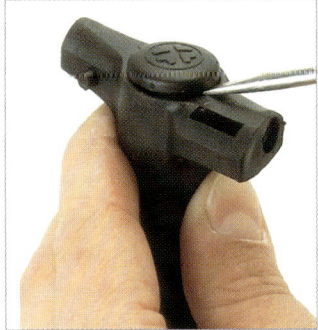

3 Aufgesteckte Staubschutzkappen lassen sich mit einem Schraubendreher leicht herunterhebeln. Eingeschraubte Staubschutzkappen müssen mit geeignetem Werkzeug herausgedreht werden.

4 Lösen Sie die Kontermutter mit einem Ringschlüssel oder einer Stecknuss. Bei Pedalen, bei denen der Käfig nicht demontiert werden kann, gelangen Sie nur mit einer Stecknuss an die Kontermutter.

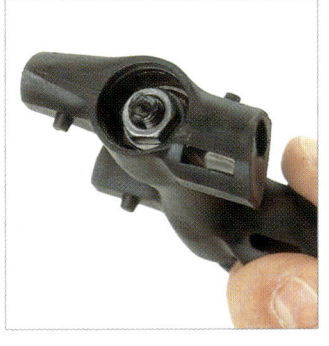

5 Wenn Sie die Kontermutter gelöst haben, können Sie sie mit zwei Fingern herunterdrehen. Wenn sie sich nicht herunterdrehen lässt, sprühen Sie sie mit Sprühöl ein, um das Gewinde gangbar zu machen.

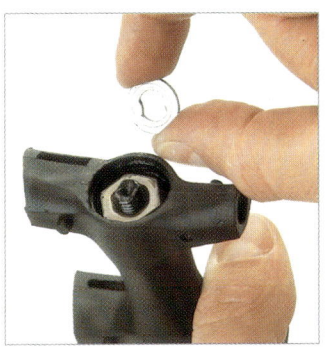

6 Nehmen Sie die mit Aussparungen versehene Unterlegscheibe heraus, was nicht immer einfach ist. Klemmt die Unterlegscheibe, hebeln Sie sie mit zwei kleinen Schraubendrehern heraus.

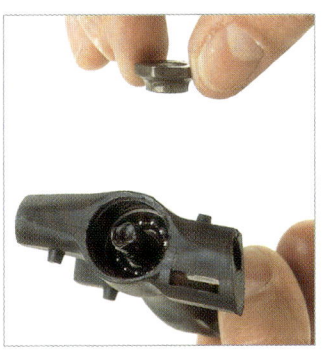

7 Nun können Sie den Konus herausschrauben. Oft weist er einen Schlitz für einen Schraubendreher auf. Wenn nicht, müssen Sie ihn mit einem Schraubendreher an den Seiten fassen und herausdrehen.

8 Wenn Sie den Konus herausschrauben, halten Sie die Pedalachse mit Zeigefinger und Daumen im Pedalkörper. Sie können das Pedal auch aufrecht in einen Schraubstock spannen.

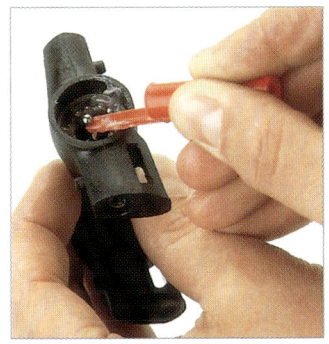

9 Entnehmen Sie die Kugeln und geben Sie sie in eine Blechbüchse. Die Spitze einer Kugelschreiberkappe ist dafür ein hervorragendes Werkzeug. Reinigen Sie alle Bestandteile des Lagers und stören Sie sich nicht an leichtem Verschleiß.

10 Zur Montage sollten Sie die Kugeln ins Fettbett drücken und die Pedalachse vorsichtig in den Pedalkörper einführen. Drehen Sie das Pedal und fetten Sie auch hier. Montieren Sie Konus, Unterlegscheibe und Kontermutter.

Wann diese Arbeit fällig wird:
◆ Wenn Sie neue, schlecht gefettete Pedale montieren.
◆ Wenn sich die Pedale rau und knirschend drehen.
◆ Wenn die Pedallager locker sind.

Zeitaufwand:
◆ 20 Minuten pro Pedal (mit Schraubstock).
◆ 30 Minuten pro Pedal (ohne Schraubstock).

Schwierigkeitsgrad:
◆ Lässt sich der Pedalkäfig nicht demontieren, kann es Probleme geben, an die Kontermutter zu kommen. Diese Arbeit ist aber eine gute Übung für die Wartung der Konuslager in den Radnaben und im Innenlager.

Spezialwerkzeug:
◆ Schraubstock und eventuell Zange.

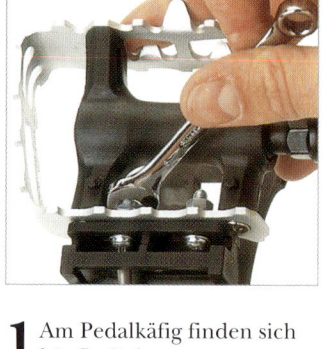

1 Am Pedalkäfig finden sich häufig Bohrungen zur Befestigung von Pedalhaken. Sind diese nicht vorhanden, helfen spezielle Adapterplatten. Hochwertige Pedale haben oft Vorrichtungen zur Montage von Pedalhaken.

Pedalhaken, Riemen und Clickpedale

Radfahren mit Pedalen ohne Haken und Riemen ist wie Reiten ohne Sattel – es ist machbar, aber nicht sehr effektiv.

Manche Radfahrer scheuen sich davor, Haken und Riemen an ihre Pedale zu montieren, weil Sie dies für unsicher halten. Das Gegenteil aber ist der Fall. Bereits nach einer kurzen Eingewöhnungszeit erhöhen Haken und Riemen die Sicherheit. Dies liegt daran, dass Ihre Füße nicht von den Pedalen abrutschen können, wenn Sie beispielsweise einem plötzlich vor Ihnen auftauchenden Auto ausweichen müssen. Aber auch wenn Sie einmal stürzen sollten, werden Sie Ihre Füße mit Sicherheit aus den Haken herausgezogen haben, noch ehe Sie auf der Straße liegen.

Ein weiterer Vorteil von Haken und Riemen: Sie positionieren den Fußballen genau da, wo er hingehört – über die Pedalachse. Dadurch ist Ihr Fuß im Knöchel beweglicher, und Ihre Tretkraft wird optimal aufs Pedal übertragen.

Die Pedalriemen müssen dazu in den wenigsten Fällen stramm angezogen werden. Meist reicht es aus, wenn diese nur den Pedalhaken stabilisieren. Nur wenn Sie viel Trittkraft übertragen müssen, etwa an einem steilen Anstieg, sollten Sie sie fest anziehen.

Wenn Sie sich Haken und Riemen kaufen, müssen Sie darauf achten, dass diese zu Ihren Schuhen und Pedalen passen. Neue Pedale sollten Befestigungslöcher für Haken und Riemen haben. Eine Nase am Pedalkäfig erleichtert es Ihnen darüber hinaus, das Pedal nach dem Anfahren in die richtige Position zum Einsteigen zu bringen.

Clickpedale und die dazugehörigen Radschuhe gibt es in großer Auswahl. Lassen Sie sich gut beraten, damit Pedal- und Schuhsystem optimal zu Ihnen passen.

Clickpedale

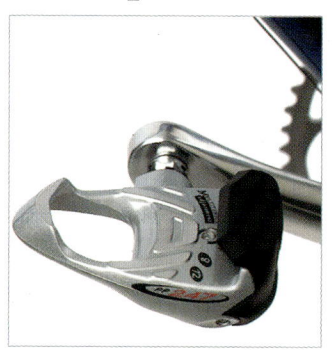

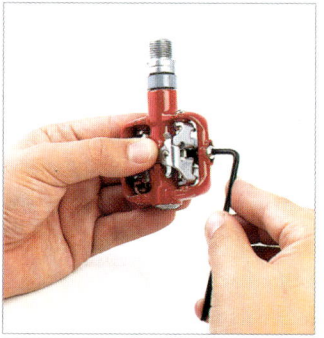

1 Clickpedale ähneln einer Skibindung: Eine an der Schuhsohle montierte Metallplatte rastet auf dem Pedal ein und ermöglicht eine hervorragende Kraftübertragung. Um freizukommen, drehen Sie den Fuß einfach nach außen.

2 Beim Shimano-SPD-System ist die Metallplatte in der Sohle des Radschuhs versenkt. Solch ein Schuh ist auch zum Laufen geeignet: Erste Wahl für Mountainbiker und Alltagsradler. Die Auslösehärte kann eingestellt werden.

  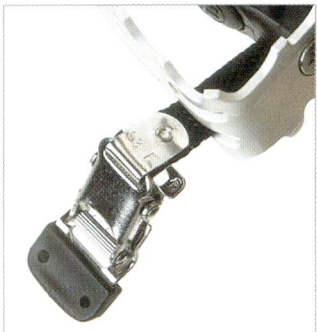 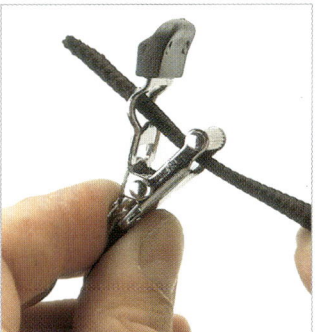

2 Rennräder sind teilweise mit flachen Pedalen (aus Kunststoff oder Aluminium) ohne Pedalkäfig ausgestattet. Kaufen Sie sich hier die zum Pedal passenden Pedalhaken und montieren Sie sie mit den mitgelieferten Schrauben.

3 Die Pedalriemen müssen durch die rechteckigen Aussparungen im Pedalkäfig und -körper gezogen werden. Meist befindet sich an der Innenseite des Käfigs eine Führung, damit der Riemen nicht an der Kurbel scheuert.

4 Ziehen Sie den Pedalriemen durch Pedalkäfig und -körper, bis die Metallschnalle fast den Pedalkäfig berührt. So vermeiden Sie unangenehme Kratzgeräusche und das Durchscheuern des Pedalriemens.

5 Schieben Sie das Ende des Riemens unter der geriffelten Rolle am starren Teil der Schnalle durch und dann erst durch die Aussparung im gefederten Teil. So können Sie die Riemen durch Ziehen an deren Ende enger stellen.

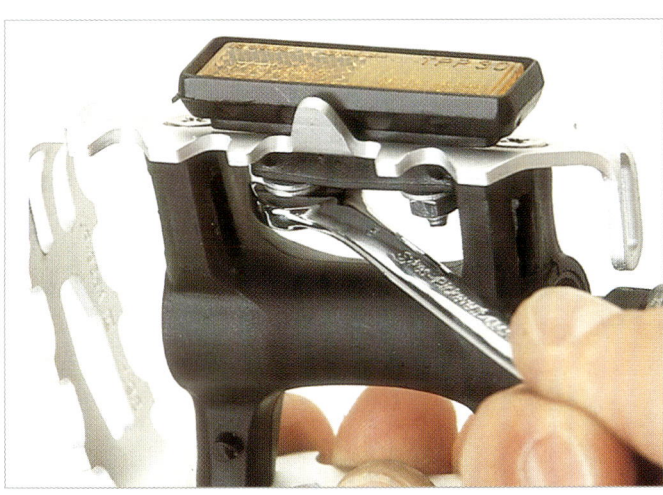

6 Sie müssen an den Pedalen auch zusätzliche Reflektoren montieren – sie sind vom Gesetzgeber vorgeschrieben! Pedalreflektoren fallen durch ihre ständige Auf- und Abbewegung sehr auf. Sind bereits Pedalreflektoren vorhanden, müssen Sie diese beiseite schieben, um die Pedalhaken am Pedalkäfig festschrauben zu können.

3 Sie möchten auch mal ohne Radschuhe radeln? Kombipedale ermöglichen durch den großen Pedalkäfig das Fahren auch mit normalen Straßenschuhen. Eine Seite ist mit dem Clickmechanismus ausgestattet, die andere kommt ohne aus.

4 Zu Clickpedalen gehören immer auch spezielle Radschuhe – nur sie verfügen über die Befestigungsmöglichkeit für die Metallplatte in der Sohle. Bei MTB-Systemen ist die Platte in der Sohle versenkt, bei Rennradsystemen steht sie oft über.

Kettenblätter und Kurbeln

Wenn Sie sich nicht sicher sind, um was für Kurbeln bzw. um was für ein Innenlager es sich bei Ihrem Rad handelt, blättern Sie zurück auf Seite 74.

Bei den meisten neueren Fahrrädern sind Vierkantkurbeln aus Aluminium montiert, die fast ausnahmslos mit austauschbaren Kettenblättern bestückt sind. Dies ist von Vorteil, wenn ein Kettenblatt verschlissen ist und ausgetauscht werden muss oder wenn Sie sich eine andere Übersetzung wünschen. Leider bieten die großen Komponentenhersteller kein großes Sortiment unterschiedlich abgestufter Kettenblätter an. Fragen Sie Ihren Radhändler nach Kettenblättern anderer Hersteller. Der französische Hersteller TA beispielsweise liefert Kettenblätter in großer Bandbreite für nahezu alle Arten von Kurbeln.

Denken Sie daran, dass der Durchmesser des Kreises, auf dem sich die Befestigungslöcher für die Kettenblätter befinden – der so genannte Lochkreisdurchmesser (siehe Seite 101) –, nicht immer gleich groß ist. Bei Shimano-Dreifachkettenblättern für Mountainbikes beträgt er 104 mm. Campagnolo fertigt Kettenblätter für einen Lochkreisdurchmesser von 135 mm, während die Rennrad-Kettenblätter von Shimano einen Lochkreisdurchmesser von 130 mm aufweisen.

Kettenblätter können häufig in beliebiger Ausrichtung auf dem Kurbelstern montiert werden. Ausnahmen: Die vor einigen Jahren sehr beliebten ovalen Kettenblätter und die mit besonders geformten Zähnen versehenen Kettenblätter; sie müssen in einer genau definierten Position auf der Kurbel ausgerichtet werden. Orientieren Sie sich dabei an den Markierungen auf der Rückseite der Kettenblätter und am Kurbelstern. Oft weist das größte Kettenblatt an der Rückseite einen dicken Stift auf; dieser wird hinter der Kurbel positioniert und verhindert, dass sich die Kette zwischen Kettenblatt und Kurbel verklemmen kann.

Viele Vierkantkurbeln werden mittels einer einfachen Sechskantschraube mit der Innenlagerachse verschraubt. Um solche Kurbeln abzuziehen, benötigen Sie ein spezielles Werkzeug – einen Kurbelabzieher. Bei neueren Ausführungen ist dieser Abzieher häufig in die Kurbel integriert worden: zu erkennen an der Befestigungsschraube mit Innensechskant. Sie benötigen kein spezielles Werkzeug, ein langer Innensechskantschlüssel genügt. Achten Sie bei der Montage unbedingt auf das korrekte Anzugsdrehmoment – verwenden Sie möglichst einen Drehmomentschlüssel.

Es gibt noch eine weitere Bauart: Die Kurbeln sitzen hier nicht auf einem Vierkant, sondern auf einer speziellen Verzahnung der hohlen Innenlagerachse (ISIS-Kurbeln und Shimano Octalink). Diese kann dadurch sehr leicht und stabil ausgeführt werden.

Keilkurbeln – ausnahmslos aus Stahl – finden Sie an einfachen Alltagsrädern. Aber auch diese werden immer häufiger mit Vierkantkurbeln aus Stahl ausgestattet. Kurbelkeile können Sie bei Bedarf ohne Probleme nachkaufen. Denken Sie beim Neukauf daran, dass es unterschiedliche Keilformen gibt. Nehmen Sie deshalb die alten als Muster mit zu Ihrem Händler. Aus einem Stück gefertigte Kurbeln finden sich an BMX-Rädern, sie werden auf Seite 103 behandelt.

Kettenblätter demontieren

1 Kettenblätter werden fast ausnahmslos mit Innensechskantschrauben aus Stahl mit dem Kurbelstern verschraubt. Lösen Sie diese so lange reihum jeweils für eine halbe Umdrehung, bis sie sich von Hand herausdrehen lassen.

2 Die Befestigungsschrauben werden in Muttern eingeschraubt, die mit einem Schlitz versehen sind. Sie führen durch den Kurbelstern und alle drei Kettenblätter. Ziehen Sie das große Kettenblatt mit den Händen nach außen ab.

Innensechskantkurbeln

1 Demontieren Sie die Abschlusskappen. Halten Sie die Kurbeln mit einer Hand, und drehen Sie die Innensechskantschraube mit einem langen Schlüssel (7 oder 8 mm) gegen den Uhrzeigersinn.

2 Ziehen Sie dann die Kurbel von Hand von der Achse ab. Hier handelt es sich um Shimanos Octalink-Hohlachse. Meist werden Sie aber auf eine herkömmliche Achse mit Vierkant stoßen.

Wann diese Arbeit fällig wird:
◆ Bei verschlissenen oder beschädigten Kettenblättern,
◆ Wenn Sie am Innenlager arbeiten müssen.

Zeitaufwand:
◆ 20 Minuten für die Kettenblätter.
◆ 10 Minuten, um Innensechskant-Kurbeln abzuziehen.

Schwierigkeitsgrad: ✔✔✔
◆ Der Kettenblattwechsel erfordert Sorgfalt, um diese nicht zu verbiegen. Die Demontage von Vierkantkurbeln mit Innensechskant ist einfach.

Spezialwerkzeug:
◆ Ein Kurbelabzieher wird benötigt.

3 Achten Sie auf Abstandshalter und Unterlegscheiben zwischen den Kettenblättern. Ziehen Sie das große Blatt über die Kurbel. Um die anderen Blätter zu demontieren, die Muttern an der Rückseite herausschrauben.

4 Oft wird das kleine Blatt auf einem kleineren Lochkreis befestigt. Lösen Sie alle Befestigungsschrauben und nehmen Sie das kleine Kettenblatt ab. Meist ist dieses aus Stahl gefertigt, um starkem Verschleiß vorzubeugen.

Viele Kurbeln weisen nur vier Arme zur Kettenblattbefestigung auf, das Gewinde für die fünfte Schraube sitzt dann direkt in der Kurbel. Bei Dreifach-Garnituren wird das kleinste Kettenblatt separat verschraubt. Um die Innenlagerachse kurz und damit steif zu halten, ist das Kurbel-Design meist leicht S-förmig.

abziehen

3 Legen Sie Abschlusskappe, Kurbelbefestigungsschraube und die schmale Unterlegscheibe auf die Werkbank. Die Scheibe sitzt tief in der Kurbel und muss eventuell herausgehebelt werden.

4 Überprüfen Sie das Innenlager auf weichen und geräuschlosen Lauf. Entfernen Sie altes Fett und reinigen Sie alle Teile. Fetten Sie Unterlegscheibe und Kurbelbefestigungsschraube neu.

5 Nun stecken Sie die Kurbel auf die Achse, legen die Unterlegscheibe in die Vertiefung und drehen die Befestigungsschraube hinein. Ziehen Sie diese mit einem Drehmomentschlüssel an.

6 Achten Sie bei Shimanos Octalink sorgfältig darauf, die Kurbeln exakt 180° versetzt zu montieren. Fixieren Sie die Abschlusskappe mit einem passenden Stiftschlüssel in der Kurbel.

Drehmomentschlüssel

Viele Komponenten- und Radhersteller empfehlen die Verwendung eines Drehmomentschlüssels oder schreiben sie in ihren Garantiebestimmungen sogar vor. Dieses relativ teure Werkzeug besitzt einen Vierkant, auf den die handelsüblichen Steckschlüssel passen. Das zum Anziehen einer Schraube oder Mutter empfohlene Drehmoment wird am Drehmomentschlüssel eingestellt; er rutscht durch, sobald dieser Wert erreicht wird.

Kurbeln abziehen

Das Abziehen von Vierkantkurbeln kann sehr nervenaufreibend sein. Aber spätestens nach der zweiten oder dritten Demontage sind Sie ein Werkstattprofi.

Die Innenlagerachse ist an beiden Enden meist als konischer Vierkant geformt und ist zwischenzeitlich bei nahezu allen Herstellern identisch. Die Montage von Vierkantkurbeln erfolgt in genau umgekehrter Reihenfolge der Demontage. Tragen Sie einen hauchdünnen Fettfilm auf den Vierkant auf. Dadurch wird Korrosion zwischen dem Stahl der Achse und dem Aluminium der Kurbeln verhindert; beide lassen sich auch in Zukunft problemlos voneinander trennen. Sie können die Kurbeln vorsichtig mit einem Gummihammer oder einem normalen Hammer und einem zwischengelegten Stück Holz auf die Innenlagerachse schlagen.

Ziehen Sie die Kurbeln mit den Kurbelbefestigungsschrauben fest auf die Innenlagerachse. Der Kurbelabzieher ist an seiner Rückseite als Stecknuss ausgebildet, um die Kurbelbefestigungsschrauben lösen bzw. anziehen zu können. Mit einer Stecknuss samt der dazugehörigen Ratsche haben Sie in der Regel aber einen größeren Hebelarm zur Verfügung, um die Kurbelbefestigungsschrauben satt anziehen zu können. Diese sollten zwei- bis dreimal im Abstand von jeweils etwa 150 km nachgezogen werden.

Fahren Sie nie, wenn die Kurbeln locker sind, da der Vierkant im weichen Aluminium der Kurbeln schnell von der harten Innenlagerachse aus Stahl zerstört wird. Ist der Kurbelvierkant erst einmal beschädigt, ist es häufig nicht mehr möglich, die Kurbeln dauerhaft und fest auf der Innenlagerachse zu verschrauben. Ist dies der Fall, können Sie versuchen, die Kurbeln zusätzlich mit Loctite auf der Innenlagerachse zu fixieren. Meist ist es aber einfacher, beim Radhändler nach einer gebrauchten Kurbel zu fragen oder gar eine neue zu kaufen.

Empfohlene Kurbellängen	
bis 178 cm Körpergröße	170 mm
bis 183 cm Körpergröße	172,5 mm
über 183 cm Körpergröße	175 mm
Bei Knieproblemen sollten Sie etwas kürzere Kurbeln als angegeben wählen. Die meisten Radler kommen ohnehin mit 170-mm-Kurbeln gut zurecht.	

Vierkantkurbeln abziehen

1 Entfernen Sie die Staubschutzkappe. Jetzt können Sie die Kurbelbefestigungsschraube mit einem am Kurbelabzieher angesetzten Gabelschlüssel gegen den Uhrzeigersinn lösen. Sie können die Kurbelschraube auch mit einem Steckschlüssel (15 mm) herausdrehen.

2 Ist die Kurbelbefestigungsschraube gelöst, wird sie mit zwei Fingern herausgedreht. Entfernen Sie unbedingt vorhandene Unterlegscheiben, bevor Sie den Kurbelabzieher in die Kurbel einschrauben. Andernfalls werden Kurbel und Innenlagerachse beschädigt.

Keilkurbel mit Konusinnenlager

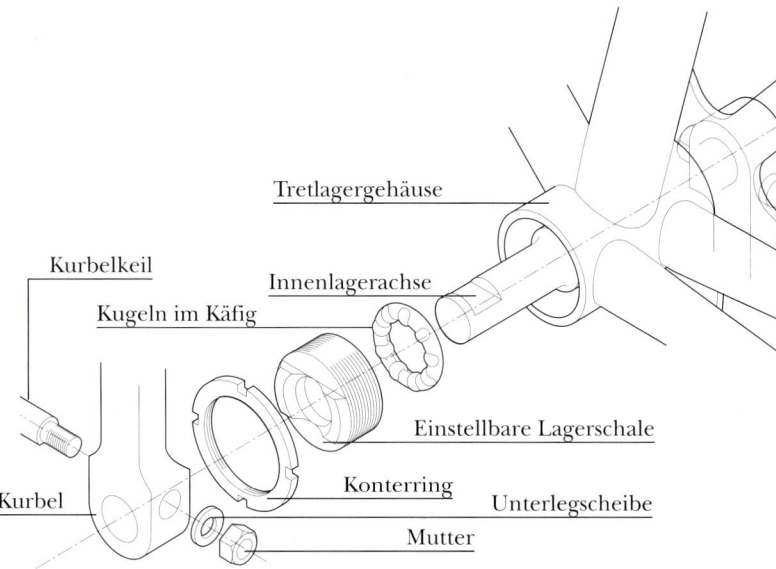

Tretlagergehäuse

Kurbelkeil

Innenlagerachse

Kugeln im Käfig

Einstellbare Lagerschale

Konterring

Kurbel

Unterlegscheibe

Mutter

3 Die Gewinde in der Kurbel und am Kurbelabzieher müssen sauber und unbeschädigt sein. Drehen Sie den Kurbelabzieher von Hand langsam und ohne ihn zu verkanten in das Gewinde der Kurbel.

4 Der Kurbelabzieher muss sich die ersten vier bis fünf Umdrehungen leicht von Hand eindrehen lassen. Wenn nicht, wurde er schräg angesetzt. Es besteht Gefahr, das Gewinde zu beschädigen.

5 Sitzt der Kurbelabzieher korrekt, wird er mit einem Gabelschlüssel sanft angezogen. Dann drehen Sie den inneren Teil des Abziehers hinein. Vorsicht: Das Abziehen erfordert viel Kraft!

ISIS-Kurbeln

1 ISIS-Kurbeln sitzen auf einer Achse mit zehn eingefrästen Rillen.

2 ISIS-Komponenten lassen sich nur mit speziellen Werkzeugen warten.

3 Diese Komponenten finden Sie an hochwertigen Rädern.

Keilkurbeln

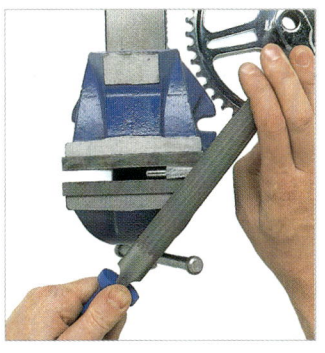

1 Entfernen Sie Mutter und Scheibe. Geben Sie dem Kurbelkeil einen Hammerschlag. Wenn sich der Kurbelkeil dadurch nicht löst, legen Sie ein Stück Messing oder Aluminium zwischen Kurbelkeil und Hammer.

2 Der Kurbelkeil sitzt richtig, wenn er vor dem Festschrauben beidseitig gleich weit aus der Kurbel ragt. Ist dies nicht der Fall, feilen Sie die Fläche am Keil etwas ab. Wiederholen Sie den Vorgang, bis der Kurbelkeil korrekt sitzt.

3 Ist der Kurbelkeil durch die Demontage nicht beschädigt worden, kann er weiterverwendet werden. Andernfalls als Muster zum Ersatzteilkauf mitnehmen. Testen Sie, ob der neue Keil sich weit genug in die Kurbel stecken lässt.

4 Sitzt der Kurbelkeil korrekt, können Sie die Mutter aufdrehen. Der Keil muss so in der Kurbel stecken, dass die Mutter unten ist, wenn die Kurbel nach hinten zeigt. Klopfen Sie den Keil mit dem Hammer fest, und ziehen Sie die Mutter an.

Patronen-innenlager

Das Innenlager ist das am stärksten belastete Lager an einem Fahrrad. Daher stellen wartungsarme Innnenlager einen echten Fortschritt dar.

An nahezu allen neuen Rädern werden Patronen-innenlager montiert; an den meisten älteren Modellen mit Vierkantkurbeln können sie problemlos nachgerüstet werden. Die Umrüstung auf ein wartungsarmes, gekapseltes Patronenlager ist eine äußerst sinnvolle Aufwertung Ihres Fahrrades. Ein Patronenlager ist perfekt gegen Wasser und Schmutz abgedichtet. Zusätzlich sind die meisten Patronenlager aus hochwertigem Material und verringern so unnötige Reibungsverluste.

Patronenlager werden von den meisten Komponentenherstellern angeboten, sind aber auch von zahlreichen anderen Herstellern erhältlich. Diese bieten vergleichbare Qualität oft preiswerter als die Originalhersteller an. Manche Hersteller bieten extrem leichte, aber auch extrem teure Innenlager mit Achsen aus Titan. Beim Kauf eines Patronenlagers müssen Sie auf die richtige Länge der Innenlagerachse achten. Nehmen Sie das alte Lager zum Neukauf mit in den Laden.

Rennradfahrer werden sich um ein Patronenlager nur wenig kümmern müssen. Für sie lohnt sich die Anschaffung des Spezialwerkzeugs kaum, das notwendig ist, um solch ein Lager zu montieren bzw. demontieren. Mountainbiker aber werden gelegentlich Wartungsarbeiten vornehmen müssen.

Wenn das Gewinde im Innenlagergehäuse Ihres Rahmens schwer gängig ist, sprühen Sie es mit Sprühöl ein. Drehen Sie eine alte Lagerschale mehrmals hintereinander hinein und wieder heraus.

Octalinkinnenlager

1 Reinigen Sie das Gewinde mit Sprühöl und fetten Sie es. Setzen Sie das Spezialwerkzeug in die Vertiefung rund um die Achse, und drehen Sie das Lager von der Kettenseite gegen den Uhrzeigersinn ein.

2 Drehen Sie die Gewindehülse von der gegenüberliegenden Seite im Uhrzeigersinn von Hand in das Innenlagergehäuse. Achten Sie darauf, die Gewindehülse nicht zu verkanten – Sie beschädigen sonst das Gewinde!

3 Drehen Sie das Patronenlager mit dem dazu gehörigen Schlüssel in seine Position. Es sitzt korrekt, wenn das Gewinde am Lager bündig ist mit dem Gewinde im Innenlagergehäuse des Rahmens.

4 Abschließend drehen Sie die Gewindehülse auf der gegenüberliegenden Seite so weit hinein, bis diese an der Patrone anliegt, und ziehen sie fest an. Durch die Gewindehülse wird das Patronenlager im Rahmen fixiert.

Gekapselte Innenlager

Ein gekapseltes Innenlager – ein so genanntes Patronenlager – besteht aus dem Gehäuse, in dem Achse und Lager sitzen, und zwei Gewindehülsen. Diese fixieren das Patronenlager im Rahmen und sind mit Aussparungen für spezielle Montageschlüssel versehen.

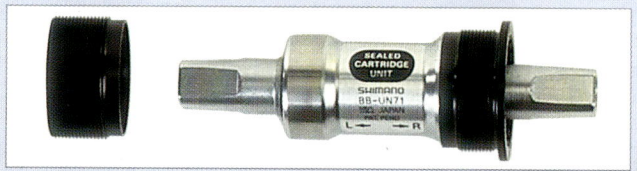

Montage-Variationen

Unser Beispiel auf Seite 99 behandelt ein preiswertes Patronenlager von Shimano. Die Gewindehülse wird bei diesem Lager an der Kettenblattseite ins Tretlagergehäuse eingeschraubt, das Lager selbst von der gegenüberliegenden Seite eingesetzt. Andere Lager – unter anderem auch von Shimano – werden umgekehrt montiert. Bei Montageschwierigkeiten sollten Sie daher die Einbaurichtung checken. Prüfen Sie auch, ob es sich um ein Rechts- oder Linksgewinde handelt.

Vierkantachsen

1 Sitzt das Innenlagerwerkzeug in der Verzahnung der Gewindehülse, lösen Sie diese mit einem Gabelschlüssel im Uhrzeigersinn (Linksgewinde!). Dann können Sie die Gewindehülse herausdrehen.

2 Arbeiten Sie vorsichtig, da die Gewindehülse bei einfachen Patronenlagern aus Kunststoff gefertigt ist. Aber auch Gewindehülsen aus Aluminium sind empfindlich. Achtung: Linksgewinde!

3 Begeben Sie sich auf die andere Seite und setzen Sie auch hier das Innenlagerwerkzeug in die Verzahnung. Das Patronenlager wird gegen den Uhrzeigersinn herausgedreht (Rechtsgewinde).

4 Sie können das Lager nun aus dem Innenlagergehäuse herausnehmen. Checken Sie die Gummidichtringe und prüfen Sie, ob sich die Innenlagerachse leicht und spielfrei drehen lässt. Reinigen Sie das Gewinde.

5 Reinigen Sie das Gewinde im Innenlagergehäuse. Drehen Sie die Gewindehülse an der Kettenseite von Hand ein, um zu prüfen, ob das Gewinde gangbar ist. Drehen Sie sie dann wieder heraus. Fetten Sie alle Teile und montieren Sie das Patronenlager. Fixieren Sie es abschließend mit der Gewindehülse

FAG-Patronenlager

FAG ist einer der größten Lagerhersteller und produziert das preiswerteste Patronenlager. Achse und Lager sind aus Stahl, Gehäuse und Montagehülsen aus Kunststoff. Diese Lager können notfalls mit einer großen Rohrzange montiert werden; eleganter aber geht es mit dem speziellen, ebenfalls recht preiswerten FAG-Werkzeug.

Wann diese Arbeit fällig wird:
◆ Wenn Sie Ihr Rad umrüsten oder eine neue Kurbelgarnitur montieren

Zeitaufwand:
◆ 40 Minuten, weil Sie ständig von links nach rechts wandern und eventuell das Gewinde im Tretlagergehäuse gangbar machen müssen.

Schwierigkeitsgrad:
◆ Erfordert viel Fingerspitzengefühl und Kraft.

Spezialwerkzeug:
◆ Passendes Innenlagerwerkzeug, ein langer Gabelschlüssel sowie alte Lagerschalen.

Konus-innenlager: Teil 1

Konusinnenlager gibt es in den unterschiedlichsten Ausführungen. Alle aber lassen sich auf dieselbe Art und Weise zerlegen.

Im Gegensatz zu Patronenlagern erfordern Konusinnenlager regelmäßige Wartungsarbeiten. Bei Mountainbikes, die mit Schlamm und Wasser in Kontakt kommen, kann es monatlich notwendig werden, Hand anzulegen; bei einem Rennrad ist eine Wartung pro Jahr das absolute Minimum.

Das Hauptproblem für ein Konuslager ist eindringendes Wasser. Hat sich Wasser erst einmal mit dem Fett vermischt, wird es mit der Schmierung problematisch. Oft gibt das Innenlager dann Geräusche von sich. Häufig sind dann die Kugellaufflächen schon angegriffen und sehen wie vernarbt aus. Auch die Härteschicht auf der Innenlagerachse ist oft beschädigt. Dabei handelt es sich um Vertiefungen in der Laufbahn der Kugeln, die wie winzige Krater aussehen und Pitting genannt werden.

Ist dies bei Ihrem Innenlager der Fall, sollten Sie die betroffenen Teile austauschen. Sie müssen nicht das komplette Lager wechseln. Oftmals lassen sich sogar Einzelteile verschiedener Hersteller kombinieren. Vorsicht ist nur bei italienischen Rahmen geboten, die oft ein anderes Gewinde im Tretlagergehäuse haben.

Die Einstellung des Lagers geht leichter vonstatten, wenn Sie vorher die Kurbeln montieren. Schrauben Sie die einstellbare Lagerschale so weit hinein, bis sich die Kurbeln spielfrei, d. h. leicht und ohne zu wackeln drehen. Wenn Sie abschließend den Konterring anziehen, werden Sie dabei unbeabsichtigt die einstellbare Lagerschale wieder leicht herausziehen. Dies wird aber meist dadurch ausgeglichen, dass sich die Lagerschale durch das Anziehen des Konterrings etwas mitdreht.

Wenn Sie ein Konusinnenlager zerlegen, werden Sie entweder auf elf einzelne Kugeln stoßen oder aber die Kugeln sind in einem Käfig fixiert. Einzeln eingelegte Kugeln sind vorteilhafter, weil dadurch mehr Kugeln Platz finden und die auftretenden Kräfte besser verteilt werden.

Zerlegen und Überholen

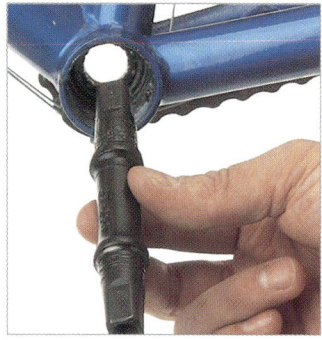

1 Demontieren Sie die Kurbeln. Wenn der Konterring mit kleinen Aussparungen versehen ist, können Sie ihn mit einem passenden Metallstück bzw. Meißel und einem Hammer vorsichtig im Gegenuhrzeigersinn lösen.

2 Manchmal dreht sich die einstellbare Lagerschale mit dem Konterring mit. Dann können Sie die Lagerschale bereits von Hand herausdrehen. Ziehen Sie die Innenlagerachse heraus und achten Sie gut auf die Kugeln.

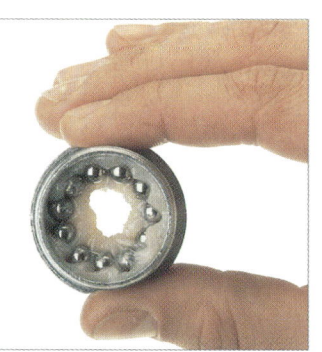

5 Das Fett verhindert, dass die Kugeln bei der Montage aus den Lagerschalen herausfallen. Wenn die elf Kugeln im Fettbett sitzen, sollten Sie sie zusätzlich mit Fett bedecken. Lassen Sie in der Mitte Platz für die Innenlagerachse.

6 Schrauben Sie die feste Lagerschale gegen den Uhrzeigersinn an der Kettenblattseite ins Tretlagergehäuse. Setzen Sie die verstellbare Lagerschale auf das kurze Achsende. Achse mit dem längeren Ende in die Lagerschale einführen.

Schadhafte Lager

An der Lagerschale links oben ist der Chrom abgeplatzt, die Laufbahn ist mit winzigen Kratern übersät. Die rechte Lagerschale ist verschlissen, die Kugeln haben sich ins Metall eingegraben. Die obere Achse weist ebenfalls Vertiefungen auf – das so genannte Pitting. Die untere Achse ist völlig verschlissen. Die Kugeln haben sich hier bereits durch die gehärtete Oberfläche ins weiche Metall gegraben. All diese Schäden erfordern den Einbau neuer Teile.

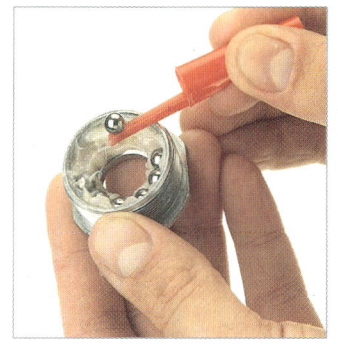

3 Gehen Sie zur Kettenblattseite. Lösen Sie die Lagerschale mit einem passenden,
notfalls verstellbaren Gabelschlüssel im Uhrzeigersinn
(Linksgewinde!). Beschädigen
Sie möglichst den Lack des
Rahmens nicht.

4 Reinigen Sie alle Teile und
untersuchen Sie sie auf
Verschleiß. Geben Sie wasserfestes Fett in die Lagerschalen
und drücken Sie je elf Kugeln
ins Fettbett. Eine Kugelschreiberkappe ist das beste Werkzeug für diese Arbeit.

Wann diese Arbeit fällig wird:
◆ Wenn es quietscht
◆ Zur Überholung
◆ Einmal im Jahr

Zeitaufwand:
◆ Etwa 1 Stunde

Schwierigkeitsgrad:
◆ Ohne richtiges Werk-
zeug ist es nicht einfach,
die feste Lagerschale zu
demontieren. Das Kontern
der Lagerschale erfordert
Fingerspitzengefühl.

7 Schrauben Sie die verstellbare Lagerschale so ins
Innenlagergehäuse, dass sich
die Achse noch leicht und
ohne Spiel drehen lässt.
Ziehen Sie den Konterring an.
Kontrollieren Sie das Lagerspiel, wenn die Kurbeln
montiert sind.

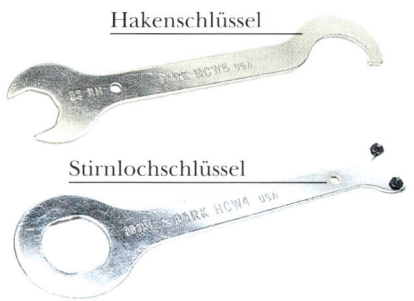

Hakenschlüssel

Stirnlochschlüssel

Der Lochkreisdurchmesser (LKD)
Wenn Kettenblätter verschlissen sind oder der Wunsch
nach einer anderen Übersetzung aufkommt, müssen sie
ausgetauscht werden. Dazu aber müssen Sie den Lochkreisdurchmesser kennen. Demontieren Sie die Kettenblätter und messen Sie den Abstand D, in der Tabelle können
Sie jetzt leicht den dazugehörigen LKD ablesen.

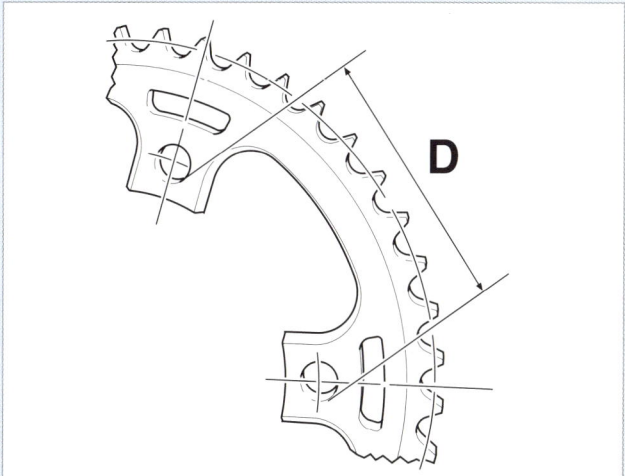

D (mm)	LKD (mm)
34,1	58
43,5	74
50,6	86
55,3	94
67,7	110
71,7	122
76,5	130
79,4	135
84,7	144

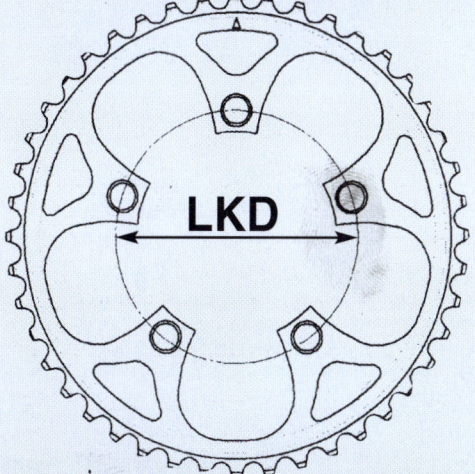

Der Lochkreisdurchmesser LKD gibt den Durchmesser
des Kreises in Millimetern an, auf dem die vier bzw. fünf
Kettenblattschrauben sitzen.

Konus-innenlager: Teil 2

Spezialwerkzeug erleichtert das Zerlegen und Einstellen eines Konusinnenlagers um ein Vielfaches.

D ie Lagerschale auf der Kettenblattseite sitzt in aller Regel sehr fest. Sie können versuchen, diese mit einem verstellbaren Gabelschlüssel oder einer Wasserpumpenzange herauszudrehen. Dabei beschädigen Sie aber leicht den Lack am Rahmen. Denken Sie auch daran, dass es sich um ein Linksgewinde handelt. Ein exakt passender Innenlagerschlüssel erleichtert die Arbeit enorm. Aber auch er kann leicht abrutschen. Arbeiten Sie daher mit voller Konzentration.

Auf der anderen Seite können Sie den Konterring mit einem passenden Hakenschlüssel problemlos und eleganter als mit Hammer und Meißel demontieren. Beschädigungen am Konterring werden so ausgeschlossen.

Oft ist die verstellbare Lagerschale mit zwei Löchern versehen. Mit einem Stirnlochschlüssel können Sie diese Lagerschale sicher verstellen bzw. demontieren. Mit einem Stirnloch- und einem Hakenschlüssel lässt sich das Lagerspiel gefühlvoll einstellen. Halten Sie die verstellbare Lagerschale mit dem Stirnlochschlüssel fest, während Sie mit dem Hakenschlüssel den Konterring anziehen.

1 Ein Innenlagerschlüssel greift die Flanken der einstellbaren Lagerschale, ohne zu wackeln. Wenn Sie ihn mit einer Hand gegen die Lagerschale drücken, während Sie ihn mit der anderen betätigen, können Sie kaum abrutschen.

2 Den Konterring eines Konusinnenlagers sollten Sie mit einem Hakenschlüssel anziehen. Positionieren Sie den Haken des Schlüssels in einer Aussparung am Konterring. Stützen Sie sich am Rahmen ab, um nicht abzurutschen.

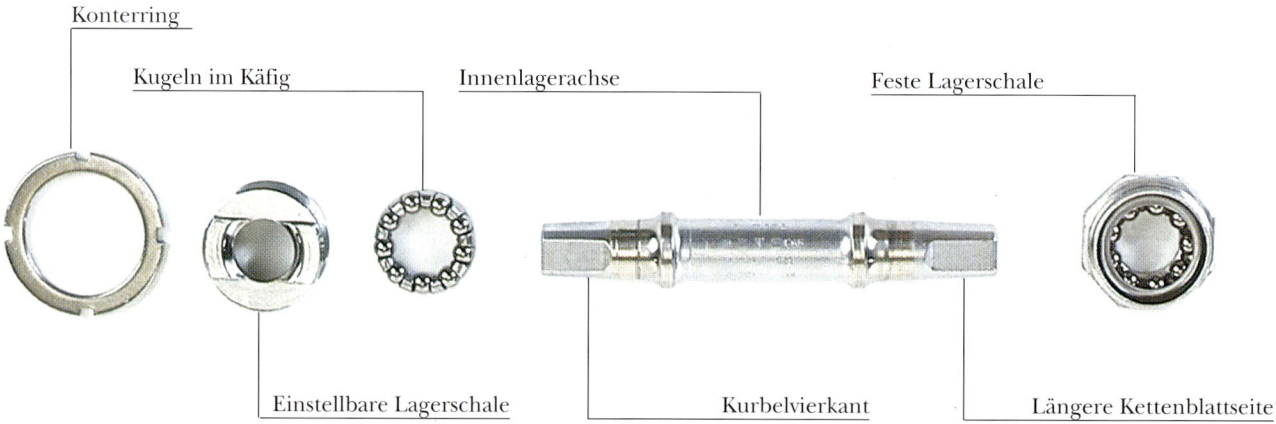

Konterring

Kugeln im Käfig

Innenlagerachse

Feste Lagerschale

Einstellbare Lagerschale

Kurbelvierkant

Längere Kettenblattseite

Einteilige Kurbeln

Einteilige Kurbeln – beide Kurbeln sind samt der Innenlagerachse aus einem Stück gefertigt – werden nur bei Kinder- und BMX-Rädern eingesetzt. Ursprünglich entwickelt, um die Fertigungskosten zu senken, hat sich diese Kurbelbauart inzwischen als unverwüstlich erwiesen. Sogar nach einem Sturz lassen sich verbogene Kurbeln häufig wieder gerade biegen.

Auch das Innenlager ist sehr belastbar, da es einen wesentlich größeren Durchmesser hat als herkömmliche Lager und die Belastung sich daher auf mehr Kugeln verteilt. Die eingepressten Lagerschalen und die Achse selbst können natürlich auch von Pitting befallen werden. Wenn sie aber nicht extrem stark beschädigt sind, genügt es, das Lager zu reinigen und neu zu fetten.

Wenn Sie ein gebrauchtes Rad gekauft haben, sollten Sie auf jeden Fall die einteilige Kurbelgarnitur überholen. Viele Kinderräder werden so schlampig montiert, dass sich dies auch an einem nagelneuen Rad lohnt.

Es ist nicht immer einfach, Ersatzteile für einteilige Kurbeln zu

1 Demontieren Sie die Pedale. Lösen Sie den Konterring im Uhrzeigersinn. Vorsicht, dieser ist häufig sehr flach, und man rutscht leicht ab. Haben Sie den Konterring heruntergedreht, ziehen Sie ihn über die Kurbel.

2 Nun kommt ein geschlitzter Ring zum Vorschein, der das Lager zusammenhält. Lösen Sie ihn mit einem Hammer und einem passenden Meißel ebenfalls im Uhrzeigersinn. Halten Sie die Kurbel dabei mit einer Hand fest.

3 Ziehen Sie den Ring mitsamt den Kugeln über die Kurbel. Kippen Sie die einteilige Kurbel, bis die Kurbeln fast waagerecht stehen, und ziehen Sie die Einheit zur Kettenblattseite aus dem Innenlagergehäuse heraus.

4 Schlagen Sie die Lagerschalen vorsichtig mit Hammer und Meißel heraus. Um das Innenlagergehäuse nicht zu verformen, müssen Sie gleichmäßig rundherum hämmern. Andernfalls verkantet die Lagerschale.

bekommen. Besorgen Sie sich die Ersatzteile deshalb, bevor Sie alles zerlegen. Wenn Ihr örtlicher Radhändler Ihnen nicht weiterhelfen kann, suchen Sie sich einen Spezialisten für Kinderräder. Die Montage

einer einteiligen Kurbel samt Innenlager erfolgt in umgekehrter Reihenfolge der Demontage. Wenn Sie neue Lagerschalen einpressen, dürfen diese auf gar keinen Fall verkantet werden.

Wann diese Arbeit fällig wird:
◆ Wenn Sie ein neues Rad gekauft haben und vermuten, dass es schlampig montiert wurde.
◆ Wenn sich die Kurbeln knirschend drehen.
◆ Wenn die Kurbeln nach einem Sturz verbogen sind.

Zeitaufwand:
◆ Mindestens 1 Stunde, um die Einheit zu zerlegen, zu reinigen und wieder zu montieren. Noch länger, wenn Sie auch noch verbogene Kurbeln gerade richten müssen.

Schwierigkeitsgrad: 𝄍𝄍𝄍𝄍
◆ Sie müssen zunächst durchschauen, wie eine einteilige Kurbel aufgebaut ist. Die Lagerschalen herauszuschlagen und neue einzutreiben ist ebenfalls nicht ganz einfach. Hämmern Sie immer rundherum, damit die Lagerschalen nicht verkanten.

Spezialwerkzeug:
◆ Großer verstellbarer Schraubenschlüssel, Hammer und Meißel.

6

Brems-
systeme

Die Bremsen sind, was Ihre persönliche Sicherheit anbelangt, die wichtigsten Komponenten am Rad. Dementsprechend sorgfältig und regelmäßig sollten Sie alle Routine- und Wartungsarbeiten an den Bremsen durchführen.

Bremsentypen

Nirgendwo sonst am Fahrrad ist die technische Vielfalt so groß wie bei den Bremsen. Eins aber haben alle gemeinsam: um effektiv zu arbeiten, müssen sie perfekt gewartet und eingestellt werden.

So unterschiedlich die Bremsen auch gebaut sind, arbeiten sie doch meist nach demselben Prinzip: Zwei Bremsgummis werden gegen die Felgenflanke gepresst. Die Bremswirkung hängt dabei vom Druck ab, mit dem die Bremsgummis an die Felge gepresst werden, und von der Reibung, die die Bremsgummis auf der Felgenoberfläche erzeugen.

Neben den Bremsgummis verschleißen auch die Felgen. Natürlich dauert das viel länger. Trotzdem sollten Sie die Felgenflanke immer überprüfen, wenn Sie neue Bremsgummis montieren.

Scheibenbremsen sind eine Klasse für sich und können nur an dafür konstruierten Rahmen und Laufrädern montiert werden. Vor allem unter nassen und schmuddeligen Konditionen sind sie Felgenbremsen deutlich überlegen. Sie sind daher erste Wahl an Mountainbikes.

Cantilever-Bremse
Montiert an Mountainbikes, Trekkingrädern und manchen Straßenrädern. Ausgezeichnete, leichte Konstruktion mit hervorragender Bremswirkung und jeder Menge Platz für dicke Reifen; mittlerweile von V-Bremsen abgelöst.

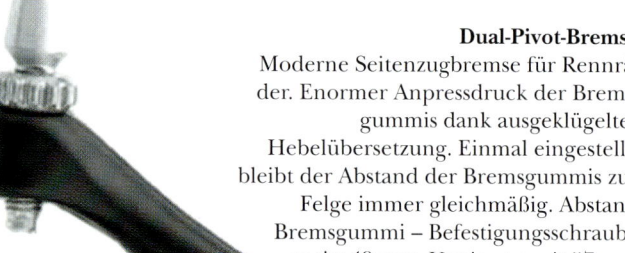

Dual-Pivot-Bremse
Moderne Seitenzugbremse für Rennräder. Enormer Anpressdruck der Bremsgummis dank ausgeklügelter Hebelübersetzung. Einmal eingestellt, bleibt der Abstand der Bremsgummis zur Felge immer gleichmäßig. Abstand Bremsgummi – Befestigungsschraube meist 49 mm. Versionen mit 57 mm (Schutzblechmontage) erhältlich.

Mittelzugbremse
Wird nicht mehr hergestellt. Millionen davon sind aber noch im Einsatz. Sie sind leistungsfähig und wartungsarm. Zwei Bremsarme sind auf einer gemeinsamen Halteplatte montiert. Korrekt eingestellt, sind beide Bremsgummis immer gleich weit von der Felge entfernt.

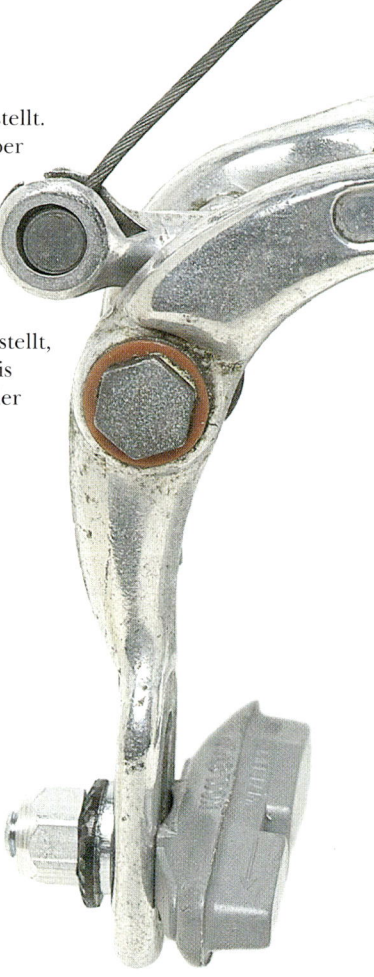

V-Bremse

Die V-Bremse hat die Cantilever-Bremse an Mountainbikes und Trekkingrädern abgelöst. Sie erfordert nur sehr geringe Handkräfte und bietet enorme Verzögerungswerte, muss aber sehr exakt eingestellt werden. Besondere Versionen für BMX-Räder sind ebenfalls erhältlich.

Scheibenbremsen

Vielleicht das effektivste Bremssystem für Fahrräder. Daher erste Wahl für Mountainbikes, da sie auch noch bei schwierigen Einsatzbedingungen hervorragend verzögern. Hydraulisch arbeitende Systeme sind wesentlich feinfühliger zu bedienen und auch effektiver als mechanisch per Bowdenzug betätigte Ausführungen.

Seitenzugbremse

Standardausstattung an vielen Alltagsrädern. Die Bremsarme verwinden sich leicht, daher wenig überzeugende Bremswirkung. Das abgebildete Modell ist mit langen Bremsarmen ausgestattet, um nicht mit Schutzblechen und breiten Reifen in Konflikt zu kommen.

107

Pflege und Wartung der Bremsen

Kontrollieren Sie Ihre Bremsen regelmäßig, damit Ihnen immer die größtmögliche Bremsleistung zur Verfügung steht.

In einem Bremssystem gibt es viele Faktoren, die für unerwünschtes Spiel sorgen. Da ist das Bremsseil, das sich in einem gewissen Rahmen dehnt. Der Bremshebel verbiegt sich ebenso wie die Bremsarme selbst. Die Bremsarme aber sollten recht verwindungssteif sein.

Die Bremsarme von Seitenzugbremsen sind recht lang und verwinden sich wesentlich stärker als Cantilever-Bremsarme. Normale Seitenzugbremsen drehen sich außerdem gern zur Seite; ein ständig an der Felge schleifendes Bremsgummi ist die Folge. Um eine gute Bremswirkung sicherzustellen, müssen Seitenzugbremsen regelmäßig gewartet werden.

Lässt sich der Bremshebel erst einmal bis zum Lenker ziehen, reicht die Bremswirkung nicht mehr für eine Notbremsung. Nur durch Pflege und Wartung der Bremsen können Sie das verhindern.

Schnellspanner

Ist kein Schnellspanner für das Bremsseil vorhanden, drehen Sie die Seilzugeinstellschraube im Uhrzeigersinn so weit wie möglich hinein. Dadurch sollte genügend Freiraum zwischen Reifen und Bremsgummis entstehen, um das Laufrad ausbauen zu können. Reicht der Abstand zwischen den Bremsgummis nicht, müssen Sie die Luft ablassen oder die Klemmschraube für das Bremsseil lösen.

Die Bremsflächen

Die bei allen Felgenbremsen als »Bremsscheibe« dienende Felgenflanke wird meist sehr stiefmütterlich behandelt, wenn nicht gar völlig ignoriert. Um eine optimale Bremswirkung zu erzielen, müssen aber die Bremsgummis optimal zur Felgenflanke passen. Aluminiumfelgen erfordern ebenso speziell darauf abgestimmte Bremsgummis wie keramikbeschichtete Felgen oder solche aus Stahl.

Bremsen kontrollieren und

1 Ziehen Sie am Bremshebel. Dies geht leicht, bis die Bremsgummis die Felge berühren. Werden die Bremsgummis an die Felge gepresst, wird das Bremsseil leicht gedehnt. Lässt sich der Bremshebel bis fast an den Lenker ziehen, muss die Bremse nachgestellt werden.

2 Überprüfen Sie die Bremsgummis auf Verschleiß. Spätestens wenn das Profil in den Bremsgummis verschwunden ist, müssen sie ausgetauscht werden. Stellen Sie sicher, dass sich keine Steinchen oder Ähnliches in den Bremsgummis festgesetzt haben.

Bremsen schmieren

 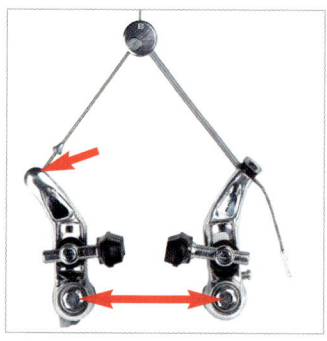

1 Bei Rahmen mit geschlitzten Kabelstoppern hängen Sie einfach das Bremsseil aus und sprühen etwas Öl in die Außenhülle. Cantilever-Bremsen benötigen in regelmäßigen Abständen auch etwas Sprühöl an den Bremssockeln. Dadurch bleibt die Bremse leicht gängig und die Rückholfeder rostet nicht ein.

2 Cantilever-Bremsen müssen an den Drehpunkten (Doppelpfeil) auch von vorn geschmiert werden. Am Bremsarm, dort wo das Querkabel eingehängt ist (Pfeil links), verhindert etwas Öl unnötige Reibung. Die Bremshebel benötigen an den Drehpunkten und an den Bremsseilnippeln ebenfalls etwas Sprühöl.

Auch die Felgenflanke verschleißt, wird immer dünner und muss daher regelmäßig überprüft werden. Dies geht besonders schnell bei Mountainbikes, die oft Schlamm und Sand ausgesetzt werden.

einstellen

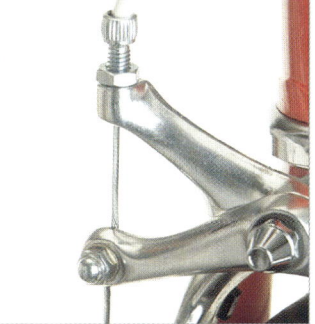

3 Spannen Sie das Bremsseil. Bei Cantilever- und V-Bremsen befindet sich die Einstellschraube am Bremshebel. Lösen Sie den Konterring und drehen Sie die Einstellschraube gegen den Uhrzeigersinn heraus. Testen Sie den Leerweg, spannen Sie das Bremsseil ggf. noch weiter.

4 Der Leerweg am Hebel soll etwa 2 cm betragen. Bei Seitenzugbremsen sitzt die Einstellschraube an der Bremse. Lösen Sie den Konterring und drehen Sie die Einstellschraube heraus. Oft müssen Sie die Klemmschraube des Bremsseils lösen, es straffen und wieder fest anziehen.

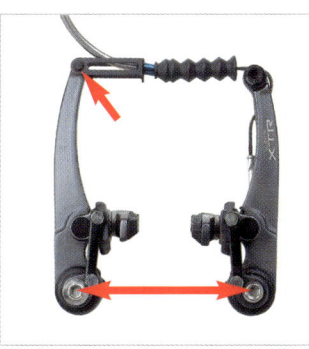

3 Die Schmierung von V-Bremsen und deren Bremshebel ist identisch mit der von Cantilever-Bremsen. Alle Drehpunkte erhalten einen Spritzer Sprühöl. Überschüssiges Öl wird mit einem weichen Lappen abgewischt. Das Parallelogramm (nicht bei allen V-Bremsen vorhanden) ebenfalls schmieren.

4 Sprühen Sie die Drehgelenke von Seitenzugbremsen regelmäßig mit Sprühöl ein. Lässt sich die Bremse schwer betätigen, demontieren Sie den Bowdenzug. Lassen sich die Bremsarme von Hand nur schwer zusammendrücken, müssen Sie die Bremse zerlegen, reinigen und schmieren.

Vorsichtig schmieren
Felgenflanken und Bremsgummis dürfen beim Abschmieren keinesfalls mit Öl in Berührung kommen. Notfalls Ölspritzer sorgfältig mit einem trockenen Lappen entfernen!

Schnellspanner

Viele Bremsen verfügen über einen Schnellspannmechanismus, der den Radausbau erleichtert.

Schnellspannknopf

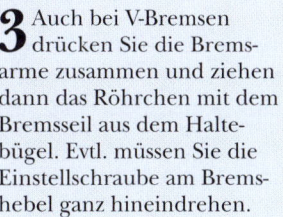

1 An manchen Rennrädern sitzt der Schnellspannmechanismus am Bremshebel. Drücken Sie den kleinen Knopf. Wenn Sie den Bremshebel ziehen, rastet er wieder ein.

2 Bei Cantilever-Bremsen drücken Sie die Bremsarme zusammen, dann können Sie das Querkabel aushängen. Dadurch erhalten die Bremsgummis genügend Abstand zur Felge, um den Radausbau zu ermöglichen.

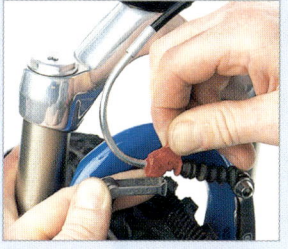

3 Auch bei V-Bremsen drücken Sie die Bremsarme zusammen und ziehen dann das Röhrchen mit dem Bremsseil aus dem Haltebügel. Evtl. müssen Sie die Einstellschraube am Bremshebel ganz hineindrehen.

4 Bei den meisten Rennrädern sitzt der Schnellspanner an der Bremse unterhalb der Einstellschraube. Kippen Sie ihn zum Öffnen einfach nach oben und umgekehrt.

Wann diese Arbeit fällig wird:
◆ Wenn Sie die Kette gründlich reinigen.
◆ Wenn sich der Bremshebel fast bis zum Lenker ziehen lässt.

Zeitaufwand:
◆ 5 Minuten, um die Bremsen einzustellen und zu schmieren.
◆ 5 Minuten, um das Bremsseil zu spannen.

Schwierigkeitsgrad: 🔧🔧
◆ Sehr einfach; es gibt also keine Entschuldigung dafür, die Bremsen nicht zu warten.

V-Bremsen und Rollenbremsen

V-Bremsen überzeugen durch enorme Bremsleistung bei geringen Handkräften. Um derart eindrucksvoll zu arbeiten, müssen sie aber perfekt eingestellt und gepflegt sein.

Die V-Bremsen sind nahe Verwandte der bewährten Cantilever-Bremse. Deren Schwachpunkte wurden bei der Konstruktion der V-Bremse konsequent beseitigt. Zwei Finger am Bremshebel reichen völlig aus, um enorme Verzögerungswerte zu realisieren; die langen Bremsarme machen diese Leistung möglich. Die Anlenkung des Bremsseils am Bremsarm in einem Winkel von 90° trägt ebenfalls zu diesem Fortschritt bei. Außerdem sind Montage und Einstellung einfacher geworden; nicht zuletzt weil auf das Querkabel völlig verzichtet wurde.

Sie können Cantilever-Bremsen meist problemlos durch V-Bremsen ersetzen. Beträgt der Abstand zwischen den Bremssockeln an Ihrem Rahmen 80 mm, steht einer Aufrüstung nichts im Wege.

Bei einer Umrüstung auf V-Bremsen müssen Sie auch die dazu passenden Bremshebel montieren. Bremshebel für Cantilever-Bremsen arbeiten mit einer anderen Übersetzung; sie holen wesentlich mehr Bremsseil ein. Machen Sie sich nach erfolgtem Umbau vorsichtig und mit Respekt mit Ihren neuen V-Bremsen vertraut: Ein zu beherzter Griff, und Sie gehen bei blockiertem Vorderrad über den Lenker.

Die auf dieser Doppelseite beschriebene Vorgehensweise behandelt nur die Montage der Bremsarme. Die Einstellung der Bremsbeläge finden Sie auf den Seiten 124–125 beschrieben.

Rollenbremsen werden immer häufiger in Alltags- und City-Rädern eingebaut. Sie sind kompakt, leistungsstark und arbeiten zuverlässig selbst bei Regen und Schnee. Von Nachteil sind ihr Gewicht und die Tatsache, dass sie alle sechs Monate neu geschmiert werden müssen. Die Einstellung des Bremsseils ist schnell erledigt; weitere Wartungsarbeiten fallen nicht an. Auf herkömmliche Bremsbeläge wurde verzichtet. Stattdessen arbeiten verschleißfreie Stahlrollen im Nabeninneren. Beim Bremsen werden sie gegen einen Stahlmantel gepresst; eine Fettfüllung verhindert, dass sich die Stahlrollen festfressen. Tritt Fett aus oder treten seltsame Geräusche auf, sollten Sie das Rad unverzüglich in die Werkstatt bringen, um die Bremse neu abschmieren zu lassen.

1 V-Bremsen benötigen spezielle Bremshebel. Bei manchen Bremshebeln kann die Übersetzung und damit die erforderliche Handkraft durch Verschieben des Bolzens von L nach H verändert werden. Unter der schwarzen Klappe (Pfeil) ist der Nippel des Bremsseils eingehängt.

6 Schmieren Sie das Bremsseil in dem Führungsröhrchen und ziehen Sie es straff. Stellen Sie sicher, dass die Außenhülle korrekt im Führungsröhrchen sitzt, und positionieren Sie dieses in der Aussparung am Haltebügel am linken Bremsarm. Ziehen Sie das Bremsseil straff.

Rollenbremsen

Am einfachsten geht die Einstellung einer Rollenbremse von der Hand, wenn Sie das Rad aufbocken. Versetzen Sie das Rad in Drehung und drehen Sie die Einstellschraube so lange heraus, bis das Laufrad abgebremst wird. Jetzt drehen Sie die Einstellschraube wieder hinein, bis sich das Hinterrad frei dreht. Zwei bis drei halbe Umdrehungen sollten genügen. Jetzt liegt der Druckpunkt am Bremshebel etwa in der Mitte zwischen Ruhestellung und Lenker: So erreichen Sie die bestmögliche Verzögerung, lange bevor der Bremshebel den Lenker berührt.

 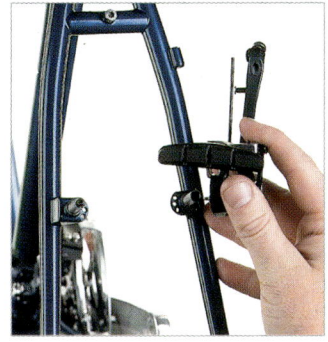  

2 Schieben Sie den Bremsarm auf den Bremssockel und checken Sie, ob er sich frei bewegen lässt. Ist dies nicht der Fall, müssen Sie evtl. vorhandene Lackreste entfernen oder das Metall vorsichtig abschmirgeln. Fetten Sie die Bremssockel vor der Montage der Bremsarme.

3 An jedem Bremsarm befindet sich eine lange Feder mit einem abgewinkelten Ende. Stecken Sie dieses Ende in das mittlere Loch am Bremssockel und schieben Sie den Bremsarm auf den Sockel. Drehen Sie die Befestigungsschraube vorsichtig in das Gewinde hinein.

4 Der lange, nach oben ragende Teil der Feder muss zwischen Rahmen und Bremsarm liegen. Er stützt sich an einem am Bremsarm angegossenen Stift ab. Ziehen Sie die Befestigungsschraube an, sie zieht den Bremsarm gegen den Rahmen. Montieren Sie den zweiten Bremsarm.

5 Öffnen Sie die Klappe am Bremshebel (Pfeil in Abb. 1) und führen Sie das Bremsseil durch den Hebel, die Einstellschraube und dann durch die Außenhülle. Dann schieben Sie das Bremsseil durch den 90°-Bogen des Führungsröhrchens, das sich am linken Bremsarm abstützt.

7 Schieben Sie den Faltenbalg – er verhindert das Eindringen von Schmutz und Wasser – auf das Führungsröhrchen. Führen Sie das Bremsseil durch die Klemmschraube am rechten Bremsarm und richten Sie die Bremsarme wie abgebildet aus. Ziehen Sie die Klemmschraube leicht an.

8 Stellen Sie die Bremsbeläge wie auf Seite 124 beschrieben ein. Der Abstand zwischen Felge und Bremsgummi sollte auf beiden Seiten etwa 2 mm betragen. Die Einstellschraube am Bremshebel sollte ganz hineingedreht sein. Ziehen Sie dann die Klemmschraube fest an.

9 Weisen die beiden Bremsgummis nicht den gleichen Abstand zur Felge auf, können Sie dies mit der Federvorspannung ausgleichen. Dazu finden Sie an den Bremsarmen eine kleine Kreuzschlitzschraube. Drehen Sie sie hinein, wird die Federvorspannung erhöht und umgekehrt.

Wann diese Arbeit notwendig wird:
◆ Wenn Sie auf V-Bremsen umrüsten möchten.
◆ Wenn die Bremssockel gereinigt und geschmiert werden müssen.

Zeitaufwand:
◆ 2 Stunden, für Bremsen De- und Remontage.

Schwierigkeitsgrad: 𝄞𝄞𝄞
◆ Recht einfach, nur die exakte Ausrichtung der Bremsarme erfordert etwas Fingerspitzengefühl.

Anpassung der Bremsen

An manchen V-Bremsen finden Sie eine Vorrichtung zur Anpassung der Bremse an Ihre Bedürfnisse. Diese Vorrichtung ist meist am Bremsarm montiert (Foto rechts). Teilweise finden Sie eine solche Anpassungsmöglichkeit auch an den Bremshebeln (siehe Abb. 1). Beide Einrichtungen sollen es ermöglichen, die Bremsleistung und den erforderlichen Weg am Bremshebel individuell einzustellen. Der wahre Grund für diese Einrichtungen dürfte aber der Wunsch der Radhersteller sein, verschiedenste Bremsen und Bremshebel miteinander kombinieren zu können. So können die unterschiedlichen Hebelverhältnisse der diversen Bremsen und Bremshebel kompensiert werden. Verändern Sie die Einstellung also nur, wenn Sie ganz konkrete Gründe hierfür haben.

Wartung von Cantilever-Bremsen

Cantilever-Bremsen bieten eine hervorragende Bremswirkung. Sie müssen nur zerlegt werden, wenn sich Schmutz zwischen Bremssockel und Bremsarm festgesetzt hat.

Bei älteren Cantilever-Bremsen werden die beiden Bremsarme durch ein Querkabel verbunden. Das Querkabel wiederum wird mit einem Kabelhänger mit dem Bremsseil verbunden.

Bei neueren Cantilever-Bremsen von Shimano führt das Bremsseil durch den Seilzugverbinder bis hinunter zum linken Bremsarm. Der Abstand zwischen Seilzugverbinder und linkem Bremsarm wird durch eine mitgelieferte flexible Hülle, ähnlich einer Bowdenzugaußenhülle, definiert.

Der rechte Bremsarm hängt über ein kurzes Verbindungskabel am Seilzugverbinder. Dadurch ist immer die optimale Seilzuggeometrie gewährleistet.

Diese Version ist zudem auch leichter zu montieren und einzustellen als die alte. Die exakte Vorgehensweise für beide Versionen finden Sie hier und auf Seite 114 beschrieben.

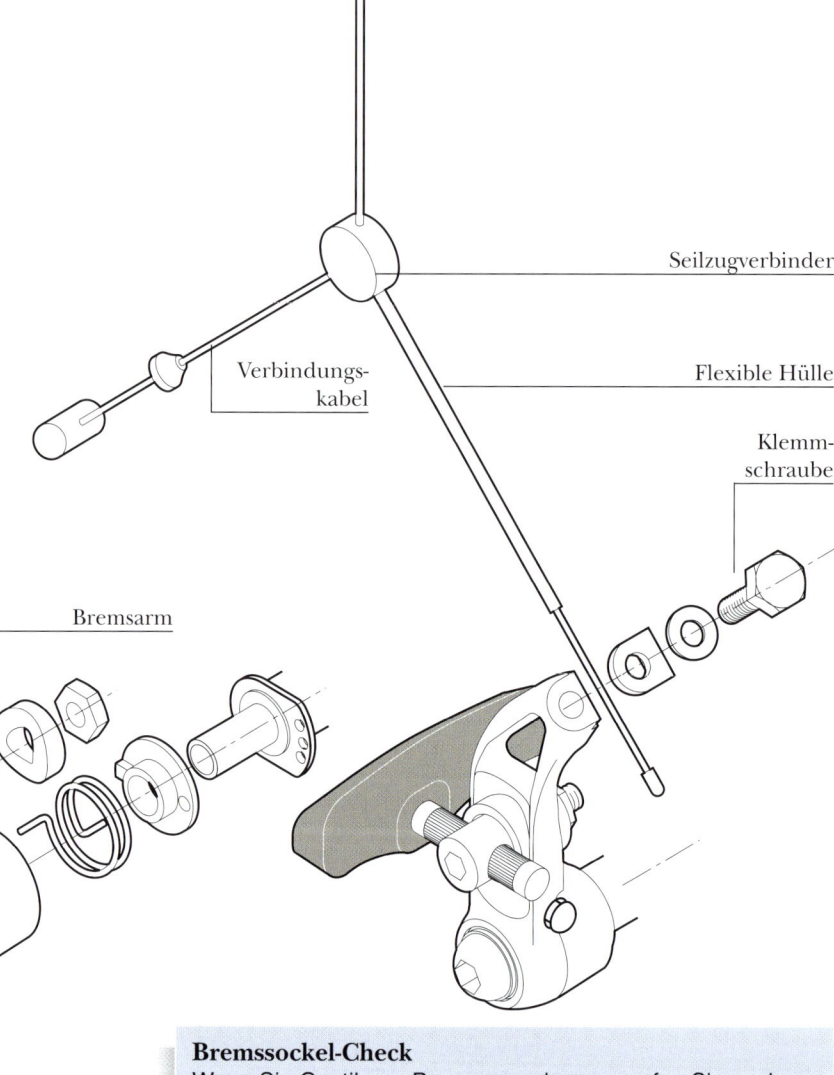

Seilzugverbinder

Verbindungskabel

Flexible Hülle

Klemmschraube

Bremsarm

Bremsgummi

Bremssockel-Check

Wenn Sie Cantilever-Bremsen zerlegen, werfen Sie auch ein Auge auf die Bremssockel. Sind sie verrostet, polieren Sie sie mit feinem Sandpapier und ölen Sie sie ein. Anschließend montieren Sie die Bremsarme wieder unter Verwendung von wasserfestem Fett. Überprüfen Sie auch, ob die Bremssockel verbogen sind. Ist dies der Fall, lassen Sie sie in einer Profiwerkstatt richten bzw. neue Bremssockel anlöten.

1 Drehen Sie die Einstellschraube am Bremshebel ganz hinein. Hängen Sie das Querkabel aus. Bei der neuen Version sollten Sie zuerst das Verbindungsseil aushängen und dann das Bremsseil am linken Bremsarm lösen.

2 Drehen Sie nun die Befestigungsschraube des Bremsarms heraus. Jetzt können Sie den Bremsarm vom Bremssockel abziehen. Versuchen Sie die Feder und die Unterlegscheibe an ihrem Platz auf dem Bremssockel zu belassen.

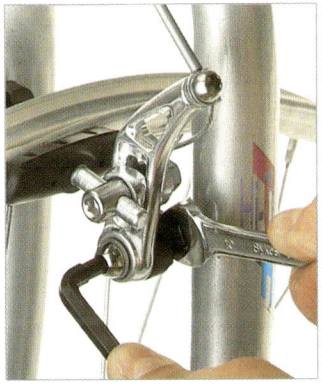

3 Sind die Bremssockel gereinigt und geschmiert, setzen Sie die Feder wieder in das mittlere Loch ein und montieren Sie die Bremsarme. Ziehen Sie dann die Befestigungsschrauben an. Diese müssen bei jeder Demontage erneuert oder mit Schraubensicherungsmittel behandelt werden. Neue Schrauben werden bereits mit Schraubensicherungsmittel versehen geliefert (großes Foto: blaue Masse im Gewinde); so können sie sich nicht versehentlich lösen.

4 Eine winzige Schraube sorgt dafür, dass beide Bremsgummis denselben Abstand zur Felge haben. Wenn Sie die Schraube hineindrehen, wird die Feder stärker gespannt – der Abstand zur Felge wird größer.

5 Stellen Sie die Bremsarme so ein, dass die Bremsgummis 2 mm Abstand zur Felge haben. Die Bremsgummis sollten leicht schräg gestellt sein. Sie berühren die Felge dann zuerst in Felgendrehrichtung vorn. Siehe auch Seite 124.

Wann diese Arbeit fällig wird:
◆ Wenn die Bremsarme schwer gängig sind.

Zeitaufwand:
◆ 30 Minuten.

Schwierigkeitsgrad:
◆ Die Montage der Bremsfeder und die Einstellung der Bremsgummis ist eine fummelige Angelegenheit.

Cantilever-Bremsen: neue Bremszüge

Bei Cantilever-Bremsen muss die Seilgeometrie – der Winkel, in dem Querkabel, Bremsseil und Bremsarme zueinander stehen – stimmen.

W enn Sie neue Bremsseile montieren, müssen Sie herausfinden, ob die Bremsarme mit Querkabel und Kabelhänger verbunden sind oder ob es sich um die neuere Version handelt, bei der das Bremsseil bis zum rechten Bremsarm führt. Immer noch weit verbreitet ist die Konstruktion mit Querkabel und Kabelhänger. Das Querkabel ist am rechten Bremsarm festgeschraubt und am linken mit einem Nippel eingehängt. In der Mitte ist es an dem mit dem Bremsseil verschraubten Kabelhänger eingehängt. Die Länge des Bremsseils kann leicht an der Klemmschraube am Kabelhänger korrigiert werden.

Bei der neuen Version gibt es zwei Varianten. Sie unterscheiden sich durch den Seilzugverbinder. Bei beiden führt das Bremsseil durch den Seilzugverbinder hindurch zum linken Bremsarm. Bei der älteren Variante wird das Bremsseil durch eine Klemmschraube am Seilzugverbinder fixiert. Bei der neuesten Ausführung wird der Abstand von Seilzugverbinder und Bremsarm durch eine über das Bremsseil geschobene flexible Hülle definiert. Auf dem Seilzugverbinder ist darüber hinaus eine Linie eingraviert, die zeigt, in welchem Winkel das Verbindungskabel montiert werden muss.

Wenn Sie ein neues Bremsseil montieren, müssen Sie es durch den Seilzugverbinder zum linken Bremsarm führen. Schieben Sie bei den neuesten Ausführungen dann die flexible Hülle darüber und klemmen Sie das Bremsseil mit der Klemmschraube am Bremsarm fest. Die flexible Hülle soll sowohl den Bremsarm als auch den Seilzugverbinder berühren. Hängen Sie dann das Verbindungskabel ein und kontrollieren Sie, ob es sich in einer Linie mit dem eingravierten Strich befindet (siehe Abbildung 7). Als Nächstes müssen Sie die Spannung der Bremsfeder an der kleinen Kreuzschlitz- bzw. Innensechskantschraube so einstellen, dass beide Bremsgummis gleich weit von der Felge entfernt sind. Der Seilzugverbinder sollte nun genau senkrecht unter der am Vorbau bzw. Steuersatz abgestützten Außenhülle stehen. Stellen Sie jetzt die Bremsgummis leicht schräg ein (siehe auch Seite 124). Sie sollen die Felge in Drehrichtung zuerst vorne berühren.

Stellen Sie den Leerweg am Bremshebel so ein, dass die maximale Bremswirkung erreicht wird, wenn sich der Bremshebel exakt in der Mitte zwischen Lenker und Ruhestellung befindet.

Mit Verbindungskabel

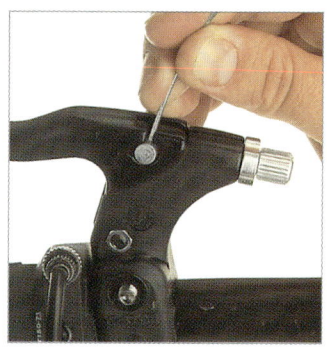 

1 Drehen Sie die Einstellschraube am Bremshebel ganz hinein. Fetten Sie den Bremsnippel und hängen Sie ihn im Bremshebel ein. Schieben Sie die Außenhülle über das Bremsseil, bis diese in der Einstellschraube sitzt.

2 Hängen Sie das Verbindungskabel am rechten Bremsarm aus und führen Sie das neue Bremsseil durch den Kabelverbinder bis zum linken Bremsarm. Schieben Sie die Hülle über das Bremsseil.

Cantilever mit Querkabel

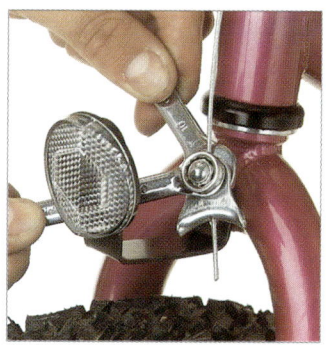 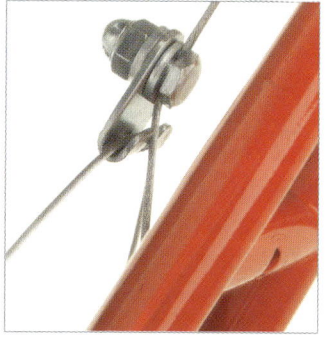

1 Führen Sie das Bremsseil durch die Klemmschraube am Kabelhänge und ziehen Sie sie leicht an. Drücken Sie die Bremsgummis gegen die Felge und hängen Sie das Querkabel in den Kanal am Kabelhänger ein. Ist dies nicht möglich, lösen Sie die Klemmschraube wieder und ziehen Sie den Kabelhänger etwas nach unten. Ziehen Sie dann die Klemmschraube fest an.

2 Die Bremsgummis sollten nun einen Abstand von etwa 2 mm zur Felge haben. Korrigieren Sie gegebenenfalls mit der Einstellschraube am Bremshebel. Um eine optimale Bremswirkung zu erzielen, muss das Querkabel in der Mitte etwa einen rechten Winkel bilden. Wenn dies nicht der Fall ist, lösen Sie dessen Klemmschraube am Bremsarm und korrigieren Sie die Länge des Querkabels. Der Abstand zwischen Kabelhänger und Abstützung der Außenhülle muss aber mindestens 2 cm betragen.

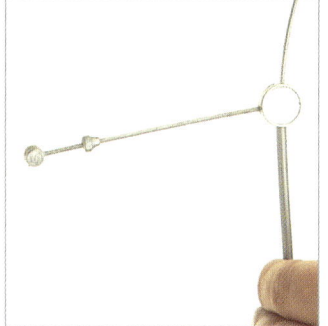

3 Führen Sie das Bremsseil durch die Klemmschraube am Bremsarm und spannen Sie es. Hängen Sie das Verbindungskabel ein und justieren Sie an der kleinen Schraube die Federspannung.

4 Sind beide Bremsgummis gleich weit von der Felge entfernt, muss der Seilverbinder senkrecht unter der Außenhülle sitzen. Abstützung und Seilverbinder müssen 2 cm Abstand haben.

5 Das Bremsseil muss, wie abgebildet, in dem schmalen Schlitz im Seilverbinder sitzen. Den Abstand der Bremsgummis zur Felge korrigieren Sie an der Einstellschraube am Bremshebel.

Welche Bremse welcher Hebel?

Nach der DIN-Norm müssen die Bremsen an Fahrrädern folgendermaßen montiert werden: Rechter Bremshebel Hinterradbremse, linker Bremshebel Vorderradbremse. Mit solchermaßen montierten Bremsen werden nahezu alle Fahrräder ausgeliefert. Bei Rädern mit nur einem Handbremshebel (Rücktrittbremse hinten) dagegen wirkt dieser auf die vordere Bremse.

Vordere Bremse – links, hintere Bremse – rechts

6 Das Verbindungskabel wird, genau wie das Bremsseil oben am Bremshebel, mit einem Seilnippel am linken Bremsarm eingehängt. Mit dem Seilverbinder ist das Verbindungskabel drehbar verbunden. Die flexible Hülle auf der gegenüberliegenden Seite sorgt für einen gleichmäßigen Abstand von Seilverbinder und Bremsarmen.

Seilgeometrie

Ganz egal welche Art von Cantilever-Bremse an Ihrem Rad montiert ist: Der Winkel zwischen Querkabel bzw. Verbindungskabel und den Bremsarmen sollte 90° betragen. Dies gilt auch für den Winkel, den das Querkabel am Kabelhänger bzw. Seilzugverbinder bildet. Nur so werden die Hebelkräfte und damit die am Handhebel aufgewandten Handkräfte optimal ausgenutzt. Um diesen Winkel von 90° zu erreichen, müssen Sie vielleicht das Bremsseil und/oder das Querkabel verlängern oder verkürzen.

7 Unten sehen Sie, wie die eingravierte Linie auf dem Seilverbinder nach der korrekt vorgenommenen Einstellung der Cantilever-Bremse mit dem Verbindungskabel fluchten muss. Sind die beiden Kabel im falschen Winkel ausgerichtet (Abbildung oben), wird die Bremse ihre bestmögliche Leistung nicht erreichen.

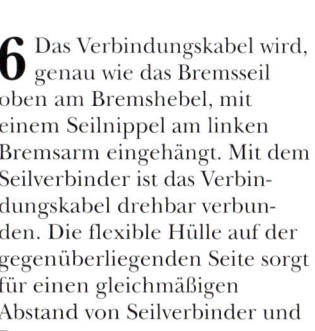

Wann diese Arbeit fällig wird:

◆ Wenn das Bremsseil in der Außenhülle klemmt, gerissen oder ausgefranst ist oder wenn es schwer gängig geworden ist.

Zeitaufwand:

◆ 10 Minuten, bei herkömmlichem Querkabel mit Kabelhänger.
◆ 20 Minuten, für neue Version mit Seilzugverbinder und Verbindungskabel.

Schwierigkeitsgrad: ⚒⚒⚒⚒

◆ Die Arbeit an herkömmlichen Querkabeln erfordert ebenso Fingerspitzengefühl wie das exakte Einstellen von Seilzugverbinder und Verbindungskabel.

Spezialwerkzeug:

◆ Eine Bowdenzugspannzange leistet wertvolle Dienste, ist aber nicht unbedingt erforderlich.

Seitenzugbremsen: Montage und Einstellung

Seitenzugbremsen müssen nur selten überholt werden. Hat sich aber Schmutz in den Lagerstellen angesammelt, ist eine Demontage und Reinigung fällig. So lässt sich die Bremse wieder leicht gängig machen.

1 Lösen Sie die Klemmschraube für das Bremsseil. Ziehen Sie das Bremsseil mit der Außenhülle gleichzeitig aus der Klemmschraube und der Einstellschraube heraus. Jetzt können Sie den Bremsnippel am Bremshebel aushängen.

Die Bremsarme einer Seitenzugbremse drehen sich auf einem zentralen Lagerbolzen. Dies verursacht relativ viel Reibung. Um diese zu verringern, werden Unterlegscheiben aus Nylon oder Messing verwendet, teilweise werden auch Kugellager eingesetzt. Wenn Sie eine Seitenzugbremse zerlegen, legen Sie alle Einzelteile in der Reihenfolge der Demontage auf einem sauberen Tuch ab. Beschädigte Unterlegscheiben müssen durch neue ersetzt werden. Sie können notfalls auch gebrauchte Unterlegscheiben bzw. die eines anderen Herstellers verwenden.

Bei manchen Seitenzugbremsen können Sie die Rückholfeder stärker vorspannen, damit die Bremse zuverlässig öffnet. Aus demselben Grund befinden sich in den meisten Bremshebeln zusätzliche Rückholfedern.

Manche Seitenzugbremsen verdrehen sich auf dem Lagerbolzen – mit der Folge, dass ein Bremsgummi ständig an der Felge streift. Wenn Sie zwischen Gabelkopf und Lagerbolzen eine kräftige Unterlegscheibe montieren, lässt sich die Bremse besser mittig zentrieren und bleibt häufig auch länger in dieser Position.

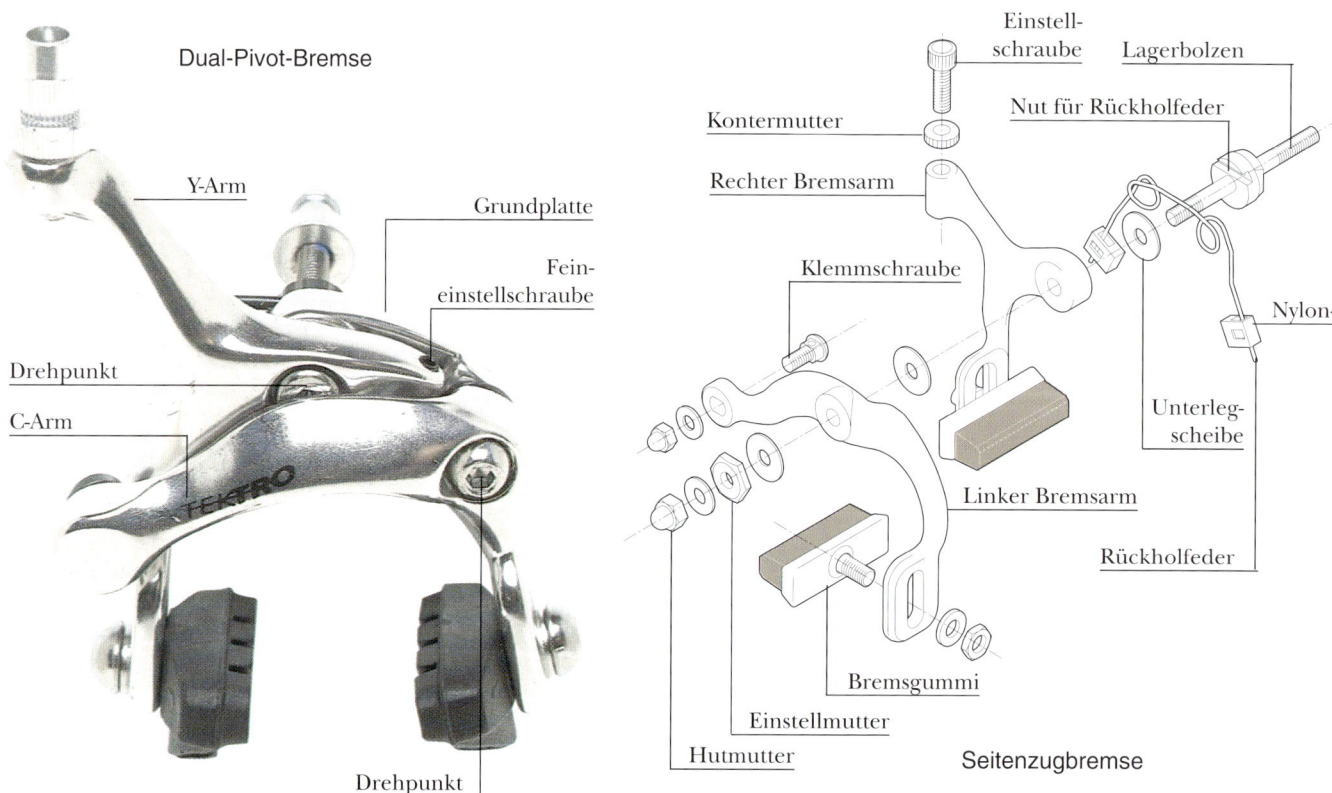

Dual-Pivot-Bremse

Y-Arm

Grundplatte

Feineinstellschraube

Drehpunkt

C-Arm

Drehpunkt

Einstellschraube

Lagerbolzen

Kontermutter

Nut für Rückholfeder

Rechter Bremsarm

Klemmschraube

Nylon-Hüls

Unterlegscheibe

Linker Bremsarm

Rückholfeder

Bremsgummi

Einstellmutter

Hutmutter

Seitenzugbremse

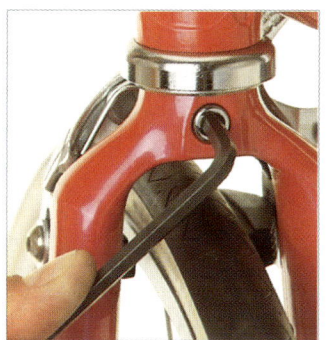

2 Finden Sie heraus, wie die Bremse mit dem Rahmen verschraubt ist. Meist befindet sich an der Rückseite der Gabel bzw. des Bremsstegs eine Innensechskantschraube. Lösen Sie diese mit einem Innensechskantschlüssel.

3 Ziehen Sie die Bremse von der Gabel bzw. vom Bremssteg ab und lösen Sie die Hut- und Einstellmutter, die alles zusammenhalten. Hängen Sie die Rückholfeder aus, und ziehen Sie die beiden Bremsarme vom Lagerbolzen ab.

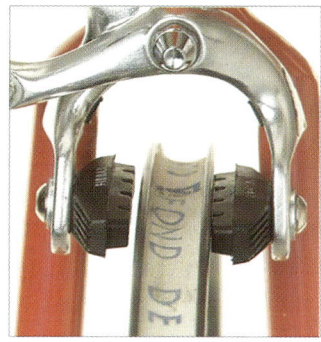

4 Reinigen Sie alle Teile und montieren Sie die Bremse mit Fett. Stellen Sie die Bremse so ein, dass sie sich leicht bewegen lässt. Verschrauben Sie die Bremse wieder mit dem Rahmen und zentrieren Sie sie.

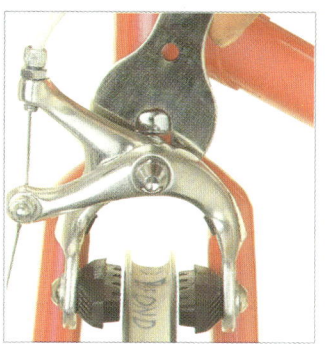

5 Zentrieren Sie die Bremse so, dass beide Bremsgummis gleich weit von der Felge entfernt sind. Wenn Sie die Befestigungsschraube anziehen, verdreht sich häufig die Bremse. Halten Sie sie mit einem Gabelschlüssel fest.

Dual-Pivot-Bremsen

1 Setzen Sie die Bremse mit der Befestigungsschraube von vorn in die Bohrung im Gabelkopf. Setzen Sie dann die Innensechskant-Schraubhülse von hinten auf und ziehen Sie diese fest an.

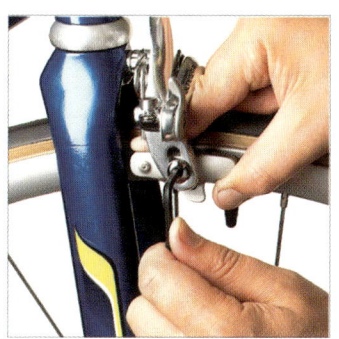

2 Die Schraubhülse verschwindet vollständig im Gabelkopf. Es ist daher nicht ganz einfach, sie auf das Gewinde der Befestigungsschraube zu drehen. Setzen Sie das Rad in die Gabel. Richten Sie es mittig aus.

3 Richten Sie die Bremsgummis auf die Felge aus. Lösen Sie die Schraubhülse im Gabelkopf und richten Sie die Bremse so aus, dass die Bremsgummis beidseitig gleich viel Abstand zur Felge haben.

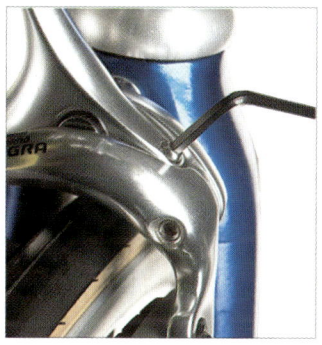

4 Ziehen Sie die Schraubhülse wieder fest an. Stellen Sie mit der kleinen Schraube am hinteren Bremsarm den Abstand von Bremsgummi und Felge gleich ein.

Bremse mittig ausrichten
Herkömmliche Seitenzugbremsen drehen sich, selbst wenn sie eben erst perfekt eingestellt wurden, leicht auf eine Seite und streifen dann an der Felge. Hier hilft unter Umständen folgender Trick weiter: Montieren Sie zwischen Seitenzugbremse und Gabelkopf eine gezahnte Unterlegscheibe und ziehen Sie die Schraubhülse von hinten wieder fest an. Die Bremse kann sich jetzt nicht mehr so leicht verdrehen.

Toe-In an Seitenzugbremsen
Alle Bremsen arbeiten mit leicht schräg gestellten Bremsgummis perfekt; sie sollen die Felge zuerst vorn berühren. Der Fachmann spricht bei dieser Einstellung von Toe In, siehe auch Seite 124. Leider lassen sich die Bremsgummis nur an V- und Cantilever-Bremsen so einstellen. Seitenzugbremsen haben dafür keine Einstellmöglichkeit. Abhilfe: Feilen Sie einfach eine Unterlegscheibe schräg ab und montieren Sie diese zwischen Bremsarm und Bremsgummi.

Wann diese Arbeit fällig wird:
◆ Wenn die Bremse nur schwer zu bedienen ist.
◆ Wenn die Bremse ruckelt.

Zeitaufwand:
◆ 30 Minuten für Demontage, Reinigung und Montage der Bremse; es kann aber lange dauern, bis sie sauber zentriert ist.

Schwierigkeitsgrad: 🔧🔧🔧🔧
◆ Das Einhängen der stark gespannten Rückholfeder und das Zentrieren der Bremse ist schwierig.

Seitenzug-bremsen: neue Bremszüge

Wenn die Bremsseile sorgfältig montiert und geschmiert werden, tun sie jahrelang ihren Dienst. Sind sie irgendwann doch einmal ausgefranst oder schwer gängig, müssen sie ausgetauscht werden.

Die Bowdenzüge für Bremsen ähneln sich alle sehr. Die Originalbremsenhersteller bieten fertig abgelängte Sets an. Die Bowdenzüge von Fremdherstellern sind jedoch von vergleichbarer Qualität. Manche Radfahrer geben Bremsseilen aus rostfreiem Stahl den Vorzug, da sie stets »glänzend« aussehen und leicht in den Hüllen gleiten. Da Bremsseile stärker als Schaltseile sind, ist es wichtig, sie nur mit einem sehr scharfen Seitenschneider oder besser gleich mit einer Bowdenzugzange zu kürzen. So kann das Seilende nicht ausfransen. Haben Sie das neue Bremsseil montiert, sollten Sie das Seilende durch ein aufgepresstes Alukäppchen vor dem Ausfransen schützen.

Auch die Außenhüllen sind bei Bowdenzügen für die Bremsen dicker als die für Schaltungen. Die Außenhüllen können problemlos auf jedes beliebige Maß abgelängt werden.

Die Bremshebel lassen sich beliebig mit verschiedenen Seitenzugbremsen kombinieren. Wenn Sie Ihr Rad also auf moderne Rennbremshebel, bei denen die Außenhüllen unter dem Lenkerband laufen, umrüsten möchten, brauchen Sie nur neue Bremshebel zu kaufen.

Wenn Sie an Ihren Bremshebeln weiche und ergonomisch geformte Griffgummis montieren möchten, sollten Sie das tun, wenn die Bowdenzüge ohnehin demontiert werden müssen.

Dual-Pivot-Bremsen

Weder die Montage noch die Bowdenzüge selbst unterscheiden sich bei Dual-Pivot-Bremsen von der hier beschriebenen Vorgehensweise für herkömmliche Seitenzugbremsen. Besonders leicht gängige, speziell beschichtete Bremsseile sind für Dual-Pivot-Bremsen zu empfehlen: so können sie ihre Vorteile voll ausspielen.

1 Ausgefranste Bremszugenden klemmen bei der Demontage leicht in der Klemmschraube. Kappen Sie das Bremsseil und entfernen Sie die Reste mit einer Zange. Der Nippel am Bremshebel lässt sich leicht herausziehen.

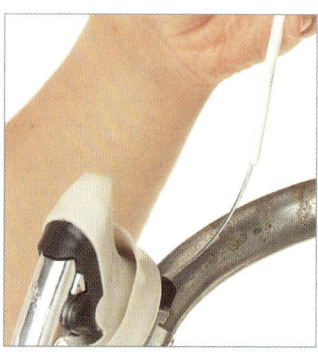

6 Sprühen Sie Öl in die Außenhülle. Schieben Sie dann die Außenhülle vorsichtig über das Bremsseil. Drehen Sie dann den Nippel am Bremsseil so, dass er in die Aussparung im Bremshebel eingehängt werden kann.

Spezialwerkzeug:
◆ Eine Bowdenzugspannza oder ein »Dritte Hand«-Werk zeug leisten wertvolle Diens sind aber nicht unbedingt notwendig.

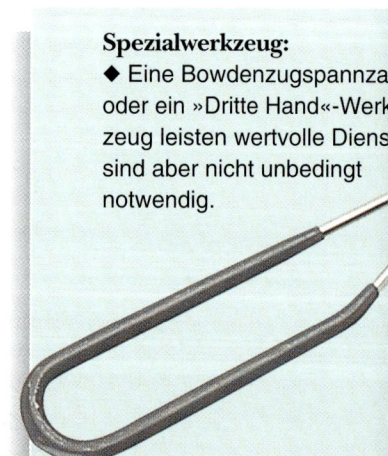

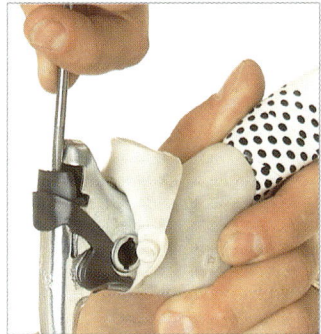

2 Um an den Nippel zu gelangen, müssen Sie bei manchen Bremshebeln das Griffgummi umstülpen und dann eine Plastikkappe entfernen. Ist der Bowdenzug unter dem Lenkerband verlegt, müssen Sie dieses abwickeln.

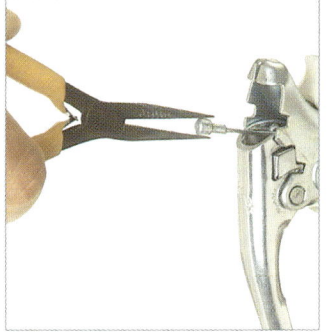

3 Schieben Sie das Bremsseil in den Bremshebel. Der Nippel kommt oben im Bremshebel frei, und Sie können das Bremsseil herausziehen. Bewegt sich der Nippel nicht, hebeln Sie ihn mit einem Schraubendreher heraus.

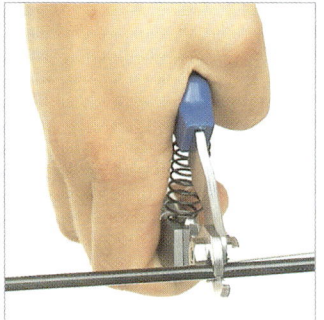

4 Ist die alte Außenhülle beschädigt, muss sie ebenfalls erneuert werden. Orientieren Sie sich bezüglich der Länge an der alten Außenhülle. Bringen Sie das Ende mit Hilfe der Bowdenzugzange wieder in eine runde Form.

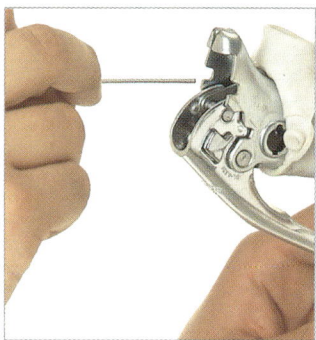

5 Bei modernen Bremshebeln verläuft das Bremsseil entlang dem Lenker. Die Außenhülle wird unter dem Lenkerband versteckt. Bei älteren Modellen führt der Bowdenzug senkrecht nach oben aus dem Bremshebel heraus.

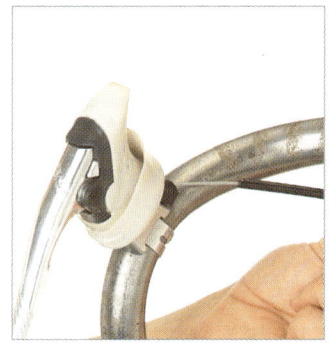

7 Schieben Sie die Außenhülle über das Bremsseil. Stellen Sie sicher, dass die Außenhülle fest an ihrem Platz im Bremshebel sitzt. Befestigen Sie die Außenhülle am Lenker und fixieren Sie sie dort mit Lenkerband.

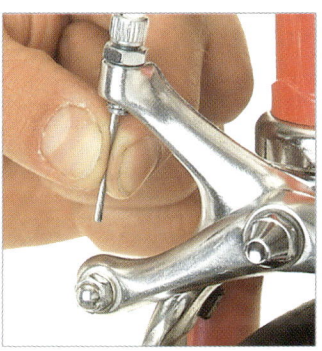

8 Halten Sie das Bremsseil gespannt, damit der Nippel im Bremshebel nicht herausspringt. Führen Sie das Bremsseil durch die Einstellschraube der Bremse und dann durch die Klemmschraube. Ziehen Sie die Klemmschraube leicht an.

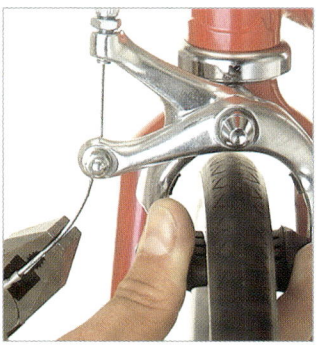

9 Drehen Sie die Einstellschraube hinein. Drücken Sie die Bremsgummis mit einer Hand an die Felge; spannen Sie das Bremsseil mit der anderen Hand. Ziehen Sie die Klemmschraube fest an, überprüfen Sie die Einstellung.

10 Bequemer können Sie das Bremsseil mit einer Bowdenzugspannzange spannen und dann die Klemmschraube anziehen. Stellen Sie am Ende den Abstand der Bremsgummis zur Felge an der Einstellschraube ein.

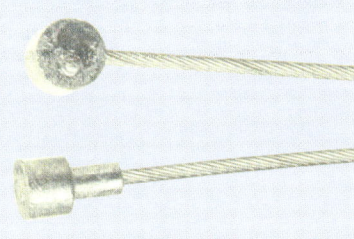

Wann diese Arbeit fällig wird:
◆ Wenn das Bremsseil ausgefranst oder schwer gängig ist.

Zeitaufwand:
◆ 20 Minuten, wenn der Bowdenzug unter dem Lenkerband verlegt ist.
◆ 15 Minuten, wenn er direkt aus dem Bremshebel nach oben führt.

Schwierigkeitsgrad: ⚒⚒⚒
◆ Problematisch ist das Spannen des Bremsseils, um die Bremsgummis an die Felge zu bringen. Eine Bowdenzugspannzange ist eine große Hilfe.

Zwei Nippel, ein Bremsseil
Bremsseile werden teilweise mit einem Nippel an jedem Ende geliefert. Die oben abgebildete Nippelform wird in Verbindung mit Mountainbikebremshebeln an geraden Lenkern verwendet. Der unten abgebildete Nippel kommt bei Rennradbremsgriffen zum Einsatz, die an Rennlenkern montiert sind. Schneiden Sie den nicht benötigten Nippel einfach mit einer Bowdenzugzange oder einem scharfen Seitenschneider ab. Achten Sie jedoch darauf, dass das Bremsseil dabei nicht ausfranst.

Scheibenbremsen

Scheibenbremsen sind noch effektiver als V-Bremsen. Seilzugbetätigte Ausführungen sind mittlerweile bereits an Einsteigerbikes zu finden. Noch effektiver sind hydraulisch betätigte Versionen (siehe auf den Seiten 122–123).

Scheibenbremsen wurden zuerst im Mountainbikesport bei Downhillrennen eingesetzt. Mittlerweile sind sie auch an vielen anderen Mountainbikes zu finden. Viele Scheibenbremsen arbeiten hydraulisch, d.h., die Handkraft wird über eine ölgefüllte Bremsleitung vom Bremshebel auf die Bremse übertragen. Verschmutzte und damit schwer gängig gewordene Bowdenzüge können die Bremsleistung nicht mehr beeinträchtigen – ein großer Vorteil für Mountainbiker. Aber auch mechanisch – über einen Bowdenzug – betätigte Scheibenbremsen sind auf dem Markt erhältlich. Scheibenbremsen können nur in Verbindung mit den dafür vorgesehenen Naben montiert werden. Außerdem müssen Rahmen und Gabel mit Halterungen für die Bremssättel ausgerüstet sein.

Scheibenbremsen sind zwar etwas schwerer als V- oder Cantilever-Bremsen, bieten dafür aber überragende Bremsleistung und sind völlig witterungsunabhängig – nasse oder verschmutzte Felgen haben ihren Schrecken verloren. Die bange Frage: greift die Bremse und wenn ja wie stark, gehört damit der Vergangenheit an.

Die großen Beläge von Scheibenbremsen schieben Nässe und Schmutz von der Bremsscheibe, außerdem werden die Beläge mit sehr hohem Druck angepresst. Damit die Bremse spontan reagiert, liegen die Beläge sehr dicht an der Scheibe an. Dieser schmale Spalt zwischen Belag und Scheibe sorgt bei manchen Scheibenbremsen für ein leichtes Laufgeräusch. Das ist normal. Außerdem müssen Sie das Laufrad beim Einbau in den Rahmen sehr sorgfältig mittig ausrichten, andernfalls streift der Belag an der Scheibe.

Aus diesem Grund muss auch die Bremsscheibe sehr exakt gefertigt sein. Sie darf keinen Seitenschlag aufweisen und muss äußerst sorgfältig behandelt werden. Eine verbogene oder auch nur leicht angeschlagene Bremsscheibe muss daher sofort ersetzt werden.

Scheibenbremsen sind nahezu wartungsfrei. Die Bremsbeläge müssen nicht, wie bei Felgenbremsen üblich, ausgerichtet werden. Sie werden einfach in die Halterung am Bremssattel gesetzt – fertig! Tauschen Sie die Bremsbeläge rechtzeitig gegen neue aus, da andernfalls die Bremsscheibe irreparabel beschädigt wird.

Wie der Abstand zwischen Bremsbelag und Bremsscheibe korrekt eingestellt wird, finden Sie in dem blauen Kasten auf der nächsten Seite beschrieben. Ansonsten sollten Sie nur die Befestigungsbolzen des Bremssattels regelmäßig mit Fett versehen.

Sobald ungewohnte Laufgeräusche auftreten oder die Bremsscheibe beschädigt ist, sollten Sie sich an Ihren Radhändler wenden.

Hydraulikbremsen

Für Downhill-Bikes werden zwischenzeitlich sogar hydraulische Vierkolben-Bremsen (Abb. oben) angeboten. Mit ihnen ist der Downhiller in der Lage, die enormen Geschwindigkeiten von teilweise über 80 km/h souverän zu kontrollieren. Aber herkömmliche Zweikolben-Bremsen (Abb. unten) sind den Anforderungen beim Cross-Country-Biking oder im Alltagsbetrieb mehr als gewachsen.

Ganz gleich um welches System es sich handelt, eine Scheibenbremse benötigt mehr Wartung als jede andere Bremse. Solange kein Leck auftritt, sollte ein Nachfüllen von Bremsflüssigkeit nicht nötig sein. Bei entsprechend hartem Einsatz muss die Bremsflüssigkeit aber einmal jährlich gewechselt werden. Wer viel auf der Straße und nur selten im Gelände unterwegs ist, wechselt die Bremsflüssigkeit alle drei bis vier Jahre.

Die Bremsbelagsstärke sollte zum ersten Mal nach etwa 500 km geprüft werden. Checken Sie die Beläge unbedingt in kurzen Abständen, wenn diese sich der Verschleißgrenze nähern. Auch wer viel unter nassen und sandigen Konditionen unterwegs ist, sollte in kurzen Intervallen die Beläge prüfen und nach jeder Tour Bremssattel und -scheibe sorgfältig reinigen.

1 Um das Laufrad auszubauen, öffnen Sie bei Scheibenbremsen einfach den Schnellspanner an der Nabe. An der Bremse selbst muss nichts verändert werden: Die Bremsscheibe kommt sofort frei. Beim Radeinbau müssen Sie die Bremsscheibe gefühlvoll zwischen die Beläge schieben.

5 Nehmen Sie den Bremsbelag aus der Halteplatte heraus. Vermeiden Sie es, den Bremsstaub einzuatmen. Reinigen Sie Halteplatte und Bremssattel vorsichtig mit einem Tuch von Belagabrieb. Überprüfen Sie die Stärke der Bremsbeläge und ersetzen Sie sie gegebenenfalls.

2 Um ein neues Bremsseil zu montieren, lösen Sie das alte an der Klemmschraube am Bremssattel mit einem Gabel- und Innensechskantschlüssel. Dies ist auch der erste Schritt, wenn Sie den Bremssattel demontieren oder wenn Sie neue Bremsbeläge montieren möchten.

3 Um die Bremsbeläge wechseln zu können, müssen Sie bei der hier beschriebenen Bremse die drei Schrauben der Halteplatte lösen und diese vom Bremssattel abnehmen. Um Spannungen zu vermeiden, lösen Sie die Schrauben reihum jeweils ein halbe Umdrehung.

4 Wenn Sie alle drei Schrauben herausgedreht haben, können Sie die Halteplatte mit dem inneren Bremsbelag vorsichtig vom Bremssattel abheben. Der Bremsbelag wird durch eine kleine Feder an seinem Platz gehalten. Hebeln Sie die Feder mit einem Schraubendreher auf.

6 Drücken Sie die neuen Bremsbeläge in Bremssattel und Halteplatte und sichern Sie sie dort durch die kleine Feder. Setzen Sie die Halteplatte wieder an die Rückseite des Bremssattels. Stellen Sie sicher, dass er korrekt sitzt und dass die Bremsbeläge nicht verrutscht sind.

7 Korrekt sitzend bildet die Halteplatte eine Einheit mit dem Bremssattel. Drehen Sie die drei Innensechskantschrauben wieder in das Gewinde ein. Ziehen Sie sie reihum jeweils ein halbe Umdrehung an, bis sie fest sitzen. So werden Spannungen im Bremssattel vermieden.

8 Der Bremssattel sitzt auf zwei Bolzen an der Federgabel. Bei der abgebildeten Bremse lässt sich der Bremssattel auf diesen Bolzen seitlich verschieben; die Bremsscheibe ist fest mit der Nabe verschraubt. Bauen Sie das Laufrad ein und justieren Sie das Spiel der Bremsbeläge.

Belagverschleiss
Montieren Sie alle 2.000–3.000 km und immer dann, wenn der Belag nur noch die vom Hersteller vorgeschriebene Mindeststärke aufweist, neue Bremsbeläge.

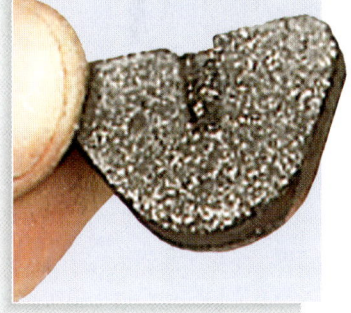

Beläge einstellen
Stellen Sie das Rad kopfüber auf Sattel und Lenker. Die Einstellschraube sitzt in dem kleinen Hebel am Bremssattel. Sie wird mit einem 2,5-mm-Innensechskantschlüssel eingestellt. Zuvor müssen Sie mit einem 8-mm-Gabelschlüssel die Kontermutter lösen. Drehen Sie das Laufrad. Drehen Sie die Einstellschraube so weit hinein, bis die Beläge an der Scheibe streifen. Drehen Sie sie dann so weit heraus, bis sich das Laufrad wieder frei dreht. Abschließend sichern Sie die Einstellung mit der Kontermutter. Halten Sie die Einstellschraube dabei mit dem Innensechskantschlüssel fest. Betätigen Sie die Bremse mehrmals und unternehmen Sie eine Probefahrt.

Wann diese Arbeit fällig wird:
◆ Alle 6 Monate, um Staub zu entfernen und den Belagverschleiß zu prüfen, oder wenn ungewöhnliche Geräusche auftreten.

Zeitaufwand:
◆ 30 Minuten für Demontage, Reinigung und Montage der Bremse.

Schwierigkeitsgrad: 🔧🔧🔧🔧
◆ Viele Kleinteile erfordern umsichtiges Arbeiten. Die Einstellung der Beläge ist recht einfach.

Hydraulische Scheiben- bremsen

Hydraulische Scheibenbremsen zählen zu den aufwändigsten Bikekomponenten. Ihre Effektivität rechtfertigt aber den höheren Wartungsaufwand.

Hydraulische Bremsen kennen keinen Reibungsverlust, wie er bei seilzugbetätigten Systemen durch verschmutzte oder abgeknickte Bowdenzüge entsteht. Hydrauliköl ist das ideale Medium der Kraftübertragung zwischen Bremshebel und Bremse. Es lässt sich nicht komprimieren, und die Bremsleitung kann problemlos auch in engsten Bögen verlegt werden.

Probleme in der Bremskraftübertragung können nur durch Lecks oder eingedrungene Luft entstehen. Lecks lassen sich am einfachsten mit einem Helfer aufspüren. Während er kräftig am Bremshebel zieht, checken Sie die Bremsleitung und alle Schraubverbindungen auf austretendes Öl. Bietet der Bremshebel keinen exakt definierten Druckpunkt mehr, befindet sich meist Luft im System. Die in der Bremsleitung eingeschlossene Luft wird beim Bremsen komprimiert, und es kommt nur noch ein kleiner Teil der am Bremshebel aufgewandten Handkraft bei den Belägen an.

Mit zunehmendem Belagsverschleiß wandert der Bremskolben immer weiter Richtung Bremsscheibe. Bei den meisten Scheibenbremsen gibt es dafür keine Nachstellmöglichkeit. Diese Aufgabe übernimmt aus dem Bremsflüssigkeitsbehälter nachrückendes Hydrauliköl. Checken Sie regelmäßig die verbliebene Stärke der Bremsbeläge. Bei weniger als 1 mm Belagsstärke besteht die Gefahr, dass die metallene Grundplatte des Bremsbelags mit der Bremsscheibe in Kontakt kommt und diese irreparabel beschädigt.

Eine der stark vom Bremsenhersteller abhängigen Methoden zur Entlüftung der Bremse finden Sie auf dieser Seite links beschrieben. Bei anderen Modellen ist eine spezielle Spritze zur Entlüftung erforderlich. Halten Sie sich daher strikt an die vom Hersteller vorgeschriebene Vorgehensweise. Dies gilt auch für den Wechsel der Bremsbeläge, der auf der rechten Seite am Beispiel einer Shimano-Bremse beschrieben wird. Allen Bremsen gemeinsam ist der unabdingbare Zwang, mit äußerster Sorgfalt und unter absolut sauberen Bedingungen zu arbeiten.

Manche Hersteller, beispielsweise Shimano, verwenden Mineralöl, während andere Bremsflüssigkeit aus dem Automobilbereich vorschreiben. Diese ist recht aggressiv und greift Lacke und Kunststoffe an. Des Weiteren ist sie extrem gefährlich, wenn sie in die Augen gerät oder geschluckt wird. Arbeiten Sie daher mit größter Vorsicht und tragen Sie eine Schutzbrille.

Nach einem Belagswechsel sollten Sie nicht gleich die gewohnte Bremswirkung erwarten. Diese stellt sich erst ein, wenn sich die Beläge wieder optimal an die Bremsscheibe angepasst haben. Meist ist dies nach etwa 50 bis 70 km der Fall.

Äußerste Vorsicht sollten Sie auch walten lassen, wenn die Laufräder ausgebaut sind. Wird in diesem Zustand versehentlich der Bremshebel betätigt, können die Bremskolben aus dem Bremssattel gedrückt werden. Dies können Sie leicht durch ein passendes Holzstück verhindern, das Sie bei demontierten Laufrädern zwischen die Bremsbeläge stecken.

Hydraulikbremsen entlüften

1 Der Bremsflüssigkeitsbehälter muss waagerecht stehen. Lösen Sie dazu die Klemmschraube der Bremsarmatur und richten Sie ihn aus. Öffnen Sie den Behälter. Füllen Sie bei Bedarf Bremsflüssigkeit nach.

2 Manchmal besitzt der Bremsflüssigkeitsbehälter einen Schraubdeckel. Hier wird er durch zwei Schrauben fixiert. Stellen Sie das Fahrrad senkrecht und suchen Sie die Entlüftungsschraube am Bremssattel.

3 Reinigen Sie die Entlüftungsschraube mit einem Tuch. Schieben Sie einen Plastikschlauch über den Nippel und führen Sie ihn in einen Behälter. Öffnen Sie die Entlüftungsschraube eine halbe Umdrehung.

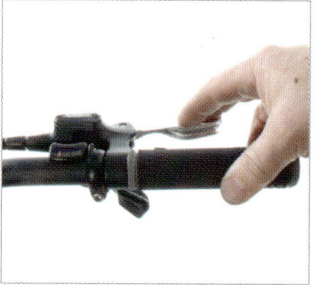

4 Ziehen Sie den Bremshebel sanft zum Lenker. Öl und Luft entweichen durch den Schlauch. Schließen Sie die Entlüftungsschraube, bevor Sie den Bremshebel loslassen. Wiederholen Sie dies so lange, bis keine Luft mehr entweicht.

Beläge wechseln

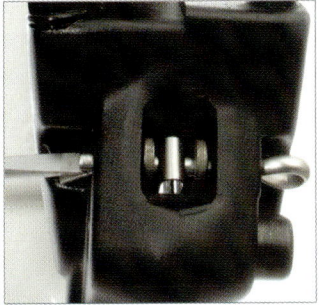

1 Durch die Aussparung an der Rückseite des Bremssattels können Sie die Belagsstärke einer Sichtprüfung unterziehen. Wirklich genau aber lässt sich diese nur durch den Ausbau der Beläge bestimmen.

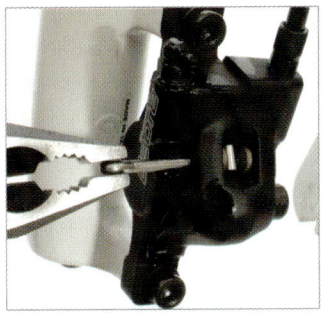

2 Bauen Sie das Vorderrad aus. Suchen Sie das Ende des Sicherungssplints. Biegen Sie es gerade und ziehen Sie ihn heraus. Es hilft, den Splint mit der Zange erst ein paar Mal zu drehen.

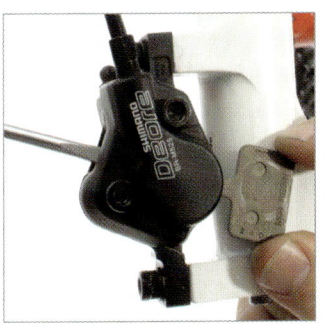

3 Die Bremsbeläge sollten sich jetzt leicht aus dem Bremssattel ziehen lassen. Andernfalls können Sie sie vorsichtig mit einem schmalen Schraubendreher durch die Aussparung an der Rückseite herausschieben. Atmen Sie den Bremsstaub nicht ein!

4 Entfernen Sie beide Bremsbeläge und falls vorhanden, die Halteklammer. Diese lässt sich meist mit dem zweiten Belag entfernen. Prüfen Sie den Bremssattel auf Undichtigkeiten und reinigen Sie ihn innen mit einem sauberen Tuch.

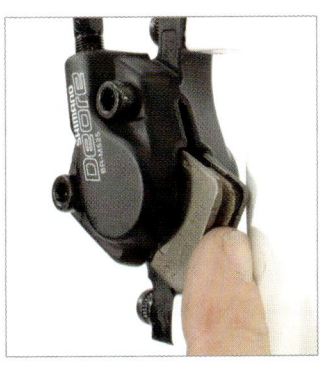

5 Um die alten Beläge erneut zu montieren, legen Sie diese (falls vorhanden mit der Halteklammer) übereinander und schieben Sie beide zusammen in den Bremssattel. Prüfen Sie deren korrekten Sitz durch die hintere Aussparung.

6 Die Bremskolben wandern mit zunehmendem Belagsverschleiß nach innen. Vor der Montage neuer Beläge müssen Sie dafür Platz schaffen. Hebeln Sie die Bremskolben mit einem Schraubendreher vorsichtig in ihre Ausgangsstellung zurück.

7 Die Bohrung im Bremssattel muss sich mit der in den Belägen exakt decken. Gegebenenfalls richten Sie die Teile mit einem kleinen Schraubendreher aus, bevor Sie einen neuen Sicherungssplint einsetzen und sein Ende umbiegen.

Beläge und Scheiben auf Verschleiß prüfen

Ein Bremsbelag besteht aus einer Grundplatte aus Metall und dem 3 bis 4 mm starken Belagsmaterial. Der Belagsabrieb ist gering, erhöht sich aber unter schlammigen Konditionen enorm. Ist das Belagsmaterial verschlissen, kommt das Metall der Grundplatte mit der Bremsscheibe in Berührung und zerstört diese innerhalb weniger Kilometer.

Die Oberfläche der Bremsscheibe muss völlig glatt sein. Bereits kleinste Beschädigungen lassen die Bremse ruckeln. Aus Sicherheitsgründen sollten Sie die Montage einer neuen Bremsscheibe einer professionellen Radwerkstatt überlassen.

Wann Beläge erneuert werden müssen:

◆ Wenn die Stärke des Belagsmaterials 1 mm oder weniger beträgt.
◆ Wenn die Beläge durch Öl oder Schmutz verunreinigt wurden.

Zeitaufwand:

◆ 30 Minuten für die Montage neuer Beläge. Für das Entlüften (falls nötig) weitere 20 Minuten.

Schwierigkeitsgrad: ✓✓✓✓
Abhängig vom Hersteller.

Bremsgummis erneuern

Überprüfen Sie die Bremsgummis regelmäßig auf Verschleiß und richten Sie sie sorgfältig auf die Felge aus. Falsch eingestellte Bremsgummis können den Reifen beschädigen oder in die Speichen geraten. Denken Sie daran: Bei den Bremsen geht es um Ihre Sicherheit!

Bevor Sie neue Bremsgummis montieren, sollten Sie zuerst einen Blick auf die Felge werfen: Ist die Felgenflanke verschlissen? Leichte Riefen in der Felgenflanke sind normal. Deutliche Verschleißspuren aber dürfen Sie nicht ignorieren. Eine durchgebremste Felge kann ohne Vorankündigung zusammenbrechen und sollte unverzüglich ausgetauscht werden. Sie sollten die Felgenflanken regelmäßig reinigen. Verwenden Sie dazu Spiritus und entfernen Sie hartnäckige Verschmutzungen mit feiner Stahlwolle. Dadurch finden die neuen Bremsgummis beste Bedingungen vor; die Bremswirkung wird deutlich verbessert. Stellen Sie auch sicher, dass Sie die zu Ihrer Felge passenden Beläge montieren.

Bremsgummis werden fast immer zusammen mit dem Befestigungsbolzen bzw. Befestigungsgewinde in einem Stück gefertigt. Lesen Sie die Montageanleitung, um festzustellen, wie die Bremsgummis montiert und auf die Felge ausgerichtet werden müssen. Bei den meisten Bremsen ist es sinnvoll, die Bremsgummis so einzustellen, dass diese die Felge – in Drehrichtung betrachtet – zuerst vorne berühren (»Toe In«). Hinten sollte der Abstand dann etwa 1 mm betragen. Dadurch werden quietschende Bremsen vermieden. Auch auf eine evtl. einzuhaltende Montagerichtung müssen Sie unbedingt achten. Meist ist diese in Form eines Pfeils auf den Bremsgummis angegeben. Diese Pfeile müssen in Felgendrehrichtung zeigen.

Bei neueren Bremsgummis werden nur die Beläge selbst ausgetauscht. Der Befestigungsbolzen samt Grundplatte braucht nicht demontiert zu werden. Es reicht aus, die Kreuzschlitzschraube am Bremsbelag zu lösen, diesen herauszuziehen und durch einen neuen zu ersetzen. Das geschlossene Ende der Grundplatte muss immer in Felgendrehrichtung zeigen.

Die Vorgehensweise beim Wechsel der Bremsgummis ist bei modernen Dual-Pivot-Bremsen ebenso wie bei den meisten Mittelzugbremsen identisch mit der Vorgehensweise bei normalen Seitenzugbremsen. Nur ältere Mafac-Mittelzugbremsen haben einen Zweiweg-Klemmmechanismus ähnlich dem an Cantilever-Bremsen. Wenn Sie bei einer Mittelzugbremse ein neues Bremsseil montieren, halten Sie sich an die für Cantilever-Bremsen mit Querkabel geltenden Regeln.

Cantilever-Bremsen

1 Drehen Sie die Einstellschraube am Bremshebel hinein und hängen Sie das Quer- bzw. Verbindungskabel aus. Lösen Sie die Klemmung des Bremsgummis. Halten Sie es auf der Gegenseite mit einem Innensechskantschlüssel.

Wann diese Arbeit fällig wird:
◆ Wenn die Bremsgummis bis zur »Wear-Line«-Markierung abgenutzt sind.

Zeitaufwand:
◆ 20 Minuten, einschließlich Ausrichten der Bremsgummis und Einstellen der Bremsseilspannung.

Schwierigkeitsgrad: ✶✶✶
◆ Vor allem an Seitenzugbremsen nicht sehr schwer.

Einlaufzeit

Neue Bremsgummis benötigen eine gewisse Einlaufzeit. Erwarten Sie nicht sofort nach der Montage die volle Bremsleistung. Die glatte Oberfläche der neuen Beläge muss sich erst an die Oberfläche der Felgenflanke anpassen. Nach etwa 20 bis 30 Kilometern sollte dieser Vorgang abgeschlossen sein. Sie können ihn beschleunigen, indem Sie bergab viel bremsen.

V-Bremsen

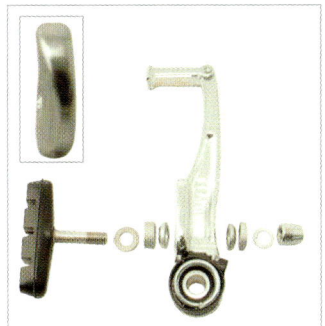

Seitenzugbremsen

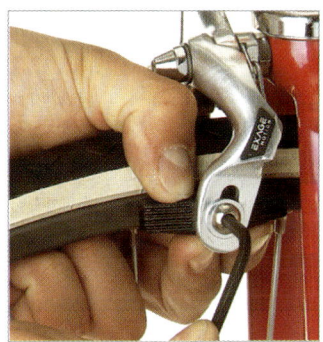

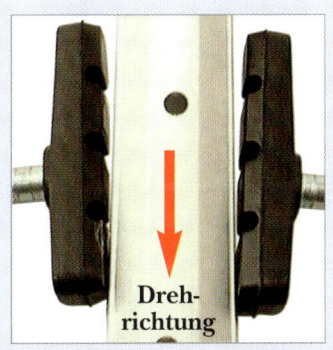

2 Ziehen Sie den Belag mitsamt dem Befestigungsbolzen aus der Halterung. Prägen Sie sich die Einbaulage der einzelnen Teile genau ein. Prüfen Sie den Belag auf Verschleiß, eingebettete Fremdkörper und ob er flächig auf der Felgenflanke lag.

1 Die Demontage der Bremsbeläge von V-Bremsen ist meist identisch mit der bei Cantilever-Bremsen. Achten Sie auch hier auf die Einbaulage der Kleinteile. Die Bremsbeläge werden mit der links oben abgebildeten Scheibe schräg eingestellt (Toe In).

1 Drehen Sie die Einstellschraube hinein und öffnen Sie den Schnellspanner. Lösen Sie die Befestigungsschrauben der Bremsgummis. Entfernen Sie anschließend beide Bremsgummis von den Bremsarmen.

2 Aufgedruckte Pfeile müssen in Felgendrehrichtung zeigen. Verschrauben Sie die Bremsgummis an den Bremsarmen und ziehen Sie sie an. Die Bremsbeläge sollten auf beiden Seiten 2 mm Abstand zur Felge haben.

Bremsgummis einstellen

Wenn Bremsgummis parallel zur Felge ausgerichtet sind oder diese gar mit dem hinteren Ende zuerst berühren, ist die Wahrscheinlichkeit groß, dass die Bremse quietscht und ruckt. Bei Cantilever-Bremsen und V-Bremsen können Sie die Bremsgummis entsprechend schräg einstellen. Tricks für Seitenzugbremsen finden Sie auf Seite 117.

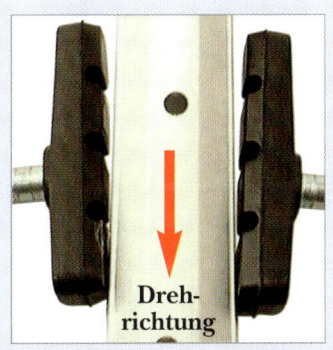

Dreh-richtung

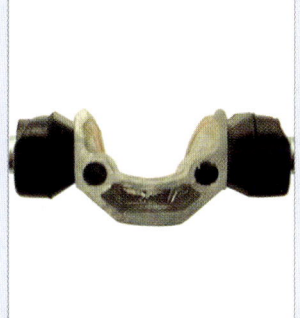

1 Stellen Sie sicher, dass die Bremsbeläge in der vorgeschriebenen Drehrichtung zur Felge montiert sind. Ziehen Sie die Klemmschraube leicht an. Stellen Sie den Belag so ein, dass er die Felge vorn berührt und hinten noch 1 mm Abstand hat.

2 Überprüfen Sie, ob die Oberkante des Belags 1 mm von der Oberkante der Felge entfernt ist. Andernfalls besteht die Gefahr, dass er den Reifen beschädigt. Unten sollte der Belag ebenfalls nicht über die Felge hinausragen.

3 Stellen Sie sicher, dass die Bremsbeläge rechtwinklig auf die Felgenflanke treffen. Nur so liegt beim Bremsen die volle Belagsfläche an. Andernfalls den Belag im Bremsarm nach oben oder unten verschieben.

Bremsgummis

Bei den meisten Cantilever- und V-Bremsen wird der Bremsbelag mit dem Montagebolzen vergossen. So lassen sich die Bremsgummis bequem in der Klemmschraube positionieren und exakt auf die Felge ausrichten oder mit zunehmendem Verschleiß in Richtung Felge verschieben.
Im Belagsmaterial sind meist auch ein Verschleiß-indikator und ein Pfeil, der die Laufrichtung angibt, eingegossen.

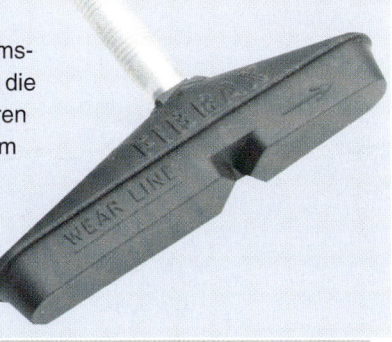

Bremshebel

Wenn die Bremshebel am Lenker optimal ausgerichtet sind, erreichen Sie ein Maximum an Bremswirkung, ohne dass Sie Ihre Griffposition am Lenker verändern müssen oder die Kontrolle über die Lenkung verlieren.

Bremshebel für Mountainbikes sind alle recht ähnlich aufgebaut und lassen sich leicht durch Lösen der Lenker-Klemmschraube individuell an Ihre Bedürfnisse anpassen. Bei kombinierten Schalt-/Bremshebeln ist der Verstellbereich allerdings etwas eingeschränkt.

Hochwertige Mountainbikebremshebel unterscheiden sich von Billigversionen oft nur durch die besseren Materialien und durch eine kleine Schraube, mit der Sie den Abstand des Bremshebels zum Lenker einstellen können. Dadurch lässt sich der Bremshebel individuell an die Länge Ihrer Finger anpassen. Bei Frauen, aber auch bei Männern mit sehr kurzen Fingern reicht dieser Verstellbereich oft nicht aus. Dann sollten sie ihr Rad mit speziellen »Short-reach-Bremshebeln« ausrüsten.

Auch an Alltagsrädern finden sich häufig Mountainbikebremshebel, ganz gleich, ob Seitenzug- oder Cantilever-Bremsen montiert sind. Oft ist der Betätigungsweg dieser Bremshebel für Seitenzugbremsen aber etwas kurz. Achten Sie dann auf eine perfekte Einstellung Ihrer Bremsen.

Die an Rennrädern montierten Bremshebel sind ebenfalls alle fast identisch aufgebaut. Einzige Ausnahme: kombinierte Schalt-/Bremshebel wie STI oder Ergopower. Bei diesen Hebeln befindet sich die Klemmschraube nicht im Innern des Hebels, sondern an der Seite. Diese wird erst sichtbar, wenn Sie die Gummihülle zurückklappen (siehe auch Seiten 64–65).

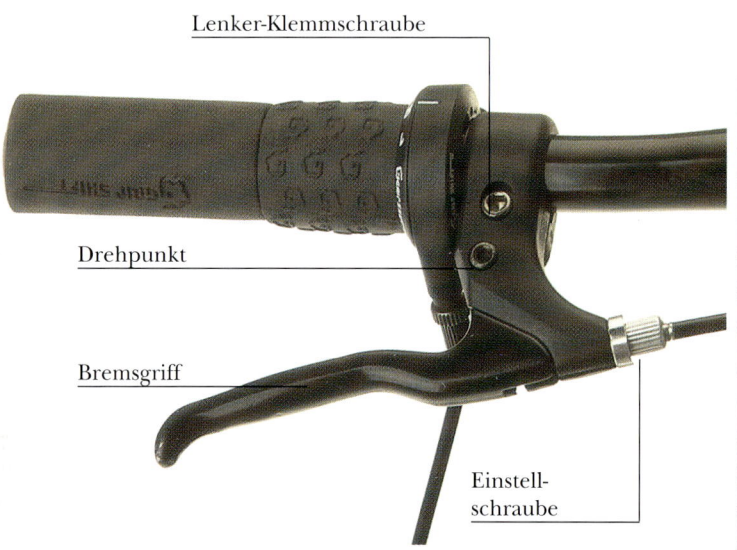

Lenker-Klemmschraube

Drehpunkt

Bremsgriff

Einstell-schraube

V-Bremsen
V-Bremsen erfordern spezielle Bremshebel. Werden V-Bremsen mit Cantilever-Bremshebeln kombiniert, reagieren diese extrem bissig und lassen sich nur schlecht dosieren. Bremshebel für V-Bremsen besitzen oft die Möglichkeit, das Über-

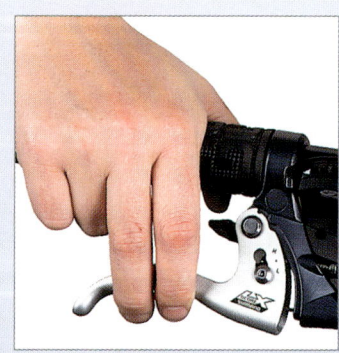

setzungsverhältnis zu verändern. Dazu muss ein Bolzen von L nach H verschoben werden. Verändern Sie die Originaleinstellung möglichst nicht und beachten Sie unbedingt die Hinweise des Herstellers!

Rennräder

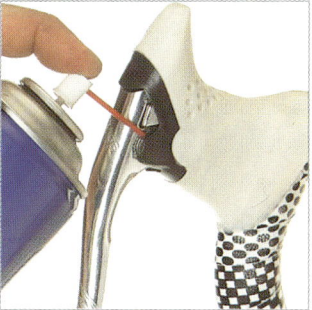

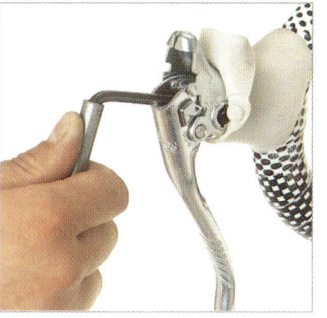

1 Um Reibungsverluste gering zu halten, sollten Sie den Drehpunkt regelmäßig mit Sprühöl schmieren. Sprühen Sie auch den Nippel des Bremsseils ein. Betätigen Sie den Hebel mehrmals, damit sich das Sprühöl gut verteilt.

2 Soll die Position des Bremshebels auf dem Lenker verändert werden, müssen Sie zuerst den Bowdenzug demontieren. Klappen Sie dann das Griffgummi um. Lösen Sie die Befestigungsschraube im Inneren des Hebels.

3 Um den Bremshebel zu demontieren, ohne das Lenkerband abzuwickeln, müssen Sie die Befestigungsschraube ganz herausdrehen. Bei kombinierten Schalt-/Bremshebeln sitzt die Befestigungsschraube an der Seite.

Kombinierte Brems-/Schalthebel an MTBs
Um Schalt- und Bremshebel zu trennen, muss die Ganganzeige entfernt werden. Drehen Sie die Zugeinstellschrauben heraus. Lösen Sie die kleine Schraube der Ganganzeige. Darunter sehen Sie eine Innensechskantschraube: Sie verbindet Schalt- und Bremshebel. Zur Montage schalten Sie in den schnellsten Gang und bringen die Anzeigenadel mit dem senkrechten Strich zur Deckung.

Mountainbikes und Trekkingräder

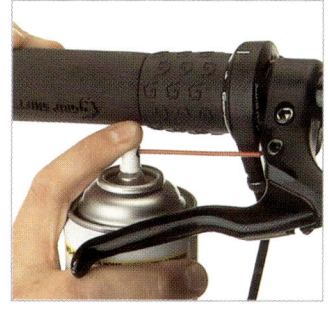

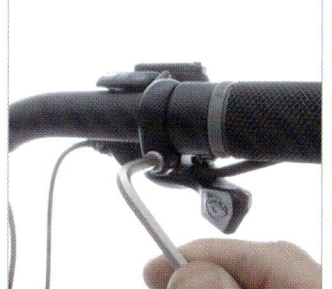

1 Schmieren Sie die Drehpunkte an Mountainbikebremsgriffen regelmäßig. Ziehen Sie dann den Bremshebel und sprühen Sie auch den Bremsnippel und das Bremsseil ein. Öl auf der Einstellschraube hält diese rostfrei.

2 Um den Bremshebel auf dem Lenker zu verdrehen, lösen Sie die Lenkerklemmschraube an der Unterseite. Eventuell müssen Sie den Schalthebel betätigen, um an die Klemmschraube zu gelangen.

3 Oft finden Sie neben der Einstellschraube noch eine kleine Schraube. Mit ihr wird der Abstand Bremsgriff – Lenker verändert. Stellen Sie den Abstand so ein, dass Sie den Hebel mit den Fingern leicht erreichen.

4 Bei modernen Bremsen – vor allem bei V-Bremsen – genügen bereits zwei Finger für eine Vollbremsung. Das erste Fingerglied sollte um die Rundung des Bremshebels greifen. Vorsicht: V-Bremsen verzögern extrem stark!

Wann diese Arbeit fällig wird:
◆ Wenn sich die Bremsen nur noch schwer betätigen lassen.
◆ Wenn die Bremshebel so auf dem Lenker positioniert sind, dass Sie sie nur schlecht erreichen.
◆ Wenn Sie einen neuen Lenker montieren.
Zeitaufwand:
◆ 2 Minuten, um den Bremshebel und die Bowdenzüge zu schmieren.
◆ 5 Minuten, um lockere Bremshebel wieder fest anzuziehen

◆ 15 Minuten, um beide Bremshebel zu demontieren.
Schwierigkeitsgrad: 🔧🔧🔧
Bei Rennbremshebeln ist es nicht ganz einfach, an die Befestigungsschraube im Innern zu kommen, beziehungsweise diese wieder mit der Montageschelle zu verschrauben.

Spezialwerkzeug:
◆ Extra langer Innensechskantschlüssel bzw. Werkstattausführung mit T-Griff für Arbeiten an Rennbremsgriffen.

7
Laufräder & Reifen

Laufräder wirken auf den ersten Blick recht zerbrechlich. Das Gegenteil aber ist der Fall. Moderne Laufräder sind extrem leicht und dennoch stabil. Optimal gewartet, kompensieren sie so ziemlich alles, was holprige Feldwege und mit hohen Bordsteinen gespickte Innenstädte an Gefahren zu bieten haben.

Laufräder pflegen und warten

Wenn Sie die im Folgenden beschriebenen Routine-arbeiten regelmäßig durchführen, werden Sie nur sehr selten einen platten Reifen oder ein verbogenes Laufrad zu beklagen haben.

Ganz gleich, ob Sie auf dicken Mountainbike-reifen oder superschlanken Rennradpneus unterwegs sind – alle Laufräder bedürfen derselben Pflege und Wartung. Vor allem die Bremsflanken müssen regelmäßig auf Verschleiß überprüft werden (siehe Seite 106).

Laufen die Radlager rau, sollten Sie sie unverzüglich zerlegen, reinigen und neu abschmieren. So vermeiden Sie irreparable Schäden an den Lagern. Neuere Naben sind häufig mit effektiven Dichtungen versehen, die die Radlager vor eindringender Feuchtigkeit schützen.

Regelmäßige Wartungsarbeiten beschränken sich bei gut abgedichteten Naben auf die Behandlung mit ein paar Tropfen Öl. Teilweise finden Sie dafür eine spezielle Ölbohrung. Gibt es keine Ölbohrung, träufeln Sie das Öl einfach zwischen Staubschutzkappe und Kontermutter. Ein Teil des Öls wird den Weg zu den Lagern finden. Reinigen Sie die Nabe vorher, damit das Öl keinen Schmutz ins Lager schwemmt.

Ein Plattfuß ist ein Ärgernis. Meist aber kommen Plattfüße vor, weil der Reifen nicht genügend aufgepumpt oder verschlissen ist. Mitunter werden auch scharfkantige Steinchen nicht rechtzeitig aus dem Profil entfernt. Die meisten Plattfüße lassen sich also mit geringem aber regelmäßigem Wartungsaufwand vermeiden.

Innovative Laufradtechnologie

Die enorm strapazierten Speichen reißen fast immer an ihrer schwächsten Stelle: dem nabenseitigen Bogen. Außerdem schwächen die 32 oder 36 Speichenlöcher auch die Felge. Innovative Laufradkonzepte beseitigen diese Schwächen. Shimanos Konzept (Abb. rechts) kommt mit wenigen, paarweise angeordneten Speichen aus. Diese führen gerade in die Nabe und vermeiden so den heiklen Speichenbogen. Die Zentrierung erfolgt, wenn überhaupt jemals notwendig, wie bei herkömmlichen Laufrädern.

Wann diese Arbeit fällig wird:
◆ Nach jeder längeren Querfeldeinfahrt.
◆ Bei Straßenrädern alle paar Monate.

Zeitaufwand:
◆ 5 Minuten im Rahmen einer Generalinspektion.

Schwierigkeitsgrad: 🔧
◆ Arbeiten Sie an den Reifen mit größter Sorgfalt.

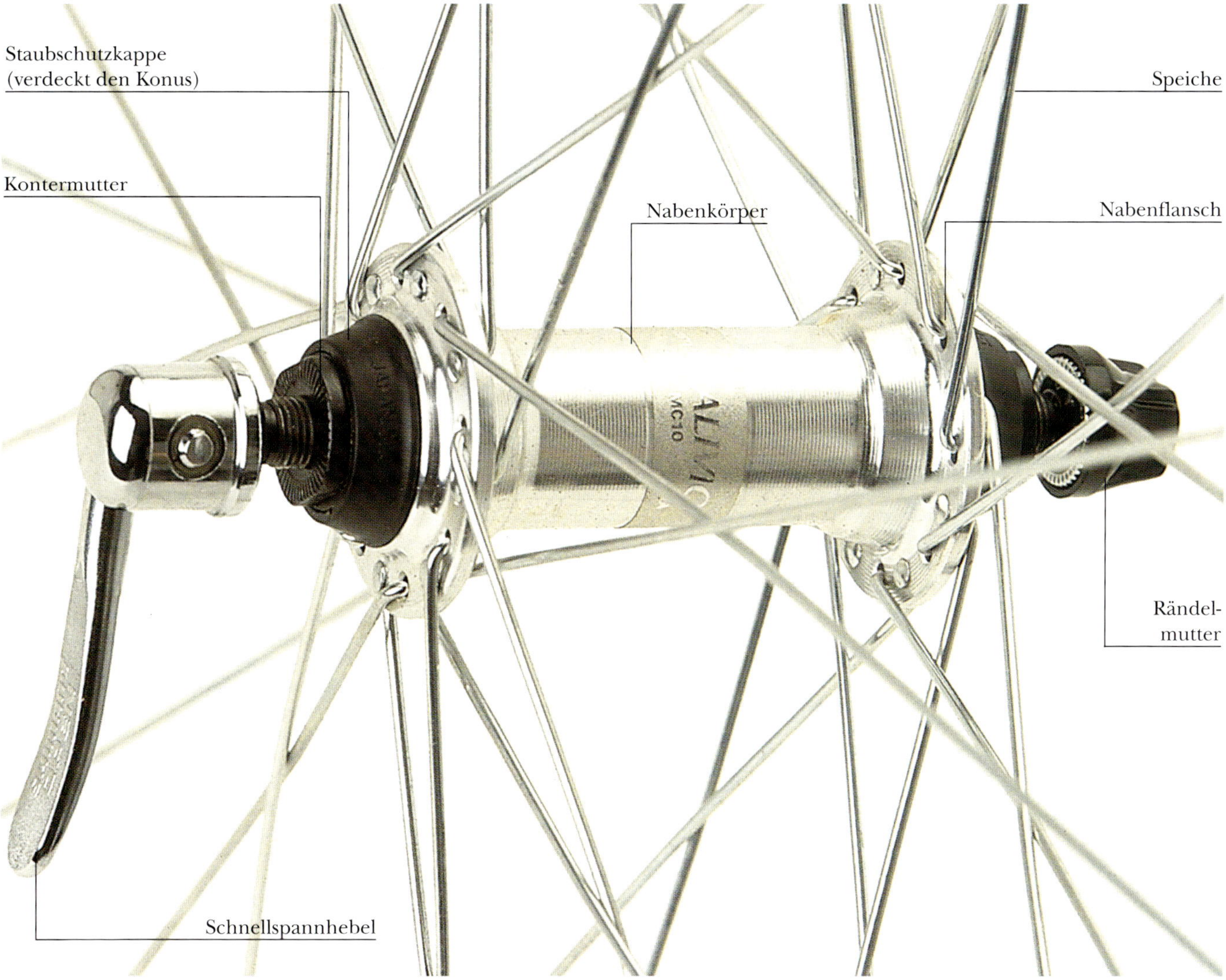

Staubschutzkappe
(verdeckt den Konus)

Speiche

Kontermutter

Nabenkörper

Nabenflansch

Rändel-
mutter

Schnellspannhebel

1 Beim Laufradcheck prüfen Sie zuerst die Speichenspannung. Die Speichen müssen gleichmäßig gespannt sein und dürfen sich nur wenige Millimeter zusammendrücken lassen. Drehen Sie das Rad und suchen Sie Seitenschläge – größere Zentrierarbeiten aber sind ein Fall für Profis.

2 Heben Sie das Vorderrad an und prüfen Sie, ob es sich seitlich hin- und herbewegen lässt. Wenn ja, haben die Radlager Spiel und müssen neu eingestellt werden. Drehen Sie das Laufrad. Laufen die Lager rau oder geräuschvoll, müssen sie zerlegt und neu geschmiert werden.

3 Selbst wenn die Radlager weich und ohne Spiel laufen, sollten sie ein paar Tropfen Öl erhalten. Sind keine Schmieröffnungen vorhanden, sollten Sie Kontermutter und Staubschutzkappe reinigen und etwas Öl dazwischen geben. Durch Drehung findet das Öl seinen Weg zum Lager.

4 Untersuchen Sie die Reifen auf Schnitte und Risse in Lauffläche und Flanken. Versetzen Sie das Laufrad in Drehung und überprüfen Sie, ob der Reifen sauber und ohne größere Seiten- oder Höhenschläge auf der Felge sitzt. Erneuern Sie schadhafte Reifen unverzüglich.

Laufräder ausbauen

Laufräder ausbauen hört sich leicht an, aber eigentlich brauchen Sie drei Hände.

Vor dem Laufradausbau müssen Sie den Schnellspanner an der Bremse öffnen bzw. bei Cantilever- und V-Bremsen das Bremsseil aushängen, damit der Reifen nicht an den Bremsgummis hängen bleibt. Legen Sie dann die Kette auf das kleinste Ritzel.

Schnellspanner an den Naben erleichtern den Radausbau sehr. Spannen Sie diese beim Einbau der Laufräder sorgfältig fest, damit sie sich nicht lösen. Hinterlässt der Schnellspannhebel nach dem Umklappen einen Abdruck in Ihrer Handfläche, so sitzt er fest genug. Neuere Räder verfügen über Sicherheitsnasen an den Ausfallenden der Gabel. Dadurch wird verhindert, dass das Vorderrad herausfällt, sollte sich der Schnellspanner einmal lösen. Zum Radausbau wird die Rändelmutter einfach ein paar Umdrehungen gelöst.

Auch Radmuttern müssen fest sitzen, sie sollten aber mit Gefühl angezogen werden. Das größte Problem beim Wiedereinbau des Hinterrades besteht darin, es mittig zwischen den Kettenstreben zu positionieren und diese Einstellung durch das Anziehen der Radmuttern nicht wieder zu verändern. Ziehen Sie beide Radmuttern erst einmal leicht an und prüfen Sie, ob das Hinterrad gerade steht. Ist dies der Fall, können Sie sie fest anziehen.

Besondere Sorgfalt ist bei Scheibenbremsen geboten. Bei Hydraulikbremsen dürfen Sie auf keinen Fall den Bremshebel betätigen, da bei ausgebautem Laufrad die Gefahr besteht, die Bremskolben aus dem Bremssattel zu drücken.

Wann diese Arbeit fällig wird:
◆ Bei einem platten Reifen.
◆ Wenn die Radlager gewartet werden müssen.
◆ Wenn das Hinterrad schräg im Rahmen sitzt.

Zeitaufwand:
◆ 10 Sekunden, um das Vorderrad aus- bzw. einzubauen.
◆ 20 Sekunden, um das Hinterrad auszubauen.
◆ 30 Sekunden, um das Hinterrad einzubauen.

Schwierigkeitsgrad: 𝄢𝄢𝄢
◆ Es erfordert etwas Übung, die Kette beim Hinterradeinbau wieder auf die Ritzel zu heben.
◆ Das Anziehen der Radmuttern am Hinterrad erfordert ebenfalls Fingerspitzengefühl, wenn sich das Hinterrad dabei nicht schräg stellen soll.

Sicherheitssysteme am Hinterrad

Manche Vorderradgabeln sind mit einem Sicherheitssystem ausgestattet, das verhindert, dass sich das Vorderrad bei geöffnetem Schnellspanner selbstständig macht. Dazu ist eine kleine Nase an den Ausfallenden angegossen. Zum Radausbau muss die Rändelmutter des Schnellspanners ein paar Umdrehungen aufgedreht werden. In Verbindung mit Radmuttern finden Sie oft Unterlegscheiben, die mit einem Haken in einer Aussparung der Ausfallenden sitzen.

Bei Fahrrädern ohne Gangschaltung bzw. mit Nabenschaltung verhindern gezahnte Unterlegscheiben (A) oder konisch geformte Scheiben (B), dass sich das Hinterrad durch den Kettenzug in den waagerechten Ausfallenden schräg stellt.

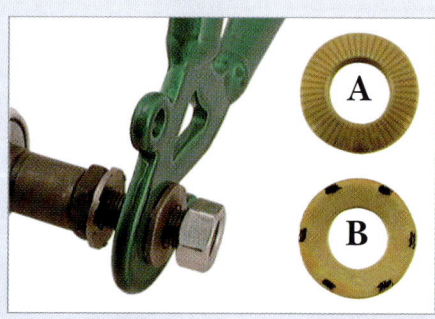

Laufräder mit Radmuttern

1 Legen Sie die Kette auf das kleinste Ritzel. Lösen Sie beide Radmuttern drei oder vier Umdrehungen. Gute Radmuttern verfügen über integrierte, geriffelte Unterlegscheiben, die das Hinterrad unverrückbar in den Ausfallenden fixieren. Rüsten Sie Ihr Rad um, sollte es mit einfachen Radmuttern ausgestattet sein.

Laufräder mit Schnellspanner

2 Ziehen Sie das Schaltwerk nach hinten, damit der Schaltkäfig die Ritzel frei gibt. Jetzt können Sie das Hinterrad nach vorne schieben. Lässt sich das Rad nur schwer verschieben, klopfen Sie von hinten kräftig auf den Reifen.

3 Mit dem Hinterrad sackt auch die Kette nach unten. Bringen Sie das Schaltwerk wieder in seine Ausgangsstellung. Heben Sie die Kette vom Ritzel und ziehen Sie das Hinterrad mit der anderen Hand nach vorne, bis es frei kommt.

1 Aus Sicherheitsgründen sind die Ausfallenden an neueren Bikes mit Sicherheitsnasen ausgestattet. Bei älteren Modellen fällt das Laufrad nach Umklappen des Schnellspanners aus der Gabel.

2 Klappen Sie den Schnellspannhebel um und lösen Sie dann die Rändelmutter auf der gegenüberliegenden Seite. Wenige Umdrehungen sollten genügen, um das Laufrad an den Sicherheitsnasen vorbei aus der Gabel herauszuziehen.

4 Um das Hinterrad wieder einzubauen, müssen Sie das Schaltwerk nach hinten ziehen und den oberen Teil der Kette auf das kleinste Ritzel legen. Drücken Sie das Hinterrad zuerst nach oben und dann nach hinten in die Ausfallenden.

5 Richten Sie das Hinterrad mittig im Rahmen aus und ziehen Sie die Radmuttern leicht an. Überprüfen Sie das Hinterrad nochmals auf exakten, mittigen Sitz in den Ausfallenden. Ziehen Sie die Radmuttern fest an.

3 Manche Gabeln müssen zum Radeinbau etwas aufgespreizt werden, damit die Achse zwischen die Ausfallenden findet. Drehen Sie dann die Rändelmutter fest, bis Sie am geöffneten Schnellspannhebel einen leichten Widerstand spüren.

4 Der Schnellspannhebel sollte sich auf der ersten Hälfte des Weges relativ leicht schließen. Haben Sie die Rändelmutter richtig angezogen, steigt der erforderliche Kraftaufwand in der zweiten Hälfte deutlich an und erhöht sich gegen Ende stark.

Scheibenbremsen

Beim Laufradeinbau müssen Sie die Bremsscheibe mit viel Fingerspitzengefühl zwischen die Bremsbeläge im Bremssattel schieben. Ist dies nicht möglich, ist meist der Spalt zu schmal. Drücken Sie in diesem Fall die Bremsbeläge mit einem passenden Schraubendreher vorsichtig auseinander.

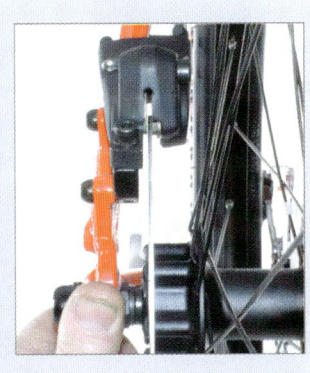

Reifen und Schläuche

Egal ob Sie einen Plattfuß beheben oder eine gebrochene Speiche austauschen möchten – Sie müssen zuerst den Schlauch demontieren.

Felgenband
aus Kunststoff

Plattfüße sind nicht grundsätzlich eine Strafe für nachlässige Radfahrer. Sollte die Panne aber nicht von einem Schlagloch oder einem spitzen Gegenstand verursacht worden sein, ist die Wahrscheinlichkeit groß, dass Sie Ihre Reifen vernachlässigt haben.

Ist beispielsweise zu wenig Luft im Reifen, walkt dieser unnötig stark. Die Flanken eines Reifens sind seine schwächste Stelle. Auch ein Stein oder Glassplitter dringt leicht in einen schlecht aufgepumpten Reifen ein. Niedriger Luftdruck lässt den Reifen an jedem Schlagloch und jeder Bordsteinkante bis auf die Felge durchschlagen. Dabei wird der Schlauch gequetscht und er verliert Luft.

Abgefahrene Reifen sind ebenfalls pannenanfällig. Nicht nur die Lauffläche eines Reifens verschleißt, auch die Reifenflanken werden durch die UV-Strahlung der Sonne mürbe und brüchig. Steht Ihr Rad längere Zeit im Keller, sollten Sie darauf achten, dass es nicht mit platten Reifen auf den Felgen steht. Hängen Sie es am besten an die Wand. Wenn Sie die Reifen etwa alle zwei bis drei Jahre erneuern, reduzieren Sie die Wahrscheinlichkeit einer Panne drastisch.

Mit Kevlar verstärkte Reifen sind doppelt so teuer wie herkömmliche Reifen, dafür aber auch wesentlich pannensicherer. Diese Reifen verfügen über ein Band aus Kevlarfasern unter der Lauffläche, das nur von extrem scharfkantigen Gegenständen durchdrungen werden kann.

Ist der Schlauch an der Innenseite durchlöchert, ist häufig das Felgenband beschädigt; oft ist es auch nicht vorhanden, und das Ende einer Speiche hat ein Loch in den Schlauch gestochen. Überprüfen Sie das Felgenband bei jedem Reifenwechsel und erneuern Sie es, wenn es brüchig ist. Auch undichte Ventile können einen platten Reifen verursachen. Tauchen Sie das Ventil unter Wasser oder tupfen Sie etwas Speichel darauf. Luftblasen zeigen ein undichtes Ventil an.

Felgenband
aus Gewebe

Schlauch ausbauen

1 Sklaverand- und Blitzventile sind mit einer Rändelmutter an der Felge fixiert. Lösen Sie diese. Drücken Sie dann den Reifen an der dem Ventil gegenüberliegenden Seite in die Felgenmitte und setzen Sie einen Reifenheber in den Spalt.

2 Fixieren Sie den Reifen-heber, indem Sie sein Ende an einer Speiche einhaken. Drücken Sie den Reifen eine Handbreite weiter in die Felgenmitte, und hebeln Sie ihn dort mit dem zweiten Reifenheber von der Felge.

3 Wiederholen Sie diesen Vorgang mit dem dritten Reifenheber. Der Reifen sollte sich jetzt leicht von der Felge hebeln lassen. Verwenden Sie nur Reifenheber aus Kunststoff. Reifenheber aus Metall verlet-zen leicht den Schlauch.

4 Drücken Sie den Reifen mit beiden Daumen rund-herum in die Felgenmitte. Ziehen Sie den Reifenheber einmal rund um die Felge. Der Reifen sollte sich jetzt leicht über den Felgenrand hebeln lassen.

5 Wenn Sie einen »Speed-lever«-Montierhebel ver-wenden, drücken Sie den Reifen zuerst mit den Daumen rundum in die Felgenmitte. Hebeln Sie dann den Reifen über die Felge, hängen Sie das Ende des »Speedlever« an der Radachse ein und drehen Sie ihn einmal rundherum.

6 Eine Seite des Reifens ist jetzt vollständig über die Felge gehebelt. Ziehen Sie den Schlauch gefühlvoll heraus. Vorsicht: Der Schlauch klebt häufig am Reifen fest. Um das Ventil aus dem Felgenloch ziehen zu können, müssen Sie den Reifen möglichst weit über die Felge ziehen.

Ventile und Pumpen

Bei älteren Rädern stoßen Sie auf die als Dunlopventile bekannten Standardventile (Abb. unten). Bei diesen sitzt ein Gummischlauch auf einem Metallröhrchen mit seitlich angebrachten Löchern. Beim Pumpen dehnt sich der Gummischlauch und lässt die Luft passieren. Ist solch ein Ventil undicht, ist oft der Gummischlauch herunter-gerutscht. Schraderventile (Autoventile) oder Sclaverandventile halten die Luft deutlich besser.

SCHRADER Ventil   **SKLAVERAND** Ventil

Lochsuche

Häufig ist das Loch im Reifen leicht zu finden. Pumpen Sie den Reifen auf und horchen Sie, wo es zischt. Sehr kleine Löcher dagegen sind oft nur schwer zu finden. Nehmen Sie den Schlauch heraus und halten Sie ihn unter Wasser. Aufsteigende Luftblasen zeigen das Loch zuverlässig an. Markieren Sie das Loch mit Kreide – um die beschädigte Stelle nicht wieder aus den Augen zu verlieren – und entfernen Sie das Corpus Delicti aus dem Reifen.

Pannenvorsorge

Flüssiges Pannenschutzmittel wird über das Ventil in den Reifen gefüllt. Durch die Drehung der Laufräder verteilt es sich gleichmäßig und verschließt Einstiche bis 2 mm zuverlässig: Die entweichende Luft drückt das Pannenschutz-mittel in den Einstich, wo es dann aushärtet. Eine andere, aber deutlich schwerere Möglichkeit des Pannenschutzes stellen zwischen Reifen und Schlauch gelegte Schutzbänder aus zähem Kunststoff dar.

Pannen beheben

Verwenden Sie möglichst Flicken, die zum Rand hin dünner werden. Diese verbinden sich gut mit dem Schlauch und ergeben zuverlässige Flickstellen.

Suchen Sie die Innenseite des demontierten Reifens nach eingedrungenen Fremdkörpern ab. Werden diese nicht entfernt, stechen sie schnell wieder ein Loch in den Schlauch. Untersuchen Sie auch Reifenwulst und Reifenflanke auf Schnitte oder Risse.

Die meisten Radfahrer nehmen auf längeren Touren oder Querfeldeinfahrten einen Ersatzschlauch oder sogar einen Faltreifen mit. Bei faltbaren Reifen erhält der Reifenwulst seine Form nicht durch Stahldrähte, sondern durch äußerst flexible Kevlarfasern. Ein solcher Reifen lässt sich problemlos im Flaschenhalter oder unter dem Sattel verstauen. Manche Radfahrer haben Probleme, ein Sklaverandventil aufzupumpen. Lösen Sie die kleine Rändelmutter an dem in der Ventilmitte sitzenden Stift. Wenn Sie dann die Pumpe senkrecht aufs Ventil setzen und sie mit einer Hand dort fixieren, sollten Sie keine Probleme bekommen.

Schlauch flicken

  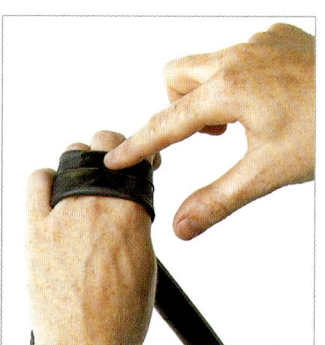 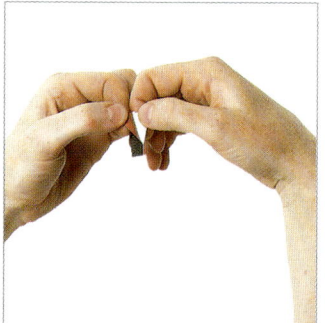

1 Selbst ein größeres Loch ist nach der Demontage des Schlauchs nur schwer wieder aufzufinden. Markieren Sie daher die schadhafte Stelle im Schlauch vor der Demontage mit einem Stück Kreide.

2 Rauen Sie den Schlauch rund ums Loch mit Sandpapier auf. Die Fläche sollte etwas größer als der Flicken sein. Sie finden Sandpapier, Flicken und Gummilösung in üblichen Reparatursets.

3 Ist die beschädigte Stelle durch das Sandpapier sauber und griffig, streichen Sie sie dünn und gleichmäßig mit Gummilösung ein. Die eingestrichene Fläche muss größer sein als der Flicken.

4 Lassen Sie die Gummilösung trocknen, bis sie bei Berührung mit der Fingerspitze keine Fäden mehr zieht. Ziehen Sie dann die Folie an der Flickenrückseite ab und pressen Sie diesen auf den Schlauch.

Reifen- und Schlauchmontage

3 Der Schlauch muss gleichmäßig rundherum tief im Felgenbett sitzen. Drücken Sie dann, am Ventil beginnend, den Reifenwulst mit beiden Daumen über den Felgenrand.

1 Drehen Sie das Laufrad mit dem Ventilloch nach oben. Heben Sie anschließend die Reifenflanke, und stecken Sie das Ventil ins Ventilloch. Das Ventil muss genau senkrecht zur Felge stehen.

2 Schieben Sie den Schlauch – ohne ihn zu verdrehen – rundherum zwischen Reifen und Felge. Es ist empfehlenswert, den Schlauch vor der Montage leicht aufzupumpen.

Reifenwahl

Risse, Schnitte und nicht zuletzt die UV-Strahlung der Sonne schwächen einen Reifen immer mehr – die Pannenanfälligkeit wächst enorm. Sie sollten die Montage neuer Reifen daher nicht auf die lange Bank schieben. Aber die Auswahl ist riesig.

Reifen mit Kevlarfasern rollen sehr gut, sind leicht, aber dafür recht teuer. Grobstollige Mountainbikereifen sollten nur im Gelände eingesetzt werden – im Straßeneinsatz erhöhen sie den Rollwiderstand unnötig. Semislicks verfügen über ein leichtes Profil und rollen auf Asphalt hervorragend – hochwertige Ausführungen lassen sich zudem mit hohem Luftdruck fahren. Einen guten Kompromiss stellen Cross-Country-Reifen dar. Sie greifen auch auf Feld- und Waldwegen noch ganz passabel und machen auch auf der Straße eine gute Figur.

OBEN: Semislick für Straßeneinsatz mit leichtem Profil für Mountainbikes.
MITTE: Grobstolliger Mountainbikereifen für Schlamm und unbefestigte Wege.
UNTEN: Cross-Country-Reifen für den gemischten Einsatz auf Straße und Waldwegen.

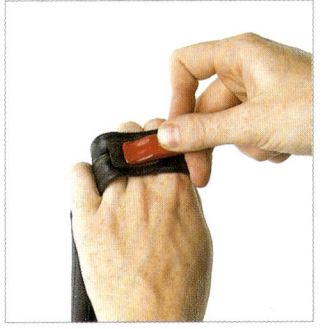

5 Setzen Sie den Flicken mittig auf das Loch und drücken Sie ihn fest mit dem geraden Ende eines Reifenhebers an. Achten Sie darauf, dass keine Luftblasen zwischen Schlauch und Flicken bleiben.

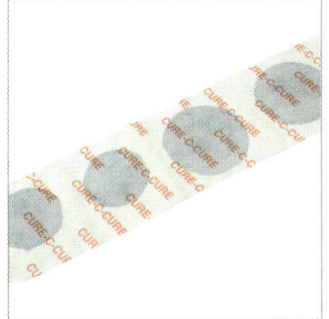

6 Optimal haften Flicken, die zum Rand hin dünner werden. Warten Sie hier ebenfalls, bis die Gummilösung trocken ist. Ziehen Sie dann einen Flicken von der Folie ab und setzen ihn mittig auf das Loch.

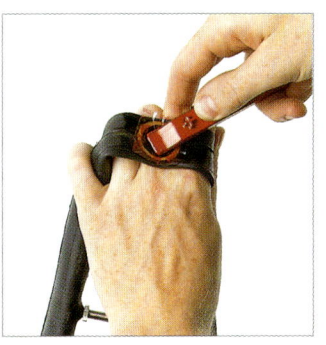

7 Drücken Sie ihn mit dem glatten Ende eines Reifenhebers fest an den Schlauch. Nach 20 Sekunden können Sie den Flicken in der Mitte knicken. Dadurch platzt die transparente Kunststofffolie auf.

8 Ziehen Sie die Folie ab. Selbstklebende Flicken haften deutlich schlechter und sollten nur als Notreparatur verstanden werden. Sie verrutschen allzu leicht und lassen die Luft wieder entweichen.

4 Setzen Sie den Vorgang fort und drücken Sie den Reifenwulst von Hand über den Felgenrand. Pressen Sie den gegenüberliegenden Reifenwulst mit den Fingern tief ins Felgenbett. Benutzen Sie die Reifenheber nur für die letzten Zentimeter. Achten Sie darauf, den Schlauch nicht zwischen Felge und Hebel einzuklemmen.

5 Überprüfen Sie den korrekten Sitz des Reifens auf der Felge und pumpen Sie dann den Schlauch auf. Kontrollieren Sie, ob das Ventil gerade steht, und versetzen Sie das Laufrad in Drehung. Bei evtl. vorhandenen Höhen- oder Seitenschlägen des Reifens muss dieser neu montiert werden.

Naben zerlegen

Um einen leichten Lauf und eine lange Lebensdauer zu gewährleisten, sollten Sie die Lager in regelmäßigen Abständen zerlegen, reinigen und neu schmieren.

Naben sollten regelmäßig gewartet werden. Mountainbiker sollten dies alle paar Monate tun. Bei Rennradfahrern können die Wartungsintervalle bei ein oder gar zwei Jahren liegen.

Fast alle neueren Naben sind mit einer Staubschutzkappe gegen das Eindringen von Staub und Feuchtigkeit geschützt. Ein Wundermittel aber stellen diese Dichtungen nicht dar. Deshalb sollten Sie bei der Radwäsche den Wasserschlauch nie direkt auf die Lager richten.

Manche Dichtungen sitzen unabhängig vom Nabenkörper auf der Radachse und umschließen dort den Konus samt Kontermutter. Oft aber sitzt die Dichtung im Nabenkörper, und der Konus dreht sich in der Dichtung. In diesem Fall müssen Sie die Dichtung bei der Lagerdemontage vorsichtig herausheben, damit sie nicht beschädigt wird.

Die Vorgehensweise zum Zerlegen einer Nabe wird auf dieser Doppelseite am Beispiel einer Vorderradnabe aufgezeigt. Für Hinterradnaben, die mehr oder weniger gleich aufgebaut sind, gelten dieselben Regeln.

1 Drehen Sie die Rändelmutter von der Achse des Schnellspanners; ziehen Sie ihn aus der Radachse. Die konischen Federn zwischen Schnellspanner und Ausfallende dürfen nicht verloren gehen.

2 Bei Mountainbikes finden Sie oft aufgesteckte, leicht herausziehbare Staubschutzkappen. Zwischen Konus und Nabenkörper sitzende Dichtungen sind aber weiter verbreitet.

5 Sind Kontermutter und Konus auf einer Seite der Nabe demontiert, können Sie die Radachse aus der Nabe herausziehen. Damit keine Kugeln verloren gehen, sollten Sie ein Tuch unter die Nabe legen.

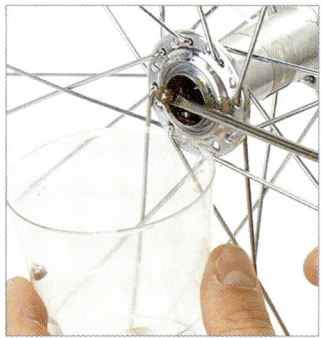

6 Einige Lagerkugeln werden in der Nabe im Fett hängen bleiben. Entfernen Sie alle Kugeln mit der Klinge eines Schraubendrehers aus dem Nabenkörper. Entfernen Sie auch die Fettreste.

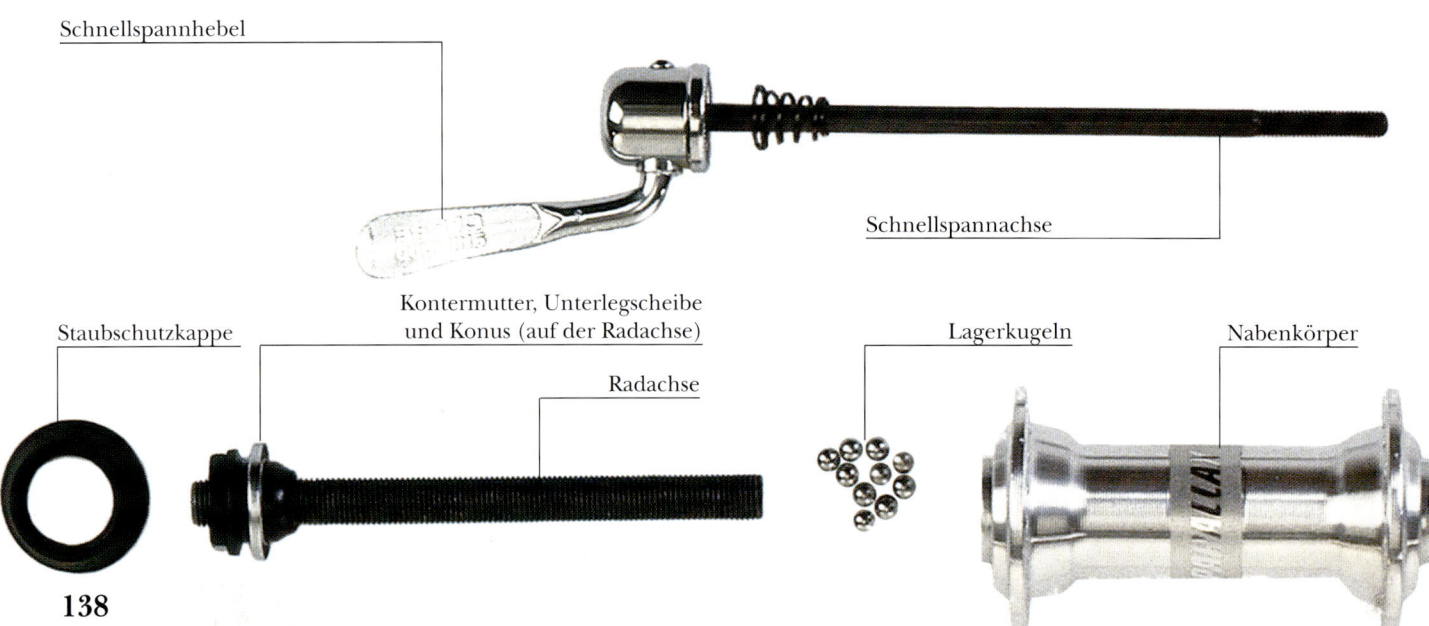

Schnellspannhebel

Schnellspannachse

Staubschutzkappe

Kontermutter, Unterlegscheibe und Konus (auf der Radachse)

Radachse

Lagerkugeln

Nabenkörper

3 Halten Sie den Konus mit einem Konusschlüssel fest, während Sie mit einem Gabelschlüssel die Kontermutter lösen. Bei Hinterradnaben müssen Sie die Kontermutter gegenüber dem Ritzelpaket lösen.

4 Drehen Sie die Kontermutter von der Radachse. Eventuell die darunter liegende Unterlegscheibe mit einem Schraubendreher heraushebeln. Schrauben Sie dann den Konus von der Radachse.

Lagerfett

Herkömmliches Schmierfett, wie es in nahezu jeder Garage steht, sollten Sie für Ihre Radnaben nicht verwenden. Es hat drei Nachteile. Erstens ist es zu dick; es erhöht den Fahrwiderstand unnötig. Zweitens ist es nicht wasserfest und drittens wird es mit der Zeit immer zäher. Verwenden Sie deshalb nur spezielles Lagerfett für Fahrräder. Dieses ist geschmeidig, wasserbeständig und verändert seine Konsistenz auch nach längerem Einsatz nicht. Dieses Fett eignet sich auch für die Schmierung der Pedallager und des Steuerkopflagers.

Konus
Kontermutter
Unterlegscheibe

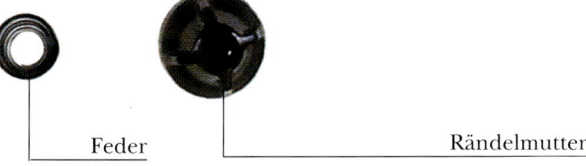

Feder
Rändelmutter

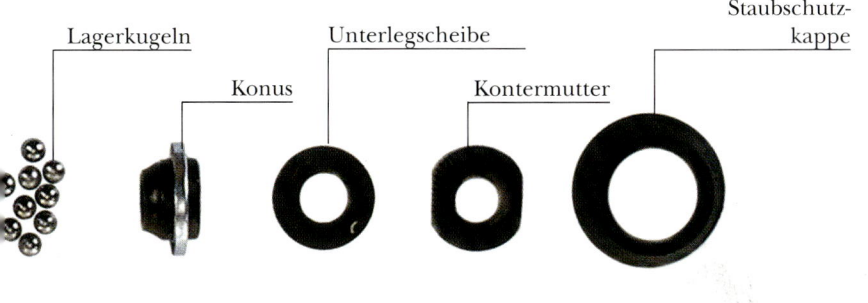

Lagerkugeln
Konus
Unterlegscheibe
Kontermutter
Staubschutzkappe

Naben warten

Auf dieser Doppelseite erfahren Sie alles, was Sie wissen müssen, um Ihre Naben mit neuem Fett zu versorgen und sie perfekt einzustellen.

Wenn Sie die Nabe in ihre Einzelteile zerlegt haben, müssen Sie zunächst die Konen auf Verschleißspuren überprüfen. Im Zweifelsfall sollten Sie neue Konen einbauen. Checken Sie auch, ob die Radachse verbogen ist. Dazu rollen Sie die Achse am besten mit der flachen Hand über eine Tischplatte. Ist sie verbogen, muss sie ausgetauscht werden. Da die Konen bei allen Naben fast dieselbe Form und dasselbe Gewinde haben, können Sie notfalls auch Ersatzteile eines anderen Herstellers verwenden.

Um die Nabe richtig einzustellen, müssen Sie den Konus so anziehen, dass sich die Achse samtweich dreht, dabei aber keinerlei axiales Spiel aufweist. Selbst Profis finden die optimale Einstellung nur selten auf Anhieb. Durch das Anziehen der Kontermutter wird oft der Konus noch etwas mit angezogen, und das Lager läuft zu stramm. Ohne eine fest angezogene Kontermutter aber würde sich der Konus innerhalb kürzester Zeit auf der Achse lösen. Halten Sie den Konus mit einem Konusschlüssel fest, während Sie die Kontermutter anziehen, und stellen Sie das Lager vorab lieber etwas zu locker als zu stramm ein.

Wenn Sie meinen, das Lagerspiel korrekt eingestellt zu haben, bauen Sie das Laufrad in den Rahmen ein und checken Sie, ob sich die Felge zur Seite hin bewegen lässt. Durch die Entfernung zum Lager wird selbst leichtes Lagerspiel an der Felge deutlich sichtbar. Minimales seitliches Spiel an der Felge ist also normal. Nach etwa 100 gefahrenen Kilometern sollten Sie die Einstellung noch einmal überprüfen und gegebenenfalls korrigieren.

Bei Naben für Scheibenbremsen befindet sich der Flansch für die Bremsscheibe integriert in der linken Seite des Nabenkörpers.

Beschädigte Konen
Ist das Lager zerlegt, müssen Sie die Konen auf Verschleiß überprüfen. Links oben sehen Sie einen hochwertigen, nagelneuen Konus. Der mittig abgebildete Konus ist stark beschädigt und sollte nicht wieder montiert werden. Der rechte Konus weist geringfügige Laufspuren auf, die schnell zunehmen werden. Sollten Sie keinen Ersatz zur Hand haben, kann er aber noch einmal montiert werden.

1 Haben Sie das alte Fett aus der Nabe entfernt, versehen Sie die Lagerlaufflächen mit neuem, wasserbeständigem Fett. Halten Sie die Bohrung in der Nabenmitte frei von Fett, da dieses spätestens bei der Montage der Achse stört.

4 Wenn Sie alte Konen verwenden, drehen Sie den zweiten Konus auf die Achse. Ziehen Sie ihn so an, dass noch minimales Lagerspiel vorhanden ist. Drehen Sie das Laufrad – es sollte jetzt leicht und ohne Geräusche laufen.

5 Neue Konen müssen so montiert werden, dass die Achse auf beiden Seiten gleich weit übersteht. Legen Sie die Unterlegscheiben auf beiden Seiten auf die Konen, und drehen Sie die Kontermuttern mit zwei Fingern dagegen.

2 Drücken Sie die Lager-kugeln ins Fett und stellen Sie sicher, dass jede Nabenseite mit der korrekten Anzahl an Kugeln versehen wird. Das sollte mit einer Kugelschreiber-kappe oder der Klinge eines Schraubendrehers geschehen.

3 Geben Sie etwas Fett auf die Lagerkugeln. Sind die alten Konen in Ordnung, muss der auf der Achse verschraubte Konus nicht demontiert wer-den. Sie sollten die Achse rei-nigen, bevor Sie sie wieder in den Nabenkörper einführen.

Wann diese Arbeit fällig wird:
◆ Wenn die Radlager rau laufen oder deutlich Spiel aufweisen.
◆ Im Rahmen einer Generalüberholung.

Zeitaufwand:
◆ 40 Minuten, inklusive Demontage und Reinigung.

Schwierigkeitsgrad: 🔧🔧🔧🔧
◆ Kein allzu großes Problem, vorausgesetzt Sie haben zwei passende Konusschlüssel. Das exakte Einstellen des Lager-spiels erfordert viel Fingerspitzengefühl und häufig auch mehrere Versuche.

Spezialwerkzeug:
◆ Sie benötigen unbedingt zwei Konusschlüssel. Dabei handelt es sich um besonders flache Gabelschlüssel, die zwischen Konus und Konterring passen. Vorsicht: Durch das relativ dünne Material lassen sich Konusschlüssel leicht ver-biegen.

6 Werden die alten Konen verwendet, ist die Achse nach wie vor mittig ausgerich-tet. Bei neuen Konen müssen Sie prüfen, ob die Achse exakt mittig in der Nabe sitzt, und sie dann auf einer Seite fest gegen die Kontermutter drehen.

7 Drehen Sie den Konus auf der gegenüberliegenden Seite so weit hinein bzw. he-raus, bis nur noch minimales Lagerspiel vorhanden ist. Durch Anziehen der Konter-mutter wird dieses minimale Lagerspiel oft ausgeglichen.

Laufräder zentrieren und Speichen ersetzen

**Ein Laufrad zu zentrieren erfordert viel Fingerspitzengefühl und noch mehr Routine.
Übung macht auch hier den Meister.**

Ist ein Laufrad stark beschädigt, können Sie bei Ihrem Radhändler ein neues kaufen. Wenn Sie sich dabei für ein handgespeichtes Laufrad entscheiden, können Sie Felge, Speichen und Nabe exakt auf Ihre Bedürfnisse abstimmen.

Die Speichen werden durch Speichennippel mit der Felge verspannt. Da der Vierkant am Speichennippel sehr klein und empfindlich ist, sollten Sie nur einen exakt passenden Speichenspanner verwenden. Andernfalls ist der Vierkant im Nu rund gedreht.

Gelegentlich frisst sich ein Speichennippel auf dem Speichengewinde fest. Wenn reichlich Sprühöl, über Nacht eingewirkt, nicht weiterhilft, muss das Laufrad neu aufgebaut werden.

Immer wenn Sie die Speichen nachspannen, wandert das Speichenende in der Felge ein kleines Stückchen in Richtung Schlauch weiter. Sie sollten deshalb vor Zentrierarbeiten den Reifen samt Schlauch demontieren und über den Nippel ragende Speichenenden abfeilen.

Wird eine abgebrochene Speiche ersetzt, müssen Sie diese genauso verlegen wie die anderen Speichen. Achten Sie darauf, von welcher Seite die Speiche in die Nabe eingehängt werden muss. Das Zentrieren eines Laufrads ist eigentlich eine Sache für den routinierten Profi. Bearbeiten Sie jeden Schlag für sich und verändern Sie die Speichenspannung nur langsam. Eine halbe Umdrehung des Speichenspanners ist mehr als genug. Danach sollten Sie erneut den Rundlauf überprüfen. Wenn Ihre Felge – von oben betrachtet – einen Schlag nach rechts hat, müssen Sie die zum rechten Nabenflansch führenden Speichen lockern und die Gegenseite anziehen (bzw. umgekehrt).

Speichen ersetzen

1 Speichen brechen fast immer an der Biegung am Nabenflansch. Eine gebrochene Speiche lässt sich leicht entfernen, außer an der Hinterradnabe auf der Zahnkranzseite. Hier werden Sie nicht umhinkommen, das Ritzelpaket zu demontieren.

2 Führen Sie die neue Speiche durch das Loch im Nabenflansch und stellen Sie sicher, dass der Speichenkopf satt in der Bohrung sitzt. Orientieren Sie sich beim Speichenverlauf exakt an der übernächsten Speiche.

Leicht unrundes Laufrad zentrieren

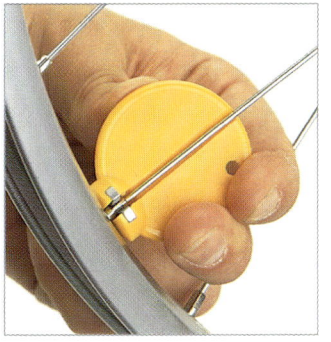

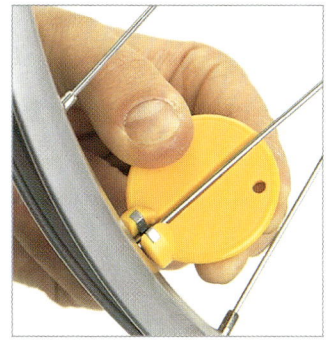

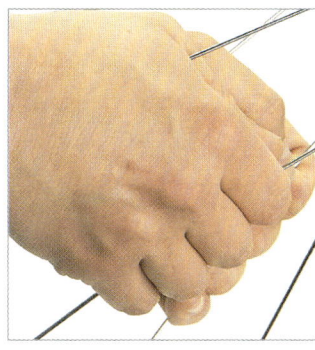

1 Abgesehen von einer Notreparatur unterwegs sollten Sie vor Zentrierarbeiten Reifen und Schlauch demontieren. Drehen Sie das Laufrad im Rahmen, und peilen Sie an einem Fixpunkt (z.B. Bremsgummi) entlang auf die Felge.

2 Weicht die Felge zur linken Seite aus, müssen die zum linken Nabenflansch führenden Speichen gelöst und die zum rechten laufenden gespannt werden. Starten Sie, wo der Seitenschlag beginnt, und arbeiten Sie sich bis zur Mitte vor.

3 Spannen bzw. lösen Sie die betroffenen Speichen jedes Mal maximal eine halbe Umdrehung und überprüfen Sie die Auswirkung auf den Rundlauf, indem Sie es wieder in Drehung versetzen und daran entlangpeilen.

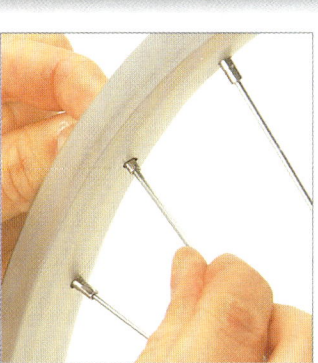

Der Zentrierständer

Eine lockere Speiche nachzuspannen oder einen leichten Seitenschlag selbst zu zentrieren macht keine Probleme. Achten Sie aber darauf, dass alle Speichen gleich stark gespannt sind. Wenn Sie eine Hand voll Speichen gespannt bzw. gelöst haben, ist die Speichenspannung oft sehr unregelmäßig, das Laufrad wird unnötig geschwächt. Am besten ist es, ein Laufrad vom Profi zentrieren zu lassen. Er verfügt über einen speziellen Zentrierständer und ist in der Lage, allen Speichen nach dem Zentrieren die gleiche Spannung zu geben.

Wann diese Arbeit fällig wird:
◆ Wenn das Laufrad »eiert« oder als Notreparatur unterwegs.

Zeitaufwand:
◆ 20 Minuten, um einen Seitenschlag zu zentrieren.
◆ 30 Minuten, um Reifen und Schlauch zu demontieren und eine Speiche zu ersetzen.

Schwierigkeitsgrad:
◆ Sehr anspruchsvoll, da die Speichen gefühlvoll nachgespannt bzw. gelöst werden müssen. Überprüfen Sie immer die Auswirkungen Ihrer Arbeit auf den Rundlauf der Felge.

Spezialwerkzeug:
Speichenspanner. Die am weitesten verbreiteten Nippelgrößen sind 14, 15 und 16. Verwenden Sie nie Dreifach-Universal-Speichenspanner.

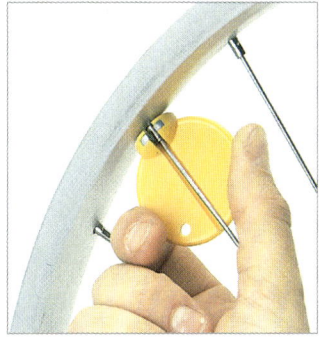

3 Entfernen Sie das Felgenband. Drehen Sie den Speichennippel von der Speiche. Setzen Sie den Speichennippel wieder in die Felge, und drehen Sie ihn auf die neue Speiche. Der Speichenkopf muss satt im Nabenflansch sitzen.

4 Ziehen Sie den Speichennippel von Hand fest an. Checken Sie die neue Speiche auf korrekten Verlauf in Bezug auf die anderen Speichen. Überprüfen Sie dann, ob der Speichennippel sauber in seinem Loch in der Felge sitzt.

5 Spannen Sie die neue Speiche mit einem Speichenspanner. Orientieren Sie sich bezüglich der Speichenspannung an den anderen Speichen des Laufrads. Überprüfen Sie, ob das Laufrad rund läuft; zentrieren Sie es bei Bedarf.

8

Lenker & Sattel

Wenn Sie Rad fahren, lastet Ihr Gewicht fast vollständig auf Lenker und Sattel. Die Füße werden kaum belastet. Bei einer bequemen und entspannten Sitzposition verteilt sich Ihr Gewicht optimal auf Lenker und Sattel.

Pflege und Wartung

Lenker, Vorbau und Sattel werden extrem belastet. Kontrollieren Sie sie deshalb regelmäßig auf Rissbildung und fest angezogene Klemmschrauben.

An Bauteilen aus Stahl ist Rost leicht zu entdecken. Zudem sind Stahlteile am Fahrrad so üppig dimensioniert, dass kaum Sicherheitsprobleme auftreten. Aluminium korrodiert ebenfalls. Dies ist aber wesentlich schwieriger festzustellen, da die weißen Oxidflecken sich kaum von der silbern glänzenden Oberfläche unterscheiden. Meist korrodiert Aluminium nur an der Oberfläche. Probleme tauchen in der Praxis dort auf, wo Aluminium mit Stahl in Berührung kommt, wie bei der Sattelstütze und dem Vorbau. Wenn dabei noch Feuchtigkeit mit ins Spiel kommt, entsteht elektrochemische Korrosion: Das Aluminium frisst sich im Stahl fest. Um dies zu verhindern, sollten Sie alle Teile gut fetten. Kontrollieren Sie Sattelstütze, Lenker und Vorbau regelmäßig auf Korrosion und tauschen Sie angegriffene Teile unverzüglich aus.

Auch geschweißte Bauteile können brechen. Rahmen und Vorbauten sind enormen Belastungen ausgesetzt. Seit Aluminium aber nach dem TIG-Verfahren unter Schutzgas verschweißt wird, sind diese Verbindungen sehr zuverlässig. Dennoch sollten Rahmen und Vorbauten aus Aluminium, die älter als drei Jahre alt sind, regelmäßig auf Risse überprüft werden.

Auch ein bequem aussehender Sattel kann unbequem sein. Zwischenzeitlich aber verfügen viele Sättel über ein Gel-Polster, das den Sitzkomfort deutlich erhöht. Bei Billigversionen aber kann das Polster verrutschen und Probleme bereiten. Viele Sättel weisen zudem Aussparungen auf, die druckempfindliche Bereiche schützen. Sind die Kanten nicht perfekt abgerundet, können aber neue Druckstellen entstehen. Andere Sättel (Abb. unten rechts) verfügen über Belüftungskanäle, die einen Hitzestau verhindern helfen.

1 Bei Sattelstützen treten drei Probleme auf. 1. Korrosion zwischen Rahmenrohr und Sattelstütze. 2. Die Klemmung am Sitzrohr kann in die Sattelstütze einschneiden. 3. Bruch der Sattelstütze, weil sie nicht weit genug im Sitzrohr steckt.

2 Checken Sie die Klemmung der Sattelstütze regelmäßig auf festen Sitz. Die Klemmschraube darf weder zu locker (dann rutscht die Sattelstütze durch) noch zu stramm angezogen sein (dann kann der Rahmen beschädigt werden).

3 Lenker brechen bei Überlastung direkt am Vorbau (Pfeil unten). Ein Lenker mit Versteifungsbügel entlastet diese Schwachstelle deutlich. Stellen Sie sicher, dass alle Klemmschrauben fest angezogen sind.

4 Bei Aheadset-Vorbauten müssen die seitlichen Klemmschrauben regelmäßig auf festen Sitz geprüft werden. Bei Doppelbrückengabeln müssen ebenfalls alle Klemmschrauben regelmäßig gecheckt werden.

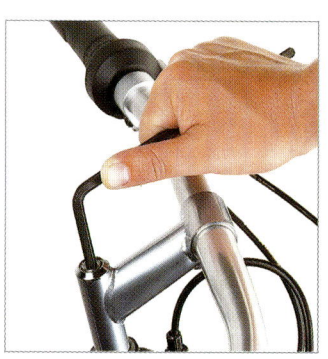

5 Klassische Vorbauten werden mit einer Innensechskantschraube in der Gabel fixiert. Sie muss fest angezogen sein, damit sich der Vorbau nicht verdreht. Alle Vorbauten sollten gerade ausgerichtet sein.

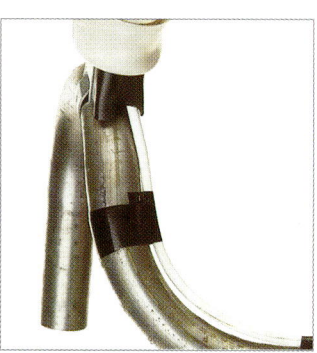

6 Lenker werden aus dünnem Präzisionsrohr gefertigt. Schneidet die Befestigungsschelle des Bremshebels ins Metall ein, kann dies ein Ausgangspunkt für Risse werden. Daher regelmäßig überprüfen!

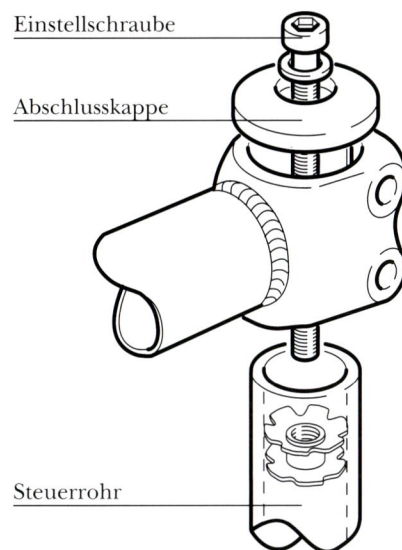

Einstellschraube

Abschlusskappe

Steuerrohr

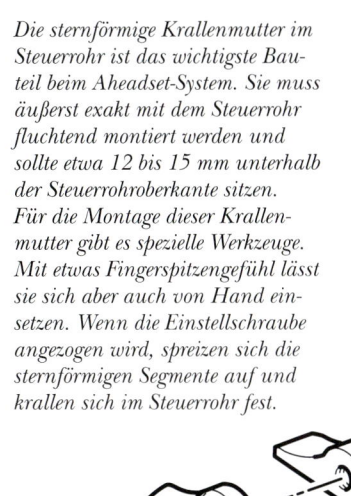

Die sternförmige Krallenmutter im Steuerrohr ist das wichtigste Bauteil beim Aheadset-System. Sie muss äußerst exakt mit dem Steuerrohr fluchtend montiert werden und sollte etwa 12 bis 15 mm unterhalb der Steuerrohroberkante sitzen. Für die Montage dieser Krallenmutter gibt es spezielle Werkzeuge. Mit etwas Fingerspitzengefühl lässt sie sich aber auch von Hand einsetzen. Wenn die Einstellschraube angezogen wird, spreizen sich die sternförmigen Segmente auf und krallen sich im Steuerrohr fest.

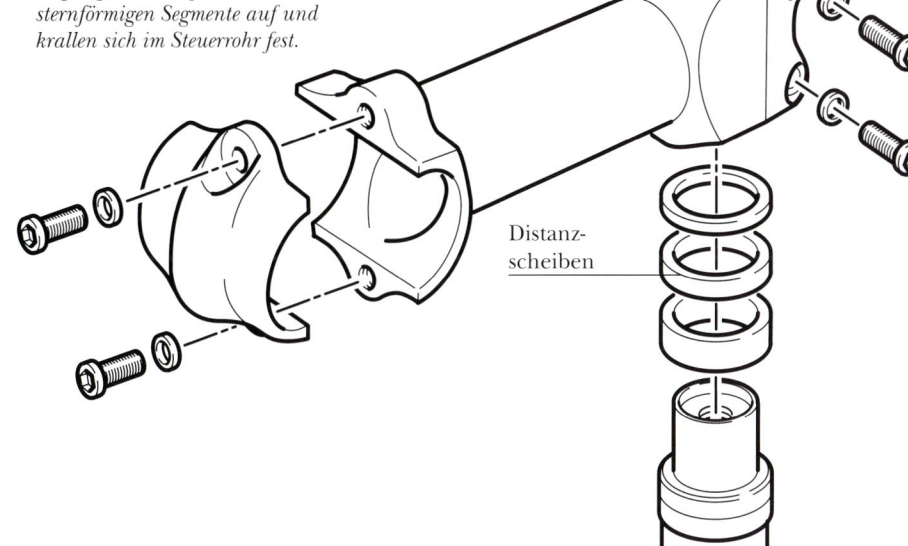

Vorbauklemmung

Distanz-
scheiben

Die häufig verwendete sternförmige Krallenmutter ist technisch betrachtet alles andere als perfekt. Für höchste Beanspruchung gibt es spezielle Klemmmuttern, die besseren Halt bieten und zudem die Innenseite des Steuerrohrs nicht beschädigen.

Das Aheadset-System ist leichter und gleichzeitig stabiler als traditionelle Vorbausysteme. Die einzelnen Teile aber werden deutlich stärker beansprucht. Achten Sie daher darauf, alle Klemmschrauben sorgfältig und vor allem gleichmäßig anzuziehen. Dadurch verhindern Sie Verspannungen und daraus resultierende Spannungsrisse. Die Oberkante des Vorbaus muss mindestens 3 mm über dem Steuerrohr überstehen. Nur so ist gewährleistet, dass das Steuerlager mittels der Einstellschraube spielfrei eingestellt werden kann.

7 Geschweißte Vorbauten sind weit verbreitet. Mit zunehmendem Alter können jedoch Probleme auftreten. Kontrollieren Sie die Schweißnähte sorgfältig auf Risse und winzige Vertiefungen.

Max-Markierung

Beim Einstellen der für Sie optimalen Sitzposition dürfen Sie Sattelstütze und Vorbau auf keinen Fall über die eingeprägten Max-Markierungen hinaus aus Sitzrohr oder Gabelschaftrohr ziehen. Andernfalls riskieren Sie aufgrund des dann zu langen, wirksamen Hebelarms den Bruch von Sattelstütze oder Vorbau. Der Rahmen kann dabei ebenfalls beschädigt werden.

Sind Sattelstütze und Vorbau nicht mit einer Max-Markierung versehen – diese zeigt an, wie weit das Bauteil mindestens im jeweiligen Rahmenrohr stecken muss – sollten Sie dafür sorgen, dass diese mindestens 65 mm im Sitz- bzw. Gabelschaftrohr stecken.

Ist die Sattelstütze zu kurz, ersetzen Sie sie einfach durch eine längere Ausführung gleichen Durchmessers. Die Lage des Lenkers kann durch Vorbauten unterschiedlicher Länge und Winkel verändert werden.

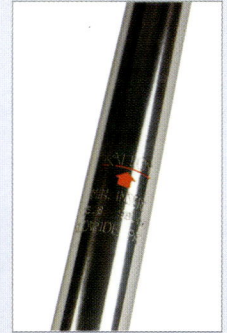

Lenker und Vorbau

Obwohl sie in Form und Größe sehr verschieden sein können, gibt es nur wenig Unterschiede bei der Montage der diversen Lenker und Vorbauten.

Der Vorbau wird entweder im mit Außengewinde versehenen Gabelschaftrohr (klassischer Vorbau) oder auf dem glatten Gabelschaftrohr (Aheadset-Vorbau) fixiert. Das Gabelschaftrohr selbst sitzt unsichtbar im Inneren des Steuerrohrs und ist unlösbar mit der Gabel verbunden. Bei den klassischen Vorbauten gibt es zwei verschiedene Klemmkeile. Beim Spreizkeil wird ein Konus im geschlitzten Vorbau nach oben gezogen; er verklemmt sich dadurch im Gabelschaftrohr. Schrägkeile werden gegen das ebenfalls abgeschrägte untere Ende des Vorbaus gezogen. Die Schrägkeilversion ist am weitesten verbreitet.

Der Lenker kann im Vorbau gedreht werden, um eine angenehmere Griffposition zu erhalten. Dazu lösen Sie die Klemmschraube vorn am Vorbau. Um klassische Vorbauten – und damit den Lenker – in der Höhe zu verstellen, müssen Sie die Vorbauklemmschraube ein paar Umdrehungen öffnen und dann den Klemmkeil im Gabelschaftrohr durch einen leichten Hammerschlag auf den Schraubenkopf lösen. Aheadset-Vorbauten (siehe Seiten 147 und 170) können nicht in der Höhe verstellt und nur an dafür vorgesehenen Gabeln montiert werden. Stellen Sie sicher, dass nach Abschluss der Arbeiten alle Klemmschrauben fest angezogen sind.

Höheneinstellung

Aheadset-Vorbauten bieten extrem wenig Spielraum zur Höhenverstellung. Sie können aber auf dem Steuerrohr ein spezielles, als Zubehör erhältliches Zwischenstück montieren. Der Vorbau kann dann daran entsprechend höher montiert werden.

Vorbau demontieren

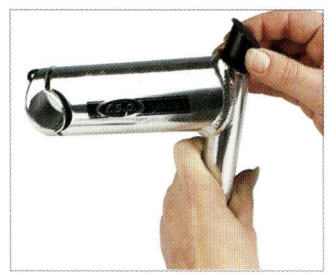

1 Bei klassischen Vorbauten sitzt die Klemmschraube oft unter einer Kappe, die sich leicht herausheben lässt. Lösen Sie die etwas tiefer im Vorbau sitzende Klemmschraube mit einem langen Innensechskantschlüssel fünf oder sechs Umdrehungen.

2 Teilweise sitzt die Klemmschraube sehr tief. Verwenden Sie dann den langen Schenkel des Innensechskantschlüssel und verlängern Sie den kurzen mit einem passenden Rohrstück, um die Klemmschraube lösen zu können.

Lenker wechseln und einstellen

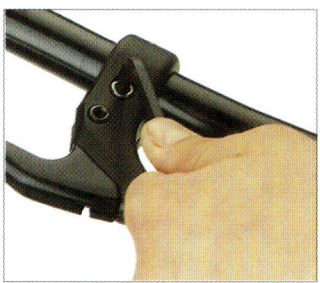

1 Um den Lenker wechseln zu können, müssen Sie Griffgummis sowie Brems- und Schalthebel demontieren. Wenn Sie aber nur dessen Neigungswinkel verstellen möchten, können Sie sich diese Arbeit sparen.

2 Lösen Sie die Lenkerklemmschraube. Um nur den Lenker zu drehen, genügt es, die Schraube ein paar Umdrehungen zu lösen. Manche Vorbauten sind mit zwei Klemmschrauben an der Klemmmanschette versehen.

Vorderlader-Vorbauten

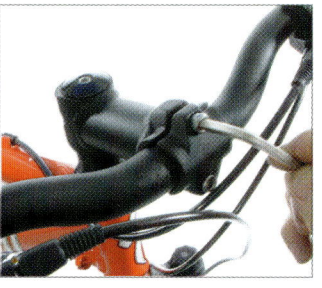

1 Neuere Vorbauten sind zweigeteilt und vereinfachen den Lenkerwechsel enorm. Lösen Sie die Klemmschrauben gleichmäßig im Wechsel.

2 Sollte die Verbindung Lenker/Vorbau qietschen, reinigen Sie die Flächen. Leichte Bechädigungen glätten Sie mit feinstem Schleifpapier.

3 Ist die Klemmschraube des Vorbaus gelöst, lässt sich der Vorbau oft noch nicht bewegen. Der Klemmkeil löst sich erst durch einen gefühlvollen Schlag mit dem Hammer auf den Schraubenkopf. Legen Sie ein Stück Holz dazwischen, um Schäden zu vermeiden.

4 Teilweise sitzt der Vorbau so fest im Gabelschaftrohr, dass er sich trotz gezielter Hammerschläge nicht lösen lässt. Sprühen Sie Öl in den Spalt zwischen Vorbau und Gabelschaftrohr und versuchen Sie es später erneut mit Hammerschlägen.

5 Aheadset-Vorbauten werden mit zwei seitlich angebrachten Klemmschrauben auf dem Gabelschaftrohr fixiert. Nach Lösen dieser Schrauben kann er leicht abgezogen werden. Solch ein Vorbau kann durch Distanzscheiben minimal in der Höhe verstellt werden. Der Vorbau darf aber nicht mehr als 10 mm über dem Gabelschaftrohr überstehen.

Wann diese Arbeit fällig wird:
◆ Wenn die Sattelposition verändert oder ein neuer Sattel montiert wurde.
◆ Um die Sitzposition zu korrigieren.

Zeitaufwand:
◆ 30 Minuten für die Lenkermontage.
◆ 5 Minuten zum Verändern der Position.

Schwierigkeitsgrad: 𝄢𝄢𝄢𝄢
◆ Es ist nicht ganz einfach, den Lenker bei der Montage/Demontage nicht zu verkratzen.

3 Jetzt können Sie den Lenker aus der Klemmmanschette herausziehen. Teilweise befindet sich zwischen Lenker und Vorbau eine Distanzhülse. Ziehen Sie den Lenker langsam und vorsichtig heraus, um Kratzer zu vermeiden.

4 Lässt sich der Lenker nicht aus der Klemmmanschette ziehen, müssen Sie diese aufspreizen. Nehmen Sie eine Schraube und eine zwischengelegte Münze. Wenn Sie die Schraube anziehen, drückt sie die Klemmmanschette hoch.

Nicht alles passt zusammen

In einer perfekten Welt würde jeder beliebige Lenker in jeden beliebigen Vorbau passen. Glücklicherweise fertigen die meisten Hersteller zwischenzeitlich ihre Lenker nach ISO-Standard (International Standards Organisation) mit 25,4 mm Durchmesser. Aber einige Firmen produzieren noch nach eigenen Standards, um Kunden buchstäblich bei der Stange zu halten. Vermessen Sie vor dem Neukauf eines Lenkers also erst den alten, um Überraschungen zu vermeiden. Fehlen nur wenige Zehntelmillimeter, können Sie den Vorbau mit äußerster Vorsicht mit einem großen Schraubendreher aufspreizen. Versuchen Sie aber nie, den Vorbau gewaltsam aufzubiegen – er könnte brechen!

Die Lenkerklemmschrauben dürfen nur leicht angezogen werden. Dies gilt ganz besonders für Vorderlader-Vorbauten. Dreht sich der Lenker im Vorbau, ist meist sein Durchmesser zu gering und er sollte gegen einen passenden Lenker ausgetauscht werden.

3 Fetten Sie das Gewinde der Klemmbolzen vor der Montage. Ziehen Sie sie abwechselnd jeweils eine halbe Drehung an, bis der Lenker fest sitzt.

4 Der Spalt zwischen Vorbau und Halteplatte muss oben und unten gleich groß sein, sonst sind die Teile verspannt und Bruchgefahr droht.

Griffgummis und Lenkerband

Nichts lässt ein Rad stärker altern als zerbröckelte Griffgummis oder ein in Fetzen herabhängendes Lenkerband.

Mountainbikes werden oft mit recht breiten Lenkern verkauft, um zu gewährleisten, dass diese für jeden Fahrer passen. Auf Kurztrips kaum von Nachteil, stört ein zu breiter Lenker auf längeren Touren. Kürzen Sie den Lenker in diesem Fall. Dies lässt sich mit einem Rohrschneider, wie er in jedem Baumarkt zu bekommen ist, leicht bewerkstelligen. Stellen Sie aber vorher sicher, dass genügend Platz für Barends, Griffgummis und Bremshebel bleibt.

Barends bieten zusätzliche Griffmöglichkeiten und es gibt sie in den verschiedensten Formen. Versuchen Sie die Form zu finden, die Ihren Bedürfnissen entspricht. Achten Sie bei der Montage darauf, die Klemmung nicht zu stark anzuziehen, da dadurch der Lenker beschädigt werden kann.

Mountainbikes sind ausnahmslos mit Griffgummis versehen, die die Fahrbahnstöße besser dämpfen als Lenkerband. Lenkerband wird für Rennradlenker und Barends verwendet. Es ist selbstklebend, leicht gepolstert und in vielen Farben und Materialien – von Leder über Kunststoff bis hin zu Kork – erhältlich. An den Bremshebeln sollten Sie die Dehnfähigkeit des Materials ausnutzen und es elegant um die Befestigungsschellen der Hebel herumführen.

Hochwertige Rennradlenker sind mit einer speziellen Rille versehen, in denen die Bowdenzüge der Bremshebel verlegt werden können. Fixieren Sie die Bowdenzüge mit Isolierband, bevor Sie das Lenkerband um den Lenker wickeln.

Verstellbare Vorbauten

Trekking- und Cityräder werden oft mit verstellbaren Vorbauten ausgerüstet. Diese lassen sich aber auch an jedem anderen Rad nachrüsten: So können Sie leicht Ihre individuelle Lenkerhöhe einstellen und bei Bedarf immer wieder verändern. Um die Lenkerhöhe zu verändern, lösen Sie zuerst die seitlich angebrachte Klemmschraube (Abb. oben) und dann die obere (Abb. Mitte). Bringen Sie den Lenker in die gewünschte Position und fixieren Sie ihn mit

der oberen Klemmschraube. Anschließend richten Sie den Vorbau gerade aus und ziehen die seitliche Schraube wieder fest an. Hier handelt es sich um eine Aheadset-Ausführung. Verstellbare Vorbauten sind aber auch in der klassischen Ausführung (Abb. links) erhältlich.

Lenkerband wickeln

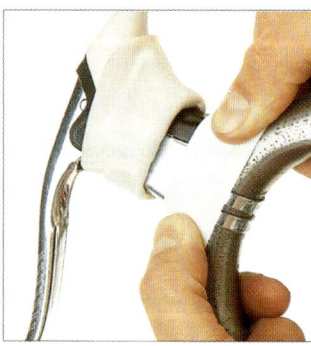

1 Entfernen Sie die Abschlusskappen. Sie können sie mit der Klinge eines Schraubendrehers heraushebeln. Oft sind sie auch mit einem Klemmkeil im Lenker verschraubt.

2 Entfernen Sie das alte Lenkerband. Stülpen Sie die Griffgummis an den Bremsgriffen zurück und bekleben Sie die Klemmschellen mit kurzen Stücken neuen Lenkerbands.

Neue Griffgummis für gerade Lenker

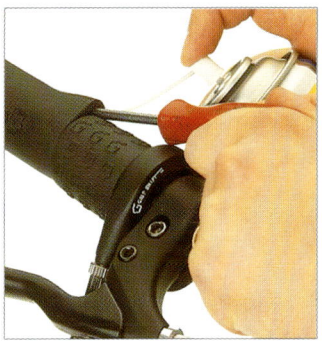  

1 Schneiden Sie alte Griffgummis mit einem Messer ab. Ansonsten schieben Sie einen Schraubendreher zwischen Griffgummi und Lenker und sprühen etwas Sprühöl hinein.

2 Jetzt lassen sich die Griffgummis vom Lenker ziehen. Reinigen Sie Lenker und Griffgummis gut von den Ölresten, sonst rutschen die neuen Griffgummis auf dem Lenker.

3 Damit sich die neuen Griffgummis leicht aufschieben lassen und später festhaften, sprühen Sie Haarspray auf den Lenker. Montieren Sie die Griffgummis zügig.

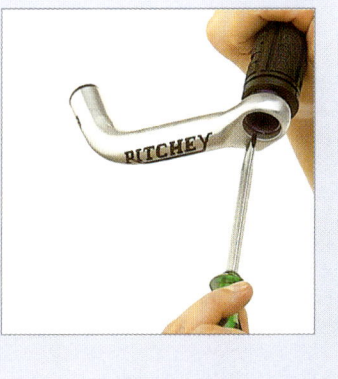

Klemmung von Barends
Der Durchmesser der Klemmung ist bei allen Barends gleich. Lassen sich die Barends nur schwer oder gar nicht auf die Lenkerenden schieben, sollten Sie zuerst mit Sprühöl nachhelfen. Hilft auch das nicht weiter, können Sie die Klemmung mit einem Schraubendreher vorsichtig aufspreizen.
Achtung: Bruchgefahr!

Wann diese Arbeit fällig wird:
◆ Wenn Griffe oder Lenkerband zerfleddert sind.
◆ Wenn der Lenker zu breit ist.

Zeitaufwand:
◆ 15 Minuten, um neue Griffe zu montieren.
◆ 20 Minuten, um einen zu breiten Lenker mit dem Rohrschneider zu kürzen.
◆ 15 Minuten, um das alte Lenkerband zu entfernen und den Lenker neu zu wickeln.

Schwierigkeitsgrad:
◆ Ziemlich einfach.

Spezialwerkzeug:
◆ Rohrschneider (Baumarkt)

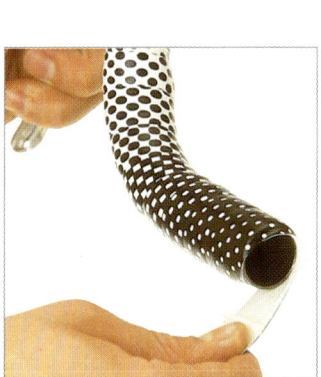  

3 Wickeln Sie das Lenkerband von der Mitte ausgehend und halten Sie es dabei unter Zug. Es sollte zu 30 % überlappt werden. Klappen Sie das Ende am Rohrende nach innen um.

4 Montieren Sie abschließend neue Abschlusskappen, um das Lenkerband zu fixieren. Schlagen Sie die Kappen mit einem Gummihammer in die Lenkerenden.

5 Lenkerband aus Kork wird meist als Komplettset verkauft. Es ist angenehm griffig und fühlt sich kühl an. Die kurzen Teilstücke sind für die Abdeckung der Klemmschellen gedacht. Neue Abschlusskappen gehören ebenso zum Lieferumfang. Wenn Sie an den Lenkerenden beginnen, können Sie das Ende des Lenkerbandes mit den beiden abgerundeten Klebestreifen fixieren.

Sattelkerzen

Ein mithilfe eines Sattelklobens auf einer Sattelkerze montierter Sattel war lange Zeit Stand der Technik.

Es gibt eigentlich keinen Grund, einen Sattelkloben in seine Einzelteile zu zerlegen. Um den Sattel in der Neigung verstellen zu können, reicht es völlig aus, die seitlichen Klemm-Muttern zu lösen. Sollten Sie den Sattelkloben dennoch zerlegen müssen, achten Sie auf die Einbaulage der einzelnen Teile. Andernfalls werden Sie Schwierigkeiten haben, den Sattelkloben wieder korrekt zu montieren. Der Sattelkloben erlaubt es, die Position des Sattels sowohl in der Neigung als auch in Längsrichtung zu verändern. Die Halteklammern des Sattelklobens – sie greifen den Sattel am Sattelgestell – sind zu diesem Zweck gezahnt und lassen sich, wenn sie fest angezogen sind, nicht mehr gegeneinander verdrehen.

Der Sattelkoben stellt auch die Verbindung zwischen dem Sattel und der sich nach oben verjüngenden Sattelstütze, der Sattelkerze, her.

Um die Satteleinstellung zu verändern, lösen Sie beide Klemm-Muttern links und rechts am Sattelkloben ein paar Umdrehungen. Nun können Sie das Sattelgestell in den Halteklammern verschieben und den Sattel in der Neigung verändern. Wenn Sie die Neigung verstellen, spüren Sie die Rastung der gezahnten Halteklammern. Einstellungen zwischen den einzelnen Rasten sind nicht möglich. Der Abstand zwischen den Rasten ist aber so fein, dass dies in der Praxis ohne Nachteil ist. Weitere Informationen zum Thema Sattelstützen finden Sie auf der folgenden Doppelseite.

Sattel

Sattelgestell

Sattelkloben

Sattelkerze

Sattelstützenklemme

Sicherheitstipp
Sattelstützen sind oft mit einer Markierung versehen, die signalisiert, wie tief sie mindestens im Sitzrohr stecken müssen. Andernfalls besteht die Gefahr, dass die Stütze bricht und das Sitzrohr beschädigt wird. Ist keine Markierung vorhanden, muss die Sattelstütze mind. 65 mm oder ein Drittel ihrer Länge im Sitzrohr stecken.

Feineinstellung des Sattels

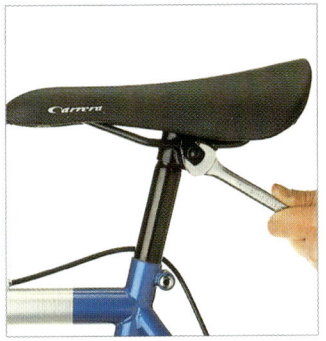
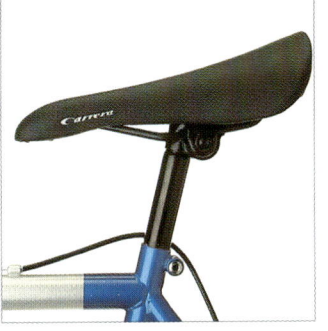
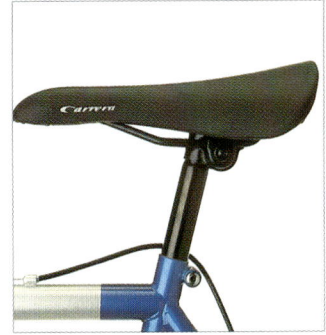

1 Stellen Sie die Sattelneigung korrekt ein, sonst müssen Sie aufgrund des falsch verteilten Gewichts mit Sitzbeschwerden rechnen. Lösen Sie zuerst die Klemm-Mutter auf der linken Seite des Sattelklobens.

2 Lösen Sie die rechte Klemm-Mutter so, dass die Rasten zwischen den Halteklammern noch zu spüren sind. Greifen Sie den Sattel hinten und vorn, und bringen Sie ihn durch Druck und Zug in die gewünschte Position.

3 Sie können den Sattel im Sattelkloben auch hin- und herschieben. Lösen Sie die Klemm-Muttern so weit, bis sich der Sattel gerade verschieben lässt. Verstellen Sie dabei die Sattelneigung nicht.

Ledersättel
Kernledersättel dürfen nicht nass werden. Sie verformen sich, wenn sie in nassem Zustand benutzt werden. Fetten Sie einen Kernledersattel regelmäßig. Mit der Mutter in der Sattelspitze kann die Lederdecke nachgespannt werden. Spezielle Spannschlüssel bietet der Sattelhersteller.

Sattelhöhe einstellen

1 Um die Sattelstütze in der Höhe verstellen zu können, müssen Sie die Sattelstützenklemme lösen. Ziehen Sie den Sattel unter Drehbewegungen nach oben oder drücken Sie ihn nach unten. Demontieren Sie die Sattelstütze regelmäßig, und reinigen und fetten Sie diese, um ein Festfressen im Sitzrohr zu verhindern.

2 Klemmt die Sattelstütze immer noch, lassen Sie das Sitzrohr in einer Radwerkstatt mit einer Reibahle ausreiben. Danach lässt sich die Sattelstütze leicht verschieben und wird nicht zerkratzt.

Schnellspanner
Viele Räder verfügen über einen Schnellspanner für die Sattelstütze. Dieser funktioniert wie ein Schnellspanner am Laufrad. Er ermöglicht es, die Sitzhöhe ohne Werkzeug zu verändern. Wie alle Schnellspanner muss er korrekt geschlossen werden. Er sollte sich auf der ersten Hälfte des Wegs leicht schließen lassen. Haben Sie die Rändelmutter korrekt angezogen, steigt die erforderliche Handkraft in der zweiten Hälfte dann immer stärker an.

Wann diese Arbeit fällig wird:
◆ Wenn Sie einen Sattel auf einer Sattelkerze montieren müssen.
◆ Wenn Sie Ihren geliebten Sattel an Ihrem neuen Fahrrad weiter verwenden möchten.
◆ Um die Sitzposition einzustellen.

Zeitaufwand:
◆ 5 Minuten (Satteleinstellung).
◆ 30 Sekunden, um die Sattelhöhe zu verändern, sofern sich die Sattelkerze nicht im Sitzrohr festgefressen hat.

Schwierigkeitsgrad:
◆ Wieder eine Arbeit, bei der Sie das Gefühl nicht los werden, eigentlich drei Hände zu brauchen. Wenn sich die Sattelstütze nicht im Sitzrohr bewegen lässt, sprühen Sie diese mit Sprühöl ein, und lassen Sie es längere Zeit einwirken. Klemmen Sie sich das Hinterrad zwischen die Beine, und ziehen Sie die Sattelkerze am Sattel drehend heraus.

Patentsattelstützen

Patentsattel-stützen sind elegant. Mit nur einer Schraube lässt sich der Sattel in Neigung und Längs-richtung verstellen.

Nahezu alle Mountainbikes und neueren Rennräder sind mit Patentsattelstützen aus-gestattet. Manche Patentsattelstützen bieten leider nur einen recht beschränkten Verstell-bereich. Um die für Sie optimale Sitzposition einstellen zu können, müssen Sie unter Umständen die Stütze eines anderen Herstellers montieren.

Auch bei den Patentsattelstützen gibt es unter-schiedliche Ausführungen. Neben den weit ver-breiteten Stützen mit einer Schraube zur Veränderung der Satteleinstellung gibt es auch solche mit zwei Schrauben. Diese lassen sich meist feinfühliger einstellen.

Sattelstützen unterscheiden sich sowohl in der Länge als auch im Durchmesser und müssen exakt zum Rahmen Ihres Rads passen. Der Durchmesser muss auf den zehntel Millimeter genau stimmen und kann zwischen 25,4 mm und 31,8 mm liegen. Messen Sie vor dem Kauf einer neuen Sattelstütze den Durchmesser der alten am besten mit einer Schieblehre.

Versuchen Sie niemals, eine zu große Sattel-stütze gewaltsam ins Sitzrohr zu schieben. Ist die Sattelstütze im Durchmesser zu klein, lässt sie sich gar nicht oder nur sehr schlecht im Sitzrohr fest-klemmen. Der Sattel wird immer wieder absacken.

Rennräder sind häufig mit 220 mm langen Sattelstützen ausgestattet. Bei Mountainbikes sind die Sattelstützen in aller Regel länger, teilweise bis zu 300 mm. Dadurch werden die kleinen, kom-pakten Rahmen ausgeglichen. Sattelstützen an BMX-Rädern sind bis zu 400 mm lang.

Sättel müssen zwischenzeitlich nicht nur funktionellen, sondern auch modischen Aspekten genügen. Sie sind in allen nur erdenklichen Formen, Farben und Materialien erhältlich. Das abgebildete Modell besitzt eine rutschfeste Oberfläche und einen Kevlar-Stoßschutz an den Seiten.

Wenn's quietscht
Sättel geben oft quiet-schende Geräusche von sich. Demontieren Sie in diesem Fall den Sattel, und fetten Sie alle Kon-taktstellen am Sattelge-stell, an der Klemmpratze und der Klemmschraube der Sattelstütze. Ziehen Sie die Klemmschraube nicht zu fest an.

Wann diese Arbeit fällig wird:
◆ Wenn Sie einen neuen Sattel oder eine neue Sattelstütze montieren.
◆ Um die Sitzposition einzustellen.

Zeitaufwand:
◆ 10 Minuten (neuer Sattel oder neue Sattelstütze).
◆ 2 Minuten (Satteleinstellung).

Schwierigkeitsgrad: 🔧🔧
◆ Sowohl Montage und Demontage als auch Einstellung des Sattels gehen wesentlich einfacher vonstatten als bei einem Sattelkloben auf einer Sattelkerze.

Sattel montieren

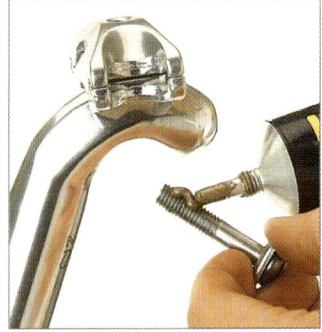

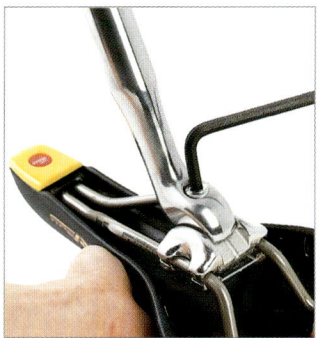

1 Die meisten Patentsattelstützen werden mit nur einer Innensechskantschraube fixiert. Die Klemmpratze sitzt auf einer Verzahnung der Sattelstütze und kann auf dieser verstellt werden. Fetten Sie die Klemmschraube gut ein.

2 Der Sattel lässt sich einfacher montieren, wenn Sie die Sattelstütze aus dem Rahmen nehmen. Halten Sie das obere Teil der Klemmpratze mit zwei Fingern, während Sie die quadratische Mutter in die Aussparung legen.

3 Legen Sie dann die untere Hälfte der Klemmpratze auf das Sattelgestell. Bringen Sie die Langlöcher im oberen und unteren Teil mit der quadratischen Mutter zur Deckung. Der Sattel selbst wird erst später ausgerichtet.

4 Setzen Sie die Sattelstütze auf die Verzahnung der Klemmpratze und führen Sie die Klemmschraube durch diese hindurch bis zu der quadratischen Mutter. Ziehen Sie die Klemmschraube dann leicht an.

Sattel einstellen

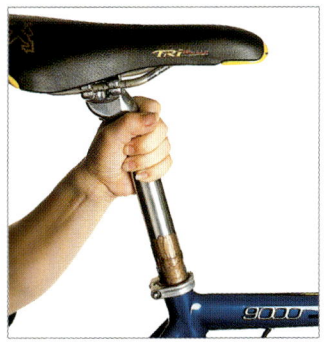
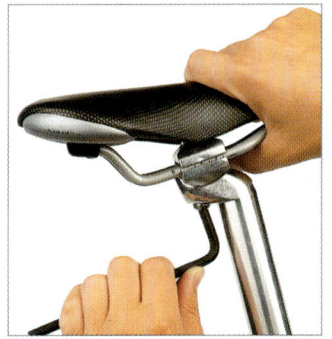
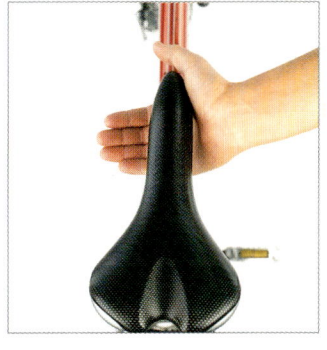

1 Reinigen Sie die Sattelstütze nach jeder Demontage und fetten Sie sie anschließend gut ein, um ein späteres Festfressen zu verhindern. Stellen Sie die für Sie korrekte Sattelhöhe ein. Hinweise hierzu auf Seite 13.

2 Um den Sattel in Längsrichtung zu verstellen, müssen Sie die Klemmschraube nur leicht lösen. Soll er in der Neigung verstellt werden, muss sie weiter geöffnet werden. Achtung: Schraube nicht völlig herausdrehen!

3 Lösen Sie die Klemmschraube gerade so weit, dass sich der Sattel auf der Verzahnung bewegen lässt. Nun können Sie ihn in die gewünschte Längsposition und Neigung bringen. Richten Sie den Sattel dann gerade aus.

4 Haben Sie den Sattel zu Ihrer Zufriedenheit ausgerichtet, müssen Sie nur noch die Klemmschraube fest aber gefühlvoll anziehen. Unternehmen Sie eine Probefahrt, um die neue Einstellung zu überprüfen.

Gefederte Sattelstützen

Gefederte Sattelstützen bieten ein deutliches Plus an Komfort. Sie werden einfach gegen die Standardstütze ausgetauscht und bieten etwa vier bis fünf Zentimeter Federweg. Bei manchen Modellen kann die Federhärte eingestellt werden.

9

Rahmen, Gabel & Federung

Rahmenmaterial und Design

Kompletträder bieten heute ein so hervorragendes Preis-/Leistungsverhältnis, dass es sich kaum lohnt, nur den Rahmen zu kaufen und das Rad dann selbst aufzubauen. Ausnahme sind hochwertige, maßgeschneiderte Rahmen, die sich zu 100 % nach Ihren individuellen Wünschen ausstatten lassen.

Die teuersten Rahmen werden schon seit einigen Jahren aus Materialien wie Carbon oder Titan gefertigt. Durch die immer größer werdenden Stückzahlen kommen diese bislang exotischen Materialien zwischenzeitlich auch in bezahlbaren Bikes zum Einsatz. Dies gilt für Mountainbikes genauso wie für Rennräder. Das beste Preis-Leistungs-Verhältnis bieten sicherlich – unabhängig von Marke und Modell – geschweißte Rahmen aus Aluminium. Diese werden in riesigen Stückzahlen, meist in Taiwan, gefertigt. Beim materialschonenden TIG-Verfahren läuft dieser Prozess automatisiert ab und versetzt die großen Rahmenhersteller in die Lage, hochwertige Rahmen zu attraktiven Preisen in großer Stückzahl zu produzieren. Beim TIG-Schweißverfahren (Tungsten Inert Gas) wird die Naht während des Schweißens von einem Schutzgas umgeben. Dadurch wird die Schweißnaht gekühlt, und das flüssige Metall kann nicht mit dem Sauerstoff der Luft reagieren. Hochwertige Schweißroboter produzieren gleichmäßig geschuppte, optisch ansprechende Schweißnähte, und die Erfahrungen der letzten Jahre haben gezeigt, dass diese Rahmen sehr zuverlässig sind.

Die verwendeten Rohre stammen oft von nicht genannten Herstellern, sind also nicht als Top-Qualität einzustufen. Außerdem ist Aluminium nicht das ideale Rahmenmaterial. Um vergleichbare Festigkeitswerte wie Stahl zu erreichen, müssen Durchmesser und Wandstärke erhöht werden. Dadurch wird der Gewichtsvorteil teilweise wieder zunichte gemacht, und die Rahmen sind sehr steif.

Bei gefederten Mountainbikes kein Problem, aber Rennräder wirken dadurch ohne spezielle Gegenmaßnahmen (z.B. Karbon- oder Federgabeln) recht unkomfortabel. Hochwertige Aluminiumrahmen werden auch in Europa und den USA gefertigt, aber in wesentlich geringeren Stückzahlen. Design und Finish, aber auch der Preis liegen recht hoch.

Hochwertige Stahlrahmen kosten heute so viel wie ein vergleichbarer Aluminiumrahmen. Früher wurden diese aufwändig und gewichtsintensiv in Muffen verlötet. Neue Rohrsätze aber tolerieren höhere Verarbeitungstemperaturen und werden daher ebenfalls verschweißt. Dadurch sinken Gewicht und Kosten. Dank der Langlebigkeit und hohen Elastizität von Stahl sind diese Rahmen für Alltags- und Tourenräder nach wie vor erste Wahl.

Hochwertige Rahmen werden nach wie vor aus den Rohrsätzen namhafter Rohrhersteller gefertigt. Hier wären Columbus und Dedaccai (Italien), Reynolds (Großbritannien) und Tange (Japan) zu nennen.

Abgesehen von voll gefederten Rädern werden Fahrradrahmen aus miteinander verbundenen und dadurch sehr stabilen Dreiecken aufgebaut. Hochwertige Rohre sind konifiziert, das heißt, die Wandstärke ist an den Enden, also an den stärker belasteten Bereichen, größer als in der Mitte des Rohres. Dadurch wird Gewicht gespart. »Double butted« bedeutet, dass das Rohr an beiden Enden verdickt ist, während der Begriff »triple butted« für ein mittig nochmals verjüngtes Rohr steht.

Freizeit- und Cityräder

Selbst diese Allrounder werden heute mit Aluminiumrahmen ausgestattet und haben die schweren Stahlrahmen verdrängt. Verstellbare Vorbauten, Federgabeln und gefederte Sattelstützen erhöhen den Fahrspaß nochmals.

Mountainbikes

Viele voll gefederten Mountainbikes besitzen einen Rahmen im Y-Frame-Design. Seit TIG-Schweißautomaten in der Lage sind, die ovalen Rohre zu verschweißen, können diese Rahmen wirtschaftlich produziert werden.

1 Aus einem Stück in einer Form hergestellte Carbonrahmen glänzen mit fließenden Übergängen. Oft sind die Übergänge auch mit Gussteilen oder speziellen Matten zusätzlich verstärkt. Carbonrahmen sind sehr aufwändig in der Fertigung.

2 Bei TIG-geschweißten Rahmen lässt sich die Verarbeitungsqualität gut an der Schweißnaht ablesen. Ist diese sauber und gleichmäßig geschuppt und ohne Einschlüsse oder kleine Löcher, handelt es sich um einen hochwertig verarbeiteten Rahmen.

3 Einige Rahmenhersteller verschleifen die Schweißnähte und erzielen so ein Top-Finish. Die Alu-Rohre verschmelzen förmlich miteinander. Nach dem»Fillet-Braze«-Verfahren silbergelötete Stahlrahmen besitzen ein vergleichbares Finish.

4 Jedes bessere Mountainbike sollte über Anlötteile für zwei Flaschenhalter und eine durchdachte Bowdenzugführung verfügen. Geschmiedete Ausfallenden und ein von oben an den Umwerfer führendes Schaltseil dürfen Sie ebenfalls erwarten.

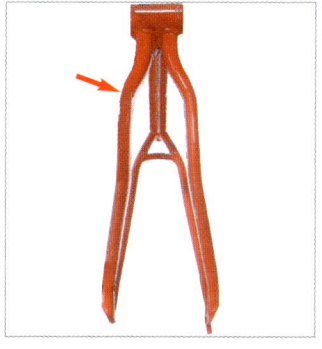

5 Elegant geschwungene Ketten- und Sitzstreben finden sich an vielen hochwertigen Rennrädern und Mountainbikes. Diese Bögen sind nicht nur optisch attraktiv, sondern verleihen den ansonsten steifen Aluminiumrohren eine gewisse Elastizität.

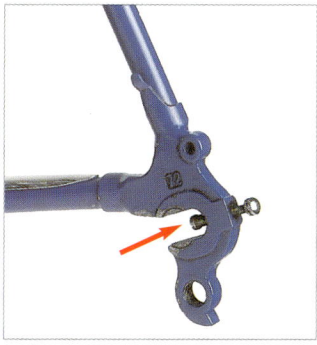

6 Bei hochwertigen Rahmen werden Ausfallende und Schaltauge aus einem Stück geschmiedet. Nur bei Billigrädern ist das Schaltauge angeschraubt. Dieser Rahmen verfügt zudem über ein Anlötteil, das die Kette beim Radausbau straff hält.

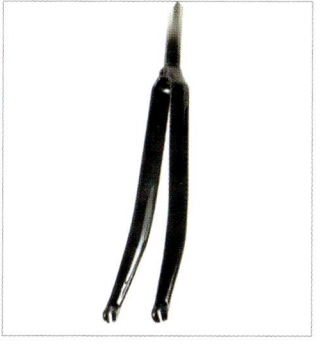

7 Rennräder mit Aluminiumrahmen werden fast ausnahmslos mit Aheadset-Gabeln aus Carbon ausgestattet. Durch dessen Elastizität erhöht sich der Fahrkomfort deutlich. Manche Modelle verfügen gar über aerodynamisch geformte Gabelscheiden.

8 Rahmen für Tourenräder erfordern viele Anlötteile. Neben Flaschenhaltern werden Schutzbleche, Gepäckträger und Luftpumpe am Rahmen montiert. An der Gabel sollten Anlötteile für einen Lowrider-Gepäckträger vorhanden sein.

Rennräder

Auch bei Rennrädern werden die Rahmen immer kompakter. Bereits Einsteiger-Modelle (Abbildung) verfügen über ein abfallendes Oberrohr. Top-Rahmen sind sogar noch kompakter.

Trekkingräder

Trekkingräder kombinieren den Leichtlauf eines Rennrads mit den Nehmerqualitäten eines Mountainbikes: Mit 24 Gängen, V-Bremsen, Schutzblechen und Gepäckträger sind sie hervorragend als Tourenrad geeignet.

Rahmen checken und reparieren

Fahrradrahmen sind äußerst robust. Durch einen Unfall können Rahmenrohre jedoch verbeult oder verbogen werden. Leider sind Rahmenschäden nicht immer leicht zu diagnostizieren.

Obwohl Fahrradrahmen über hohe Sicherheitsreserven verfügen, kann es vorkommen, dass ein Rahmen nach einem Sturz verbogen ist. Die Räder laufen dann nicht mehr exakt in einer Spur oder stehen schräg zueinander, und das Fahrrad rollt nicht mehr sauber geradeaus. Manchmal lassen sich solche Schäden mit dem bloßen Auge erkennen, vor allem wenn Sie den Rahmen aus verschiedenen Blickwinkeln betrachten. Im Zweifelsfall sollten Sie den Rahmen aber unbedingt von einem Radprofi checken lassen.

Die Gabel ist sicherlich bei einem Sturz am stärksten gefährdet. Versuchen Sie nie eine verbogene Gabel wieder gerade zu richten. Federgabeln müssen nach einem Sturz demontiert und gecheckt werden.

Sollten einmal Gewinde im Rahmen beschädigt sein, lassen Sie diese von einer Profiwerkstatt mit einem Gewindeschneider nachschneiden oder mit einem Reparaturgewindeeinsatz versehen.

Das am stärksten gefährdete Gewinde am Rahmen ist das für das Schaltwerk; es liegt am hinteren rechten Ausfallende. Bei einem Sturz wird häufig das Ausfallende verbogen und oftmals auch das Gewinde beschädigt.

Besonderes Augenmerk verlangen Karbon-Teile. Die Verbindung der Kohlefasern untereinander kann sturzbedingt leiden, ohne dass dies sichtbar wird. Dadurch aber verlieren die Komponenten einen großen Teil ihrer Stabilität und werden extrem bruchgefährdet. Auch Aluminiumrahmen verhalten sich nicht wie solche aus Stahl. Die steifen Aluminiumrohre lassen sich nur schwer verbiegen. Bei einem Sturz brechen daher oft die Schweißnähte an den Verbindungsstellen der Rohre. Überprüfen Sie diese daher sorgfältig auf Risse. Außerdem altert Aluminium schneller als Stahl – auch dies ist ein Grund zu regelmäßiger Kontrolle auf Rissbildung.

Klassifizierung von Rahmenrohren

REYNOLDS

500 – nicht konifiziertes Rohr aus Chrom-Molybdän-Stahl (Cro-Mo) für die Massenproduktion.

525 – konifiziertes Rohr aus Cro-Mo-Stahl. Wird in Muffen verlötet oder TIG-geschweißt und in der höherwertigen Massenproduktion eingesetzt.

531 – legendär seit 1935! Mangan/Molybdän-legierter Rohrsatz, der mit Silberlot verarbeitet werden muss. Erhältlich für Rennen (531C) und Touren (531ST).

631 – Aufgewertete 531er-Version. Durch Lufthärtung nach dem Schweißen/Löten stabiler.

725 – Konifiziertes Rohr aus Cro-Mo-Stahl. Kann TIG-geschweißt und mit oder ohne Muffen verlötet werden. Durch Wärmebehandlung sehr belastbar.

853 – Härtet ebenfalls an der Luft aus. Belastbar wie Titan.

X-100 – Top-Aluminium-Lithium-Leichtmetall. Elastisch wie Stahl, stärker als normales Alu.

6-4TI und **3-25TI** – Sehr leichte, stabile und elastische Titanrohre.

COLUMBUS

Aelle – schweres, preiswertes Cro-Mo-Rohr.

Gara – ebenfalls preiswert, aber bereits konifiziert.

SL und **SLX** – vergleichbar Reynolds 531. Wird nicht mehr verarbeitet.

Thron – Hochwertiges Rohr für die Massenproduktion.

Foco – Hochwertiges Stahlrohr.

Altec – Aus 7005 Aluminium gezogen und mit Zink und Magnesium legiert.

DEDACCIAI

Scandium – Der höchstentwickelte und vielleicht beste Aluminium-Rohrsatz. Meist in Oversize-Version verarbeitet.

ALUMINIUM-ROHRSÄTZE

Easton – Hersteller qualitativ guter Rohrsätze.

6000 – Legiert mit Magnesium und gut zu pressen. Wird für Komponenten (z.B. Lenker), aber auch für Rahmen verwendet.

7000series – Das beliebteste Material für Aluminiumrahmen bei Einsteigermodellen. Gut zu schweißen, aber etwas rissanfällig an den Schweißnähten. 7020 dürfte das hochwertigste Rohr dieser Serie sein.

Den Rahmen überprüfen

1 Gehen Sie vor dem Vorderrad in die Hocke und peilen Sie am Rahmen entlang. So können Sie sehen, ob das Sitzrohr im Hintergrund parallel zum Steuerrohr verläuft.

2 Stellen Sie sich übers Oberrohr und schauen Sie nach unten. Fluchtet das Oberrohr mit dem Unterrohr? Weisen die Gabelscheiden gleich weit nach vorne?

3 Schauen Sie, hinter dem Hinterrad hockend, am Rahmen entlang nach vorne. Das Schaltwerk muss senkrecht unter den Ritzeln stehen. Achten Sie auf einen gleichmäßigen Verlauf der Sitzstreben.

4 Lassen Sie Ihre Finger an den Gabelscheiden entlanggleiten, um Knickstellen zu entdecken. Checken Sie, ob die gerade verlaufende Hälfte der Gabelscheiden eine Linie mit dem Steuerrohr bildet. Bauen Sie das Laufrad aus und wieder ein, um zu sehen, ob es exakt und mittig in der Gabel sitzt.

5 Tasten Sie die Rahmenrohre ab, um Knicke oder Aufwerfungen an den Rohren zu ertasten. Bei einem Frontalaufprall sind häufig die Gabelscheiden und das Ober- und Unterrohr verbogen. Bei einer oberflächlichen Untersuchung mit dem bloßen Auge lassen sich Unfallschäden in den seltensten Fällen zweifelsfrei erkennen. Beispiel: Die winzigen Falten hinter dem Steuerrohr (Pfeile) in der Abbildung rechts. Mit Ihren sensiblen Fingerspitzen können Sie solche Schäden aber zuverlässig aufspüren. Weder die Rohre noch die Schweißnähte sind in diesem Beispiel gerissen. Ein Beweis für die enorme Stabilität eines hochwertigen Fahrradrahmens.

Wann diese Arbeit fällig wird:
◆ Beim Kauf eines Gebrauchtrads.
◆ Nach einem Unfall.
◆ Wenn das Rad nicht sauber geradeaus läuft.

Zeitaufwand:
◆ 10 Minuten reichen für einen gründlichen Check. Versuchen Sie, den Rahmen so zu stellen, dass Sie immer ins Licht schauen.

Schwierigkeitsgrad:
◆ Nach ein paar Minuten werden Sie glauben zu schielen. Das gibt sich aber nach kurzer Zeit.

Vollfederung

Voll gefederte Bikes, aber auch Hardtails mit Federgabel müssen optimal auf den Fahrer abgestimmt werden. Nur so können sie zeigen, was in ihnen steckt!

Nach der Anschaffung eines voll gefederten Mountainbikes müssen Sie die Federung auf Ihr Gewicht, Ihre Körpergröße und Ihren Fahrstil abstimmen. Dies gilt natürlich auch für Hardtails, die nur mit einer Federgabel ausgestattet sind. Die Federung soll im belasteten Zustand, sprich, wenn Sie auf dem Rad sitzen, um 25% des Federweges einsinken. Dies bezieht sich nicht auf die Länge der Feder selbst, sondern auf den Federweg am Laufrad.

Die Federung sollte nicht so weich eingestellt werden, dass sie bei starken Bodenunebenheiten durchschlägt. Dies ist nicht nur für den Fahrer unangenehm, auch die Federung selbst kann dadurch Schaden erleiden. Andererseits soll die Federung während der Fahrt auch nicht bis zur Ausgangsstellung ausfedern. Dieser so genannte Negativfederweg erlaubt es der Federung nicht nur Erhebungen abzufedern, sondern auch in Vertiefungen einzutauchen. Er sollte, wie bereits erwähnt, etwa 25% des Gesamtfederweges betragen. Dies gilt auch für Federgabeln an Hardtails, Trekking- und Cityrädern.

Bei der Abstimmung von Federgabeln müssen beide Gabelrohre unbedingt identisch eingestellt werden. Andernfalls können vorzeitiger Verschleiß und Verspannungen in der Gabel auftreten.

Viele Low-Budget-Federgabeln und -Hinterradfederungen verfügen nur über eine Spiralfeder aus Stahl. Auf einen Dämpfer wird aus Kostengründen verzichtet. Nachteil: Die Federung schwingt unkontrolliert nach, da das dem Einfedervorgang folgende Ausfedern nicht gedämpft wird.

Da leider nicht alle Fullys über eine völlig antriebsneutrale Hinterradfederung verfügen, sollten Sie sich einen runden Tritt aneignen. So vermeiden Sie das unnötige, durch den Kettenzug verursachte Ein- und Ausfedern des Hinterrads während des Pedalierens. Am Berg sollten Sie rechtzeitig in die kleinen Gänge schalten und nur dann in den Wiegetritt übergehen, wenn es unvermeidlich ist.

Dämpfereinstellung

Nach jedem Einfedern kehren Federgabel und Federbein wieder in ihre Ausgangsstellung zurück. Bei einfacheren Federgabeln wird dieser Ausfedervorgang nicht durch einen Dämpfer kontrolliert. Folge: Die Federgabel schwingt ein paar Mal hin und her, bevor sie im Ruhezustand das nächste Schlagloch erwartet. Dadurch wird das Bike aber schlecht kontrollierbar und kann nicht exakt auf Fahrbahnunebenheiten reagieren. Es kann passieren, dass die Gabel gerade ausfedert, das nächste Schlagloch aber ein Einfedern erfordert.

Bessere Federgabeln verfügen daher über einen Öldämpfer, der die beim Einfedern aufgenommene Energie kontrolliert aufnimmt. Im Idealfall kehrt die Federgabel dadurch, ohne hin und her zu schwingen, sofort in die Ausgangsstellung zurück. Um den Ausfedervorgang optimal auf Fahrergewicht und Fahrstil abstimmen zu können, lässt sich der Dämpfer – meist von unten am Tauchrohr – einstellen.

Federgabeln

1 Um Ihre Federgabel optimal abstimmen zu können, müssen Sie deren Federweg kennen. Sie finden diesen Wert im technischen Handbuch Ihrer Federgabel, können ihn aber auch selbst messen. Demontieren Sie dazu bei Luftfedergabeln die Ventile und bei Standardgabeln die Stahlfedern bzw. die Elastomerelemente. Dadurch lassen sich Ein- und Ausfedervorgang mühelos, weil ohne Widerstand, simulieren. Ziehen Sie den Lenker nach oben, so dass die Federgabel sich an ihrem oberen Anschlag befindet. Binden Sie jetzt einen Kabelbinder um ein Standrohr und schieben ihn nach unten bis ans Tauchrohr. Wenn Sie nun die Federgabel bis zum unteren Anschlag drücken, wird der Kabelbinder auf dem Standrohr nach oben geschoben und markiert den maximalen Federweg Ihrer Gabel.

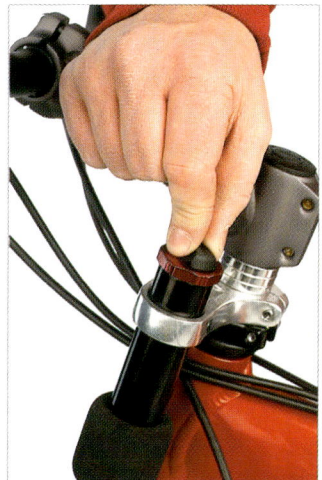

2 Montieren Sie die Ventile bzw. Stahlfedern oder Elastomere und stellen Sie die Federgabel Ihrem Gewicht entsprechend ein. Wenn Sie sich nun auf das Rad setzen (Füße auf den Pedalen, stabilisiert durch einen Helfer), sollte die Gabel etwa 25% ihres maximalen Federwegs einfedern. Dieser so genannte Negativfederweg sorgt dafür, dass die Gabel in Bodenwellen hineinfedern kann, statt hineinzufallen. Liegt dieser Wert darunter, ist die Gabel zu hart eingestellt, und Sie sollten die Einstellung entsprechend korrigieren. Federt Ihre Gabel wesentlich weiter ein als 25%, ist sie zu weich eingestellt und muss ebenfalls korrigiert werden. Sollten Sie überdurchschnittlich schwer bzw. leicht sein, kann die Montage anderer Stahlfedern oder Elastomere erforderlich sein.

Hinterradfederung

Drehpunkt

Achten Sie beim Kauf eines Full-Suspension-Bikes auf eine üppig dimensionierte Lagerung der Hinterradschwinge am Hauptrahmen. Die Lager an diesem Drehpunkt sollten großzügig dimensioniert und gut gegen Staub und Feuchtigkeit geschützt sein. Ein paar Spritzer Sprühöl nach jeder Radwäsche können nicht schaden.

1 Die Federspannung wird bei Hinterradfederungen direkt an der Stahlfeder über die auf einem Gewinde sitzende Anschlagscheibe eingestellt. Beträgt der Negativfederweg weniger als 25% vom Gesamtfederweg, entspannen Sie die Feder durch Drehen der Rändelscheibe gegen den Uhrzeigersinn und umgekehrt.

2 Bei sehr schweren oder besonders leichten Fahrern reicht der Verstellbereich der Stahlfeder oft nicht aus. Unter Umständen müssen Sie dann eine andere, exakt auf Ihr Körpergewicht abgestimmte Stahlfeder montieren. Es gibt zahlreiche Hersteller, die eine große Anzahl unterschiedlichster Federn im Angebot haben.

3 Bei manchen Fullys kann das Federelement an zwei oder mehr Anlenkpunkten an der Hinterradschwinge montiert werden. Dadurch werden die Hebelverhältnisse und damit der Einfederweg am Hinterrad verändert. In diesem Fall ergibt die Anlenkung unten einen um rund 25 mm längeren Federweg.

Federgabel zerlegen

Eine Federgabel sollte nicht vernachlässigt werden. Kontrollieren Sie die Dichtmanschetten und zerlegen und fetten Sie die Gabel in regelmäßigen Abständen.

Stöße, Schmutz und Nässe: Federgabeln werden extrem belastet. Daher müssen kritische Bereiche durch Dichtungen und Faltenbälge geschützt werden. Andernfalls dringen Schmutz und Feuchtigkeit zwischen Stand- und Tauchrohr ein – die Federgabel verschleißt im Nu! Kontrollieren Sie die Faltenbälge daher vor jeder Ausfahrt.

Eine Federgabel sollte mehrmals im Jahr zerlegt und gereinigt werden. Nur so können die Dichtungen kontrolliert und die Tauchrohre neu abgeschmiert werden. Die Dichtungen sitzen in einer Aussparung am oberen Ende der Tauchrohre und umschließen die Standrohre. Grobem Schmutz aber haben sie selbst in neuem Zustand nur wenig entgegenzusetzen. Daher sind die Faltenbälge von so großer Bedeutung. Aber selbst bei regelmäßiger Reinigung und Schmierung: Die Dichtungen zwischen Stand- und Tauchrohr müssen regelmäßig gegen neue ausgetauscht werden. Nur so spricht die Gabel feinfühlig an.

Dichtungen, Standrohre, Federn und Elastomere werden mit einem dünnen Fettfim geschmiert. Verwenden Sie nur synthetisches, vom Gabelhersteller freigegebenes Fett. Alle anderen Fette können den Kunststoff der Dichtungen angreifen.

Für manche Gabeln sind Upgrade-Kits erhältlich. Sie enthalten bessere Dichtungen und elastischere Faltenbälge. Das obere Ende von Faltenbälgen sollte mit einem Kabelbinder am Standrohr fixiert werden; so kann kein Schmutz eindringen. Stahlfedern und Elastomere sind in unterschiedlichen Härtegraden erhältlich (blaue Elemente = hart, gelbe = weich). So können Sie Ihre Federgabel perfekt auf Ihre Bedürfnisse abstimmen. Montieren Sie bei Elastomergabeln immer die gleiche Anzahl an Federelementen wie in der Originalbestückung. Elastomere besitzen eine recht gute Eigendämpfung. Dies ist bei Stahlfedern nicht der Fall. Leider aber wird bei vielen Low-Budget-Gabeln aus Kostengründen auf ein Dämpferelement verzichtet. Die Aufwertung solch einer Gabel mit einem Luft- oder Öldämpfer ist, wenn technisch realisierbar, immer eine Überlegung wert.

> **Federgabeln**
> Die auf dieser und der folgenden Doppelseite beschriebene Vorgehensweise bei der Demontage von Federgabeln und beim Ölwechsel orientiert sich an weit verbreiteten Modellen. Da es aber eine Vielzahl an Modellen unterschiedlichster Bauart gibt, sollten Sie vor Arbeitsbeginn unbedingt das technische Handbuch bzw. die Hinweise auf der Website des Herstellers studieren. Denken Sie daran: Eine falsch gewartete Federgabel gefährdet Ihre eigene Sicherheit.

Federgabeln mit Stahlfedern

1 Reinigen Sie die Gabel vor der Demontage sorgfältig mit Wasser und Fettlöser. Lösen Sie dann die versenkten Kreuzschlitzschrauben; sie verbinden den Bremsbügel mit den beiden Tauchrohren der Gabel.

2 Prüfen Sie, ob die Bremssockel beschädigt oder verbogen sind. Lösen Sie diese mit einem passenden Ringschlüssel und drehen Sie sie ganz heraus. Dann können Sie den Bremsbügel abnehmen.

Elastomergabeln

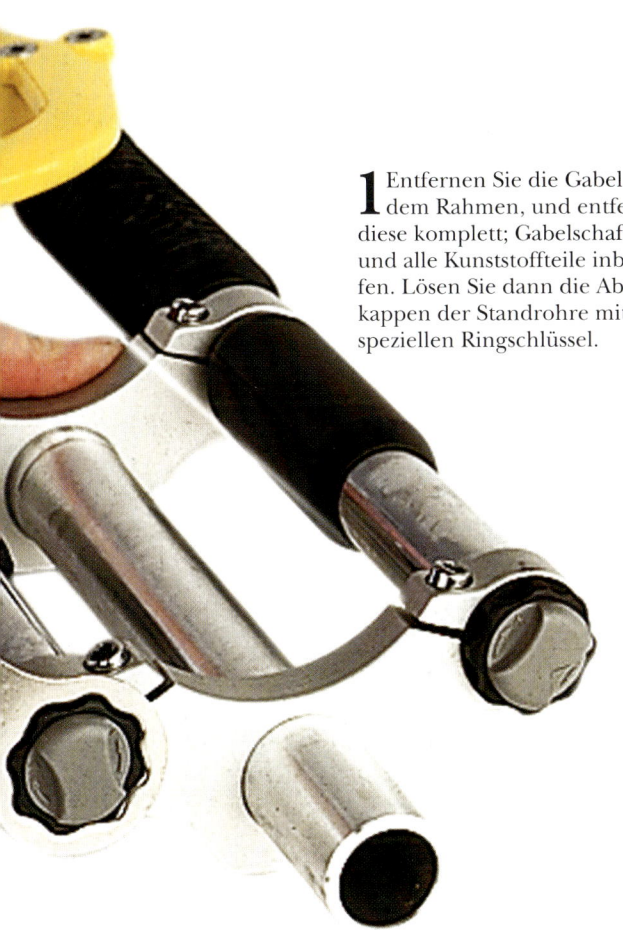

1 Entfernen Sie die Gabel aus dem Rahmen, und entfetten Sie diese komplett; Gabelschaftrohr und alle Kunststoffteile inbegriffen. Lösen Sie dann die Abschlusskappen der Standrohre mit dem speziellen Ringschlüssel.

2 Sind die Abschlusskappen herausgedreht, können Sie den Elastomerstapel aus den Standrohren herausziehen. Entfernen Sie Schmutz und altes Fett sorgfältig. Überprüfen Sie die einzelnen Elastomere.

4 Sind alle Teile demontiert und sorgfältig gereinigt, müssen Sie die am oberen Ende der Tauchrohre eingepressten Dichtungen überprüfen. Bei Beschädigung, aber auch im Zweifelsfall sollten Sie diese unbedingt austauschen.

3 Lösen Sie die beiden von unten zugänglichen Innensechskantschrauben in den Tauchrohren mit einem langen Inbusschlüssel. Nun können Sie die Tauchrohre von den Standrohren ziehen und entfetten.

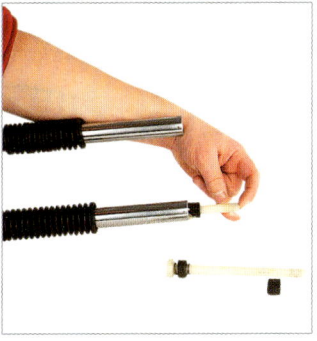

5 Im Rahmen einer Generalüberholung sollten Sie auch die Druckstangen aus den Standrohren ziehen und entfetten sowie auf Schäden überprüfen. Montieren Sie die Federgabel in exakt umgekehrter Reihenfolge der Demontage.

3 Schieben Sie die Faltenbälge weit zurück und greifen Sie die Federgabel mit einer Hand am Gabelschaftrohr. Ziehen Sie die beiden Tauchrohre unter leichten Drehbewegungen von den Standrohren herunter.

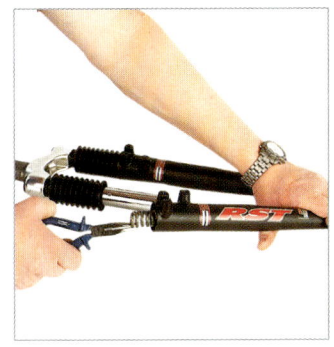

4 Entfernen Sie Fettreste und demontieren Sie die Stahlfedern mit einer Spitzzange aus den Tauchrohren. Drücken Sie die Dichtungen am oberen Ende mit den Daumen heraus und reinigen Sie diesen Bereich.

5 Reinigen Sie Tauchrohre und Kleinteile. Pressen Sie die neue Dichtung durch Aufdrücken des Tauchrohrs in ihren Sitz. Fetten Sie alle Teile und montieren Sie die Gabel wieder.

Ölwechsel an Federgabeln

Ein regelmäßig durchgeführter Ölwechsel garantiert die perfekte Funktion Ihrer Federgabel und verhindert vorzeitigen Verschleiß.

Das Öl in einer Federgabel erfüllt zwei Aufgaben: Zuerst einmal schmiert es die bewegten Teile während des Ein- und Ausfederns und verhindert deren frühzeitigen Verschleiß. Und, genauso wichtig, es dämpft den Ausfedervorgang, indem es beim Einfedern im Dämpfer durch ein großes und beim Ausfedern durch ein kleines Ventil geleitet wird.

Mit der Zeit wird das Öl durch den unvermeidbaren Abrieb von Metall- und Kunststoffteilen verunreinigt. Die Schmierung wird schlechter, und die Dämpfung kann durch unerwünschte Schaumbildung völlig versagen.

Federgabeln benötigen einige hundert Kilometer Einfahrzeit, um ein optimales Ansprechverhalten zu entwickeln. Dann ist es auch schon Zeit für den ersten Ölwechsel, denn dieses »Einschleifen« hat das Öl mit Abrieb verunreinigt. Danach sollten Sie das Öl etwa alle 1000 km bzw. nach 100 Stunden wechseln. Unter extrem staubigen Bedingungen sollten diese Intervalle noch verkürzt werden.

Wenn Sie nur wenig Zeit haben, genügt ein einfacher Ölwechsel. Aber Ihre Federgabel wird es Ihnen danken, wenn Sie sie bei diesem Anlass gleich noch zerlegen, reinigen und neu fetten. Etwa alle 300 km sollten Sie die Faltenbälge an den Tauchrohren kurz nach oben schieben und die darunter liegenden Dichtringe mit einem vom Hersteller freigegebenen Sprühöl behandeln. Und denken Sie daran: Die hier abgebildete Federgabel steht stellvertretend für all die am Markt erhältlichen Modelle. Studieren Sie daher vor Arbeitsbeginn unbedingt die Website des Herstellers bzw. das technische Handbuch, um die konkrete Vorgehensweise für Ihre Federgabel zu erfahren.

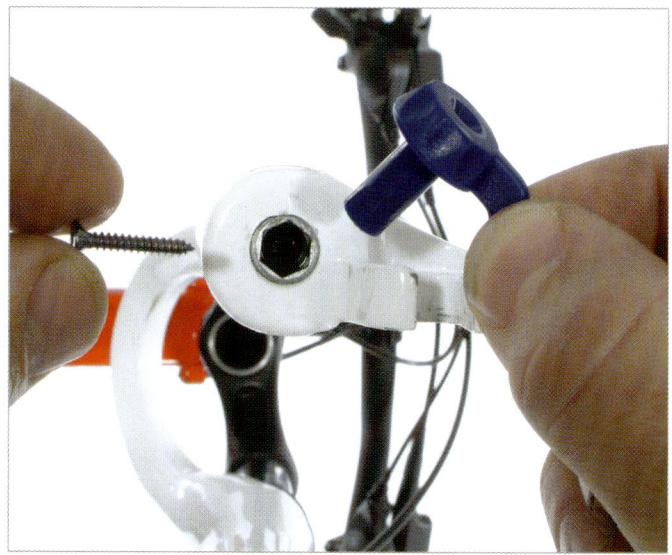

1 Entfernen Sie die Federgabel wie auf den Seiten 170–171 beschrieben vom Rahmen. Entfernen Sie zuerst den groben Schmutz mit einer Bürste und reinigen Sie die Gabel dann mit einem fettlösenden Reinigungsmittel. Spülen Sie alle Teile mit warmem Wasser und lassen Sie alles trocknen. Stellen Sie die Gabel dann auf den Kopf, und stützen Sie das Steuerrohr auf einer Werkbank ab. Lösen Sie dann die versenkte Schraube, die den Verstellhebel für die Dämpfung fixiert, und ziehen Sie diesen ab.

Bei Federgabeln kommt fast ausnahmslos synthetisches Öl mit speziellen Additiven zum Einsatz. Ohne diese Additive würde das Öl schlechter schmieren und beim Dämpfungsvorgang schnell Schaum bilden. Die Dämpfungswirkung würde deutlich nachlassen. Dämpferöl ist in verschiedenen Viskositäten erhältlich. Ein zähflüssiges Öl ergibt eine stärkere Dämpfung als ein dünnflüssiges Öl. So können Sie Ihre Federgabel optimal abstimmen.

9 Lasssen Sie das restliche Öl aus dem Tauchrohr laufen und entfernen Sie die Reste mit einem Tuch. Überprüfen Sie die beiden Dichtringe auf Verschleiß und die Tauchrohre auf Rissbildung.

2 Stellen Sie jetzt die Gabel mit dem Steuerrohr nach oben auf die Werkbank. Lösen Sie dann die Abschlusskappe am rechten Standrohr mit einem Ringschlüssel. Einmal gelöst, sollte diese sich von Hand herausdrehen lassen.

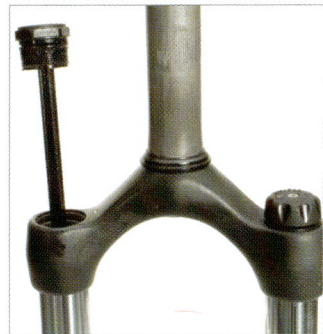

3 Ziehen Sie die Abschlusskappe mit dem Dämpfereinsatz heraus. Sollte dieser klemmen, kippen Sie die Kappe dabei leicht hin und her. Legen Sie den Dämpfer auf ein sauberes Tuch, das überschüssiges Öl aufsaugt.

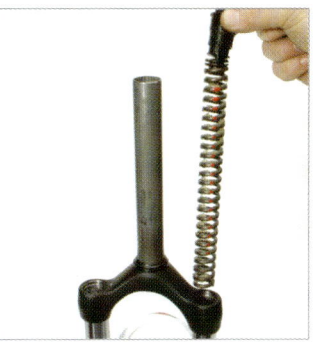

4 Lösen Sie den Einstellknopf am linken Standrohr mit einem passenden Innensechskantschlüssel. Drehen Sie die Einstellvorrichtung heraus. Demontieren Sie die Stahlfeder, und entfernen Sie altes Fett mit einem Tuch.

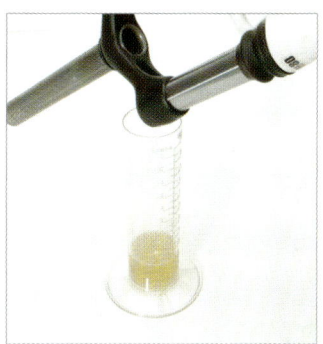

5 Kippen Sie nun die Gabel und lassen Sie das alte Öl aus dem anderen Tauchrohr in einen Behälter laufen. Gießen Sie altes Gabelöl im Interesse der Umwelt nie in die Kanalisation oder auf den Boden.

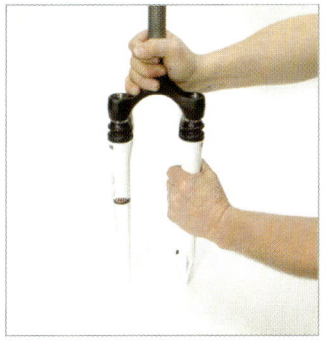

6 Schieben Sie das Tauchrohr ein paar Mal auf und ab, um das restliche Öl freizubekommen. Gießen Sie den Rest in den Behälter. Wiederholen Sie diese Prozedur, bis sich kein Öl mehr in der Gabel befindet.

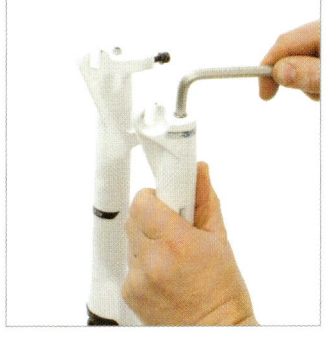

7 Stellen Sie die Gabel wieder auf den Kopf und lösen Sie die versenkt angebrachte Innensechskantschraube im rechten Tauchrohr. Diese Schraube fixiert den Rest des Dämpfereinsatzes in der Mitte des Gabeltauchrohrs.

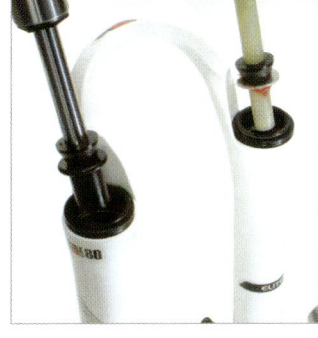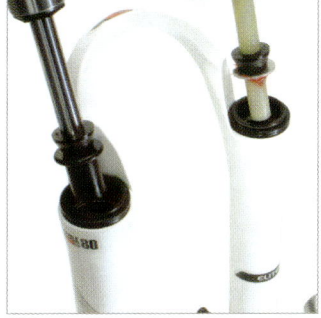

8 Nun lassen sich die Standrohre mitsamt der Gabelbrücke aus den Tauchrohren ziehen. Legen Sie die Standrohre auf ein sauberes, saugfähiges Tuch und wischen Sie überschüssiges Öl sorgfältig ab.

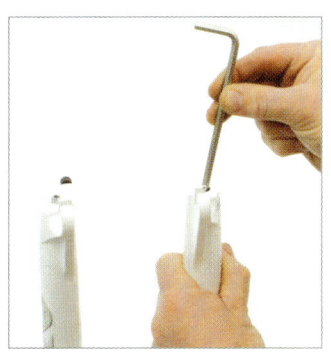

10 Erneuern Sie alle verschlissenen Teile und schieben Sie die Tauchrohre wieder auf die Standrohre. Montieren Sie den Dämpfereinsatz, und fixieren Sie ihn mit der Innensechskantschraube.

11 Füllen Sie frisches Öl ins Standrohr, bis Sie den Ölstand von oben sehen können, und bewegen Sie anschließend das Tauchrohr auf und ab. So fließt das frische Öl auch in die letzten Winkel der Gabel.

12 Messen Sie den Ölstand (Gabel zusammendrücken). Füllen Sie Öl entsprechend den Angaben nach. Ein niedriger Ölstand macht die Gabel am Ende des Federwegs weicher und umgekehrt.

Luftfedergabeln

Luftfedergabeln reagieren sehr empfindlich auf den Ölstand. Die komprimierte Luft steht über dem Öl und wirkt wie eine Feder. Die Höhe des Luftdrucks wirkt sich dabei umgekehrt proportional auf das Einfederverhalten der Gabel aus. Das bedeutet, dass ein Ausgangsluftdruck von 3,5 bar sich nach dem halben Federweg bereits auf 7 bar erhöht hat. Wird die Luft um weitere 50% komprimiert (dies entspricht 75% des Federwegs), erhöht sich der Luftdruck auf 14 bar. Der Ölstand wirkt sich also extrem auf das Federverhalten aus. Ein hoher Ölstand lässt die Gabel im letzten Drittel ihres Federwegs extrem starr werden und umgekehrt. Um Schäden an der Gabel zu vermeiden, müssen Sie unbedingt die Füllstandsangaben des Herstellers beachten.

Klassischer Steuersatz

Einen Steuersatz zu zerlegen und zu reinigen ist einfach. Einen neuen Steuersatz aber sollten nur Profis montieren, die über die nötigen Spezialwerkzeuge verfügen.

Wenn Ihr Rad schon älter ist, kann es passieren, dass sich der Steuersatz nicht mehr so leicht dreht, wie er sollte. Eine Demontage mit anschließender Reinigung und Schmierung wirkt hier wahre Wunder. Es kann aber auch sein, dass sich die Lagerkugeln durch die permanenten Fahrbahnstöße in die Laufflächen der Lagerschalen eingedrückt haben. Jedes Mal, wenn Sie den Lenker einschlagen, müssen die Kugeln dann über die Erhebungen zwischen den eingedrückten Vertiefungen klettern. Die Lenkung rastet in der Mitte ein, und ein sauberes Gera-deausfahren wird unmöglich. Lassen Sie in einem solchen Fall einen neuen Steuersatz montieren.

Sollten Sie einen lockeren Steuersatz ignorieren und ihn nicht korrekt einstellen, drücken sich die Lagerkugeln innerhalb kürzester Zeit in die Laufflächen. Wenn es also ruckelt, sobald Sie die Vorderradbremse betätigen, wird es höchste Zeit, einmal das Lagerspiel am Steuersatz zu checken und gegebenenfalls neu einzustellen.

Oberes Lager

Kontermutter

Einstellmutter

Steuerrohr

Unteres Lager

Gabelschaftrohr

Gabel

Kugeln im Käfig

Bei preiswerten Lagern sitzen die Kugeln meist in einem Käfig und werden nicht lose eingesetzt. Solange der Käfig nicht verbogen ist, spricht wenig dagegen, die Kugeln weiterzuverwenden. Ersatz ist aber problemlos und für wenig Geld zu bekommen.

Vor der erneuten Montage sollten Sie gebrauchte Lager mit fettlösenden Reinigungsmitteln entfetten, mit Wasser spülen und dann trocknen lassen. Versehen Sie die Lagerschale mit neuem Lagerfett und drücken Sie die Kugeln mitsamt dem Käfig hinein. Die Kugeln müsssen die Lauffläche berühren, und der Käfig muss in die entgegengesetzte Richtung weisen. Füllen Sie nun alle Zwischenräume mit neuem Lagerfett.

1 Lösen Sie die Klemmschraube im Vorbau und ziehen Sie ihn samt Lenker und Hebeleien aus dem Gabelschaftrohr. Fixieren Sie die Vorbaueinheit mit einem Kabelbinder am Rahmen. Zu kurze Bowdenzüge müssen ausgehängt werden.

2 Lösen Sie die Kontermutter des Steuersatzes. Verwenden Sie zwei exakt passende Steuersatzschlüssel, sonst ist die Gefahr groß (vor allem bei einem Steuersatz aus Aluminium), dass Sie den Sechskant der Muttern beschädigen.

3 Unter der Kontermutter sitzt eine Unterlegscheibe. Teilweise verfügt diese Scheibe über eine Nase, die in einer Aussparung im Gabelschaftrohr sitzt. Eventuell müssen Sie diese Scheibe mit einem Schraubendreher heraushebeln.

4 Entfernen Sie die Einstellmutter. Bei einem Montageständer müssen Sie die Gabel mit einer Hand stützen, da sie sonst nach unten herausfällt. Achten Sie darauf, dass beim Herausziehen der Gabel keine Kugeln verloren gehen.

5 Entfernen Sie alle Kugeln aus den Lagerschalen. Meist kleben einige in der Einstellmutter oder am unteren Lagerkonus am Gabelkopf. Reinigen Sie alle Einzelteile sorgfältig und untersuchen Sie sie auf Verschleißspuren.

6 Kleben Sie die Kugeln mit wasserfestem Fett in die obere und untere Lagerschale. Stecken Sie das Gabelschaftrohr ins Steuerrohr. Drehen Sie die Einstellmutter so weit auf das Gewinde der Gabel, bis kein Lagerspiel mehr zu spüren ist.

7 Handelt es sich um eingepresste Lager, können Sie diese mit fettlösendem Reinigungsmittel ausspülen und so altes Fett und Schmutz entfernen. Ist alles wieder trocken, werden die Lager mit einer Fettpresse mit frischem Fett versorgt.

8 Montieren Sie die Scheibe und drehen Sie die Kontermutter dagegen. Die Gabel muss sich leicht drehen lassen und darf kein Spiel haben. Halten Sie die Einstellmutter und ziehen Sie die Kontermutter an. Korrigieren Sie die Einstellung gegebenenfalls.

Wann diese Arbeit fällig wird:
◆ Im Rahmen einer Generalüberholung.
◆ Wenn es beim Betätigen der Vorderradbremse ruckelt oder sich der Lenker nur noch schwer einschlagen lässt.

Zeitaufwand:
◆ 30 Minuten, wenn Sie den Vorbau nur demontieren und keine Bowdenzüge aushängen müssen.
◆ 40 Minuten, wenn Sie Lenker und Vorbau komplett demontieren müssen.

Schwierigkeitsgrad: 🔧🔧🔧
◆ Den Steuersatz zu zerlegen, zu reinigen und neu einzustellen ist nicht allzu schwer. Die Montage eines neuen Steuersatzes aber erfordert Spezialwerkzeug zum Einpressen und sollte Profis überlassen werden.

Spezialwerkzeug:
◆ Zwei Steuersatzschlüssel.

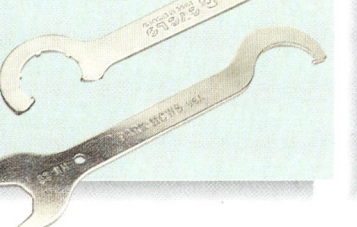

Dichtungen
Achten Sie auf die dünnen O-Ringe aus Gummi, die als Dichtungen fungieren. Sie halten Feuchtigkeit vom Steuersatz fern, sind aber sehr empfindlich (auf keinen Fall überdehnen oder abreißen).
Für Mountainbikes können Sie zusätzliche Dichtungen kaufen.

Aheadset-Steuersatz

Mountainbikes sind fast ausnahmslos mit einem Aheadset-Steuersatz ausgestattet. Dieser lässt sich einfach und ohne Steuersatzschlüssel einstellen.

Ein Aheadset-Steuersatz unterscheidet sich deutlich von der klassischen Konstruktion. Die einzelnen Teile des Lagers werden durch den Vorbau zusammengehalten. Dieser sitzt auf dem glatten Ende des Gabelschaftrohres, wo er mit einer oder zwei seitlich angeordneten Klemmschrauben fixiert wird. Das Gabelschaftrohr weist kein Gewinde auf, wie das in Verbindung mit klassischen Vorbauten der Fall ist (siehe Skizze auf Seite 147). Daher kann ein Aheadset-Vorbau nur minimal durch Zwischenlegen von Distanzringen in der Höhe verstellt werden.

Eingestellt wird der Steuersatz durch die oben im Vorbau sitzende Innensechskantschraube, die in einer meist sternförmigen Klemmkralle (technisch bessere Alternativen siehe Seite 147) im Gabelschaftrohr verschraubt ist. Wird diese Innensechskantschraube angezogen, wandert der Vorbau nach unten und drückt auf die obere Lagerschale; das Lagerspiel wird dadurch verringert und umgekehrt. Der Vorbau muss, damit das Lagerspiel feinfühlig eingestellt werden kann, leicht auf dem Gabelschaftrohr gleiten. Fetten Sie deshalb das Gabelschaftrohr in regelmäßigen Abständen ein.

Mountainbikes sind meist mit 1 $^1/_8$-Zoll-Aheadset-Komponenten ausgestattet, während das Maß bei Rennrädern meist 1 Zoll, seltener auch 1 $^1/_8$ Zoll beträgt. Einige wenige Hersteller verwenden das Maß 1 $^1/_{16}$ Zoll.

Überprüfen Sie das Lagerspiel des Steuersatzes wie bei einem klassischen Steuersatz. Vergessen Sie nicht, nach erfolgter Einstellung die seitlich angeordneten Vorbauklemmschrauben wieder fest anzuziehen. Seit geraumer Zeit sind auch gekapselte Lager erhältlich. Staub und Dreck bleiben draußen, die Wartungsintervalle erhöhen sich deutlich.

Abschluss-kappe

Einstellschraube

Klemmkralle

Gekapselte Lager

1 Nach der Demontage des Steuersatzes müssen Sie die gekapselten Lager prüfen. Drehen Sie die obere und untere Lagerschale mit dem Daumen gegeneinander. Läuft das Lager schwer und rau, hebeln Sie die Dichtung vorsichtig heraus.

2 Ziehen Sie die beiden Hälften auseinander. Säubern Sie alle Teile mit einem fettlösenden Reiniger und checken Sie sie auf Verschleißspuren. Sind sie in Ordnung, füllen Sie das Lager mit frischem Fett und setzen den Dichtring wieder ein.

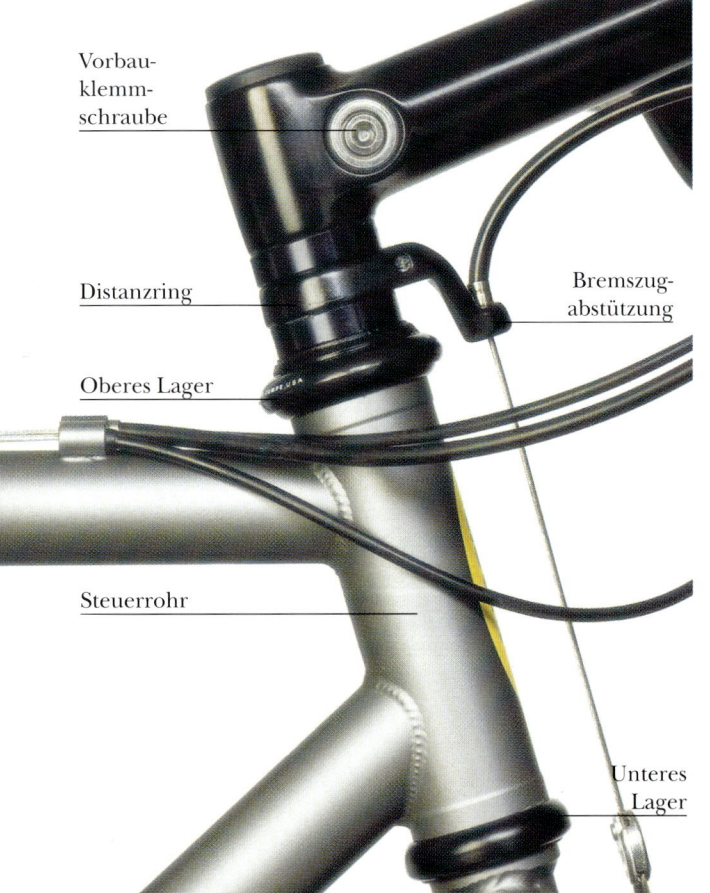

Vorbau-klemm-schraube

Distanzring

Oberes Lager

Steuerrohr

Bremszug-abstützung

Unteres Lager

Variationen

Innerhalb des Aheadset-Systems gibt es viele, sich meist nur leicht unterscheidende Ausführungen. Manchmal sitzt die Einstellschraube versteckt unter einer Gummikappe, oder die Abdeckung des oberen Lagers wird durch drei seitlich angeordnete, versenkte Madenschrauben fixiert.

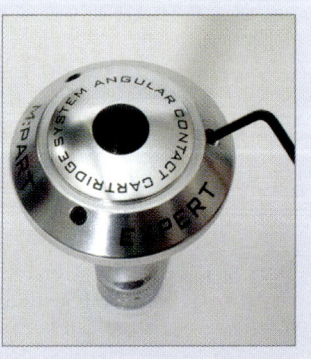

Aheadset-Steuersatz zerlegen und montieren

1 Entfernen Sie die Einstellschraube, die in der Klemmkralle im Gabelschaftrohr verschraubt ist, und ziehen Sie die Abschlusskappe nach oben heraus. Lösen Sie dann die Vorbauklemmschrauben.

2 Ziehen Sie den Vorbau nach oben ab. Entfernen Sie evtl. vorhandene Distanzringe und die Abdeckung des oberen Lagers. Achtung: Die Gabel wird jetzt nur noch durch den Kompressionsring gehalten.

3 Dieser Kompressionsring ist meist an einer Seite offen. Halten Sie die Gabel mit einer Hand, und hebeln Sie den keilförmigen Ring mit der Spitze eines Teppichmessers vorsichtig nach oben.

4 Wurde der Kompressionsring auf dem Gabelschaftrohr nach oben geschoben, lassen sich evtl. vorhandene Dichtungen und das gekapselte Lager bzw. die obere Lagerschale nach oben herausheben.

5 Lassen Sie nun die Gabel nach unten aus dem Rahmen gleiten und demontieren Sie anschließend das untere Lager. Entfernen Sie auch hier das alte Fett und überprüfen Sie alle Teile auf Verschleiß.

6 Checken Sie gekapselte Lager (falls verbaut) auf leichten Lauf. Bei herkömmlichen Lagern werden beide Lagerschalen mit frischem Fett versorgt. Fetten Sie dann die im Käfig sitzenden Lagerkugeln.

7 Stecken Sie die Gabel wieder ins Steuerrohr. Setzen Sie das neu gefettete obere Lager samt obere Lagerschale ein. Schieben Sie den Kompressionsring über das Gabelschaftrohr.

Wann diese Arbeit fällig wird:
◆ Im Rahmen einer Generalüberholung.
◆ Wenn die Lenkung schwer gängig ist.
◆ Wenn die Gabel im Steuerrohr wackelt.
Zeitaufwand:
◆ 30 Minuten. Aheadset-Steuersätze sind einfach aufgebaut und die Demontage der Hebeleien sollte nicht nötig sein.
Schwierigkeitsgrad: ✗✗✗
◆ Das Schwierigste beim Aheadset-Steuersatz ist das Verstehen der Konstruktion.

Aheadset-Vorbau montieren

1 Der Vorbau lässt sich leichter montieren, wenn die Gabel am Rahmen angebunden wird. Montieren Sie evtl. vorhandene Distanzringe. Schieben Sie den Vorbau mit der Hand auf das Gabelschaftrohr.

2 Reinigen und fetten Sie das Gewinde der Einstellschraube. Drehen Sie diese in die Krallenmutter. Der Vorbau muss gleichmäßig auf der oberen Lagerabdeckung aufliegen.

3 Ziehen Sie die Einstellschraube leicht an, bis kein Lagerspiel mehr vorhanden ist und sich die Gabel dennoch frei und ohne spürbaren Widerstand drehen lässt. Korrigieren Sie gegebenenfalls.

4 Ziehen Sie die Vorbauklemmschrauben leicht an und richten Sie den Vorbau dann parallel zum Vorderrad aus. Ziehen Sie nun die Klemmschrauben fest an, und machen Sie eine Probefahrt.

Beleuchtung

Viele Radfahrer haben eine schlecht funktionierende Beleuchtung am Rad. Eine gute Lichtanlage aber macht Ihr Rad rund um die Uhr einsatzbereit.

Die allgemeine Straßenverkehrszulassungsordnung (StVZO) schreibt für Fahrräder eine dynamobetriebene Lichtanlage mit einer Leistung von 3 Watt (2,4 Watt vorn, 0,6 Watt hinten) vor. Zusätzlich sind je zwei gelbe Reflektoren an Laufrädern und Pedalen sowie ein roter Rückstrahler und ein weißer Frontstrahler vorgeschrieben. Reflektoren wie auch Scheinwerfer und Rücklicht müssen mit einem Prüfzeichen in Form einer Wellenlinie versehen sein.

Batterie- bzw. akkubetriebene Lichtanlagen sind nur als Zusatzbeleuchtung erlaubt. Die derzeit stärkste, genehmigte Akku-Lichtanlage der Firma Sigma bietet 5 Watt Leistung für den Scheinwerfer. Die leistungsfähigen und extrem sicheren Akkuanlagen mit einer Lichtleistung von bis zu 30 Watt sind auf öffentlichen Straßen leider noch nicht erlaubt. Hier sollte der Gesetzgeber rasch handeln und eine neue Regelung schaffen.

Batteriebetriebene Diodenrücklichter sind weithin zu sehen, brennen im Stand und verbrauchen extrem wenig Strom. Als Zusatz zum dynamobetriebenen Rücklicht stellen Sie eine sinnvolle Investition dar. Bei diesen Rücklichtern wird das Licht nicht durch eine Glühbirne, sondern durch Leuchtdioden erzeugt. Deren Wirkungsgrad ist sehr gut, ihre Lebensdauer nahezu unbegrenzt.

Herkömmliche Batteriebeleuchtungen, die meist an Rahmen oder Lenker angeklipst werden, akzeptiert der Gesetzgeber als alleinige Lichtquelle nur an Rennrädern mit einem Gewicht von unter 11 kg. Sind diese Batterielichter mit Halogenbirnen ausgestattet, ist die Lichtausbeute akzeptabel. Die Batterien aber reichen häufig nur für zwei bis drei Stunden Brenndauer. Betreiben Sie diese Lichtanlagen möglichst mit aufladbaren Akkus, um Ihre Umwelt und Ihren Geldbeutel zu schonen.

Bei den Dynamos gibt es verschiedene Ausführungen. Am weitesten verbreitet ist der Reifendynamo, der auf der Reifenflanke läuft. Bei Nässe oder Schnee rutscht er aber leicht durch. Der Rollendynamo (nicht für Stollenreifen geeignet!) wird hinter dem Tretlagergehäuse montiert und läuft auf dem Reifenprofil. Speichendynamos kennen keine Antriebsprobleme. Sie werden auf der Radachse montiert und von einem kleinen, in die Speichen greifenden Hebel angetrieben. Nabendynamos kennen ebenfalls keine Antriebsprobleme. Sie sind perfekt geschützt in die Nabe integriert und bieten einen hervorragenden Wirkungsgrad. Wenn Ihr Rad zum Stillstand kommt, stehen Sie allerdings buchstäblich im Dunkeln. Hier hilft nur eine Standlicht- oder eine zusätzliche Akkulichtanlage weiter.

Batterielichter

1 Diodenrücklichter sind hell, benötigen wenig Strom und brennen auch im Stand. Sie werden mit einem kleinen Schalter an der Rückseite eingeschaltet. Meist sind sie nur zusätzlich zu einem batteriebetriebenen Rücklicht zugelassen.

2 Viele Diodenrücklichter werden einfach zusammengeklipst. Zum Batterienwechsel hebeln Sie die beiden Gehäusehälften mit einem Schraubendreher auseinander. Beschädigen Sie nicht die dazwischen liegende Gummidichtung.

> **Straßenverkehrsordnung**
> Jedes Fahrrad muss, sobald es auf öffentlichen Straßen eingesetzt wird, der StVZO entsprechend ausgestattet sein. Besorgen Sie sich den neuesten Gesetzestext, um sich zu informieren. Machen Sie sich auch mit Ihren Rechten im Verkehr vertraut, so sind Sie immer auf der sicheren Seite.

Dynamo montieren

1 Moderne Dynamos verfügen oft über eine Standlichteinrichtung, die den Scheinwerfer dann im Stand weiterleuchten lässt. Ein Überspannungsschutz verhindert durchgebrannte Birnen bei schnellen Abfahrten.

2 Montieren Sie den Dynamo an der Gabel so, dass die Reibrolle auf dem geriffelten Streifen auf der Reifenflanke läuft. Richten Sie den Dynamo so aus, dass er parallel zu den Speichen steht. Ziehen Sie die Befestigungsschraube fest an.

Auffällige Kleidung

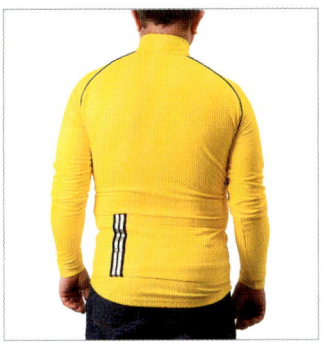

3 Überprüfen Sie die Batterien regelmäßig, vor allem vor längeren Nachtfahrten. Nehmen Sie Ersatzbatterien mit auf Tour. Glühbirnen sollten nie direkt am Glas berührt werden – sie brennen sonst schnell durch. Verwenden Sie ein weiches Tuch.

1 Tragen Sie möglichst auffällige Farben – auch am Tag! Für Alltagsradler, die viel bei Dunkelheit unterwegs sind, ist ein leuchtend gelbes Radtrikot erste Wahl. Aufgenähte Reflektoren tun ein Übriges, rechtzeitig gesehen zu werden.

2 Regenkleidung bekommen Sie in vielen Farben, aber Gelb besitzt sicher den größten Aufmerksamkeitswert. Regenkleidung für Radfahrer ist oft zusätzlich mit Reflexstreifen versehen, die im Scheinwerferlicht weithin leuchten.

3 Radhandschuhe mit gepolsterten Handflächen erhöhen den Fahrkomfort, und das kräftige Gewebe schützt Ihre Hände bei einem Sturz. Finden sich auf dem Handrücken Reflexstreifen, kann eigentlich nichts mehr schief gehen.

Kontakte reinigen

Die Beleuchtung am Rad ist Wind und Wetter ausgesetzt. Korrosion an den Kontakten ist nur eine Frage der Zeit. Reinigen Sie die Kontakte an Batterien und Glühbirne regelmäßig. Grüne Ablagerungen entfernen Sie mit feinem Schleifpapier. Sprühen Sie alle Kontakte und den Schalter mit Kontaktspray ein.

Reflexmaterial

Fahrradrücklichter sind recht klein und ihr Licht wird, vor allem im Stadtverkehr, leicht von anderen Lichtquellen überstrahlt. Als zusätzlichen Schutz gibt es äußerst effektive Reflexmaterialien in Form von Aufklebern oder Anhängern bzw. Gurten für die Kleidung. Vor allem Reflex-Westen, aber auch Reflexbänder an Armen und Beinen haben einen enormen Aufmerksamkeitswert, da Sie sich ständig bewegen und daher kaum zu übersehen sind. Auch Radrucksäcke, Helme und der Rahmen selbst können mit reflektierenden Materialien weithin sichtbar gemacht werden.

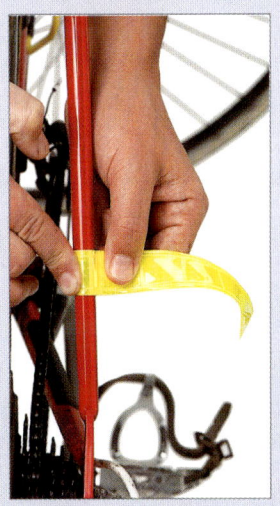

3 Sorgen Sie dafür, dass der Dynamo an der Befestigungsschraube Kontakt zum Metall des Rahmens hat. Entfernen Sie notfalls den Lack mit einer Feile. Verlegen Sie die Drähte zum Scheinwerfer und Rücklicht.

4 Damit die Drähte nicht abgerissen werden, müssen sie um Bowdenzüge gewickelt und mit Kabelbindern am Rahmen fixiert werden. Etwas Sprühöl schützt die Kontakte für eine Weile vor Feuchtigkeit und Korrosion.

Zubehör

Sie können jede Menge Zubehör an Ihr Rad montieren: vom Flaschenhalter übers Bordwerkzeug bis hin zum Packtaschenset für die Weltreise.

F ür Alltagsradler sind Schutzbleche fast unverzichtbar. Steckschutzbleche, die nur bei Bedarf auf fest mit dem Rahmen verschraubte Halter gesteckt werden, sind eine Möglichkeit. Sie bieten aber nur mittelmäßigen Schutz. Fest montierte Bleche sind für Alltagsfahrer die weitaus bessere Lösung. Sie werden fest mit dem Rahmen verschraubt, sind ausreichend lang und mit stabilen Streben an den Ausfallenden abgestützt. Perfekt ist die Montage mittels so genannter Secu-Clips. In diese werden die Schutzblechstreben einfach eingesteckt, also nicht starr mit dem Rahmen verschraubt. Verfängt sich mal ein Ast im Schutzblech, zieht es die Streben heraus, ein blockiertes Rad wird vermieden. Gute Schutzbleche sollten etwa einen Zentimeter breiter als der Reifen sein. Andernfalls kommt links und rechts zu viel Sprühnebel vorbei. Achten Sie auch darauf, dass die Bleche weit nach unten reichen. Notfalls können Sie sie mit einem Gummilappen verlängern. So werden auch die Kettenblätter und die Kette besser vor Schmutz und Feuchtigkeit geschützt.

Ein Rad ohne Gepäckträger ist wie ein PKW ohne Kofferraum: Erst ein Gepäckträger macht das Rad einsatzbereit für Alltag oder Radreisen. Geben Sie einem Gepäckträger mit Vierpunktbefestigung den Vorzug; die Verschraubung des Trägers mit dem Rahmen an vier statt nur an drei Punkten fällt wesentlich stabiler aus.

Bei den Packtaschen lohnt es sich ganz besonders, auf gute Qualität zu achten. Ein stabiles und durchdachtes Aufhängungssystem ist ebenso wichtig wie robuste Reißverschlüsse und strapazierfähige Gewebe. Verschweißte Taschen sind absolut wasserdicht und vernähten Ausführungen vorzuziehen.

Bügelschloss, Werkzeugtasche und Luftpumpe finden an am Rahmen montierten Halterungen Platz; so sind sie immer dabei. Und ein Flaschenhalter lässt sich problemlos an den dafür vorgesehenen Anlötteilen am Unterrohr montieren.

Flaschenhalter

1 Flaschenhalter sind genormt und lassen sich problemlos an den entsprechenden Anlötteilen montieren. Drehen Sie deren Innensechskantschrauben heraus und verschrauben Sie damit den Flaschenhalter.

2 Luftpumpen können direkt am Rahmen befestigt werden. So sind sie immer dabei. Wer viel in der Stadt unterwegs ist, montiert eine abschließbare Pumpenhalterung.

Schutzbleche/Gepäckträger

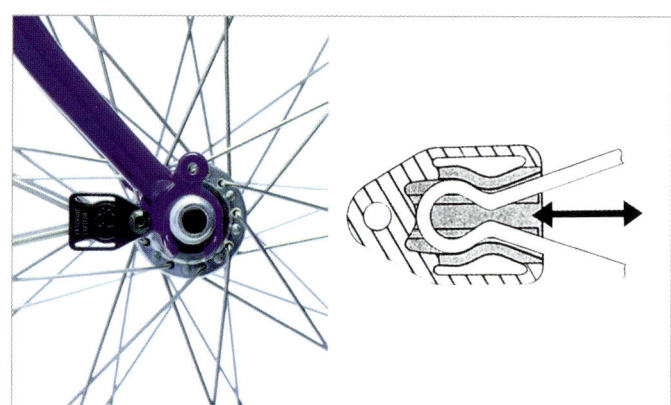

1 Secu-Clips sind aus rostfreiem Stahl und werden statt der Schutzblechstreben mit den Anlötteilen an Rahmen bzw. Gabel verschraubt. In diese Clips werden nun die Schutzblechstreben gesteckt. Vorteil: Verfängt sich ein Gegenstand im Schutzblech, wird die Strebe aus dem Clip gerissen. Ein blockierendes Laufrad und der damit meist verbundene Sturz werden vermieden. Diese Clips sind einzeln erhältlich und universell zu verwenden.

5 Lasten können Sie mit einem Gummispanner auf dem Gepäckträger befestigen. Besser aber sind Packtaschen. Ein über dem Ausfallende eingehängter Gummispanner verhindert, dass die Taschen hin und her schwingen. Achten Sie auf gute Verarbeitung und vor allem darauf, dass die Taschen ausreichend Fersenfreiheit bieten.

Fahrradschlösser

1 Obwohl schwer und nicht ganz billig, stellen am Rahmen mitgeführte Bügelschlösser den besten Diebstahlschutz für Ihr Rad dar. Manche Radler bevorzugen etwas leichtere Kettenschlösser.

2 Die Halterung für ein Bügelschloss sollte aus Kunststoff sein. So klappert nichts und der Rahmen bleibt unbeschädigt. Ziehen Sie die Mutter des Klemmbügels so an, dass das Schloss sicher im Halter sitzt.

3 Bügelschlösser dürfen nicht zu klein gekauft werden. Sichern Sie Rahmen und Hinterrad an einem Laternenpfahl zusammen mit dem demontierten und neben das Hinterrad gestellten Vorderrad.

Schlösser pflegen
Auch Radschlösser benötigen ein Minimum an Pflege: Ohne einen gelegentlichen Tropfen Öl wird der Schließzylinder schwer gängig; im Extremfall laufen Sie Gefahr, den Schlüssel abzubrechen. Verwenden Sie ein zähes Kettenöl; es wird vom Regen nicht so leicht ausgewaschen.

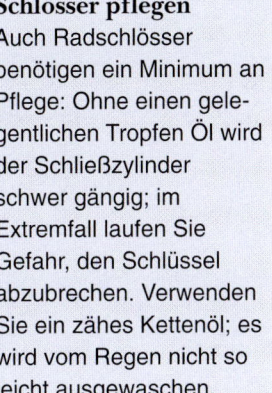

2 Schrauben Sie den Halteclip am Bremssteg fest. Den um die Schutzblechränder gebogenen Halteclip können Sie mit einer Zange fest andrücken. Überprüfen Sie das Schutzblech auf gleichmäßigen Sitz. Korrigieren Sie notfalls durch Verschieben der Streben in den leicht geöffneten Halteschrauben.

3 Verschrauben Sie den Gepäckträger an den Gewindeaugen an Sitzstreben und Ausfallenden. Sind an den Sitzstreben keine Anlötteile vorhanden, können Sie den Gepäckträger an der Bohrung im Bremssteg befestigen. Verwenden Sie selbstsichernde Muttern; so sitzt der Träger über viele Kilometer sicher.

4 Verfügt Ihr Rad nicht über Anlötteile zur Gepäckträgermontage, können Sie sich mit Adaptern behelfen, die beispielsweise auf das Sitzrohr geschoben werden (Abbildung). Auch für fehlende Anlötteile an den Ausfallenden oder an Federgabeln sind spezielle Adapter im Fachhandel erhältlich.

Spritzschutz
Wer keine Schutzbleche an seinem Rad montieren möchte, braucht auf einen wirkungsvollen Spritzschutz dennoch nicht zu verzichten: »Crud Catcher« werden mittels Klettband oder Gummiband in

Sekundenschnelle am Unterrohr befestigt und fangen vom Vorderrad hoch geworfenen Schlamm und Nässe auf.

6 Steckschutzbleche sind eine echte Alternative zu fest montierten Schutzblechen. Sie bieten zwar nicht ganz so viel Schutz, können aber für Fahrten bei gutem Wetter schnell und problemlos abgenommen werden. Steckschutzbleche werden auf fest mit dem Rahmen verschraubte Halter aufgesteckt.

Wichtige Fachbegriffe

Nachfolgend finden Sie die von Fahrradprofis am häufigsten verwendeten Fachbegriffe erläutert.

A

Achse: *Die Welle, um die sich bei einem Lager alles dreht.*

Aheadset: *Steuersatz, bei dem das Lagerspiel nicht über ein Gewinde auf dem Gabelschaftrohr eingestellt wird, sondern über den Vorbau. Dieser gleitet auf dem Gabelschaftrohr und wird festgeklemmt, wenn das Lagerspiel korrekt eingestellt ist.*

Alu: *Abkürzung für Aluminium. Ein Leichtmetall, das oft mit Magnesium und Silizium legiert ist und im Fahrradbau häufig eingesetzt wird.*

Alufelgen: *Alle neueren Räder sind mit Felgen aus Aluminium ausgestattet. Stahlfelgen sind schwer und rostanfällig. Sie ergeben in Verbindung mit Felgenbremsen eine schlechte Bremswirkung.*

Anlötteile: *Mit dem Rahmen verschweißte oder verlötete Gewindebuchsen oder Ösen zur Befestigung von Flaschenhaltern, Schutzblechen und Gepäckträgern. Auch die Kabelstopper werden als Anlötteile bezeichnet.*

Antrieb: *Sämtliche Komponenten, die dafür sorgen, dass die Beinkraft aufs Hinterrad übertragen wird.*

Ausfallenden: *In Rahmen und Gabel eingelötete oder angeschweißte Aufnahmen für die Laufräder.*

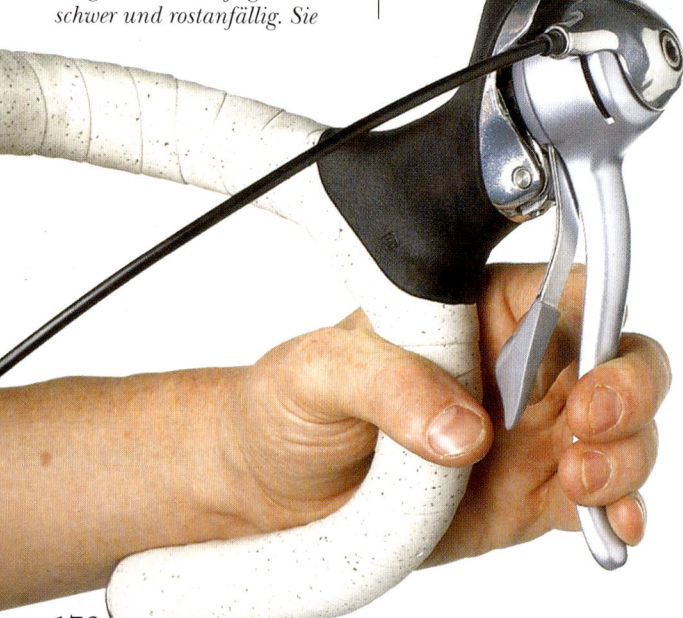

B

Barends: *An den Lenkerenden befestigte, gerade oder L-förmige Rohrstücke, die überaus wertvolle zusätzliche Griffmöglichkeiten bieten; Barends werden auch als Lenkerhörnchen oder Bull Horns bezeichnet.*

C

Cantilever-Bremse: *Steife, leichte und effektive Bremse, bei der zwei unabhängige, durch ein Querkabel miteinander verbundene kurze und steife Bremsarme auf speziellen Anlötteilen (Bremssockel) an der Gabel bzw. den Sitzstreben montiert werden.*

Carbon: *Extrem belastbares und sehr teures Material aus Kohlefasern, aus dem Rahmen, Sattelstützen und andere Komponenten gefertigt werden. Die Fasern werden häufig zu einem Tuch gewoben und mit Harz gebunden.*

Columbus: *Italienischer Hersteller hochwertiger Rahmenrohre.*

Cromoly: *Kürzel für mit Chrom und Molybdän legierten Stahl; wird für hochwertige Rahmenrohre verwendet.*

D

Diamantrahmen: *Klassische Rahmenbauform, bei der die Rahmenrohre ein Rechteck mit Diagonalen, eine so genannte Raute (engl. diamond) bilden. Ein derartiges Rechteck kann nicht scheren und vereinbart hohe (senkrechte) Belastbarkeit mit leichter Bauweise. Der englische Ausdruck fand Eingang in den deutschen Namen.*

Double butted: *An beiden Enden konifiziertes (verstärktes) Rahmenrohr. Bei gleicher Stabilität leichter als ein Rahmenrohr mit durchgehend konstanter Wandstärke.*

Dual-Pivot-Bremsen: *Zwitter aus Seitenzug- und Mittelzugbremse. Kompakter als Mittelzug- und leistungsfähiger als Seitenzugbremsen.*

E

Endverstärkung: *Zum Ende hin in der Wandstärke stärker werdendes Rahmenrohr.*

Entfaltung: *Angabe über den pro Kurbelumdrehung zurückgelegten Weg. Bei Ü=4 (siehe Übersetzungsverhältnis) und einem Reifenumfang von 2,1 m beträgt die Entfaltung 8,4 m.*

F

Federgabel: *Spezielle Vorderradgabel, die Bodenunebenheiten mit dem Ziel abfedert, den Fahrkomfort, die Sicherheit (verbesserter Bodenkontakt des Vorderrades) sowie die erreichbare Höchstgeschwindigkeit auf schlechtem Untergrund zu steigern.*

Felge: *Teil des Laufrades, auf dem der Reifen montiert ist. Bei Felgenbremsen fungieren die Felgenflanken als Bremsflächen. Oft aus Aluminium, seltener aus Stahl gefertigt.*

Fettlöser: *Reinigungsmittel mit der Eigenschaft, Fett- und Ölrückstände zu lösen.*

Freilauf: *Zwischen Ritzelpaket und Hinterradnabe sitzende Vorrichtung, die es erlaubt, Pedalkraft nur in Fahrtrichtung zu übertragen. Beim Rückwärtstreten bzw. Stillstand der Pedale geben Sperrklinken die Verbindung frei.*

Fully: *Liebevolle Abkürzung für Full Suspension Bike (vollgefedertes Rad).*

G

Gabel: *Drehbarer Teil des Rahmens, der das Vorderrad aufnimmt und aus Gabelschaftrohr und den beiden Gabelscheiden besteht.*

Gabelkopf: *Verbindungsstelle zwischen Gabelschaftrohr und den beiden Gabelscheiden. Teilweise ist der Gabelkopf in Feinguss ausgeführt. Bei neueren Gabeln werden die Gabelscheiden direkt mit dem Gabelschaftrohr verschweißt.*

Gabelschaftrohr: *Oberes Rohr der Gabel, das über den Steuersatz drehbar mit dem Steuerrohr verbunden ist und den Vorbau aufnimmt.*

H

Hammer: *Werkzeug, das am Fahrrad nur äußerst vorsichtig eingesetzt werden sollte.*

I

Indexschaltung: *Kettenschaltung, bei der die Gänge präzise einrasten und nicht mehr wie früher mit viel Fingerspitzengefühl eingelegt werden müssen. Die Indexierung (auch Rasterung oder Positionierung genannt) sitzt dabei in den Schalthebeln.*

Innenlager: *Lager, welches die Kurbeln drehbar mit dem Rahmen verbindet.*

Innenlagergehäuse: *Kurzes Querrohr an der Verbindungsstelle von Unter- und Sitzrohr. Im Innenlagergehäuse befindet sich das Innenlager.*

Innensechskantschlüssel: *L-förmiger Schlüssel, der in den Sechskant im Kopf von Innensechskantschrauben passt und der einzeln oder auch in Sets erhältlich ist.*

K

Kabelstopper: *Anlötteil in Form eines hohlgebohrten Röhrchens. An den Kabelstop-*

pern stützt sich die Außenhülle des Bowdenzuges ab, während der Seilzug durch den Kabelstopper hindurchläuft. Geschlitzte Kabelstopper erlauben es, den Bowdenzug zum Abschmieren auszuhängen, ohne dessen Einstellung zu verändern.

Kassettennabe: *Nabe, bei der das Ritzelpaket auf den Kassettenkörper der Nabe aufgesteckt wird. Der Freilauf ist in die Nabe integriert. Standard bei Sieben-, Acht- und Neunfach-Ritzelpaketen.*

Keilkurbeln: *Kurbeln, die mittels eines Stahlkeiles mit einer schrägen Fläche mit der Innenlagerachse verschraubt werden. An neueren Rädern kaum noch zu finden.*

Kettenblatt: *Zahnräder (meist deren drei), die auf einem vier- oder fünfarmigen Stern auf der rechten Kurbel verschraubt werden und über die Kette das Hinterrad antreiben.*

Kettenschutz: *Aus Blech oder Kunststoff gefertigte Schutzvorrichtung für die Hosenbeine des Radlers. Nebenbei wird auch noch die Kette vor Schmutz und Nässe geschützt.*

Kettenstrebe: *Die beiden dünnen Rahmenrohre, die vom Innenlagergehäuse nach hinten zu den Ausfallenden führen. Im Innenlagerbereich häufig ovalisiert.*

Kevlar: *Extrem belastbare Kunstfaser, die zur Verstärkung von Reifen und anderen Komponenten eingesetzt wird.*

Konuslager: *An Fahrrädern häufig verwendetes, einstellbares Kugellager, bei dem die Lagerkugeln zwischen zwei kreisbogenförmig ausgeformten Laufflächen laufen, wovon eine als verstellbarer Konus ausgebildet ist.*

Kugellager: *Reibungsmindernde Vorrichtung, bei der sich Kugeln zwischen einem feststehenden und einem drehenden Teil befinden, die*

dank ihrer punktförmigen Auflagefläche extrem leicht laufen.

Kupferpaste: *Leichtes Fett, das ein Metall in Pulverform enthält, oft Kupfer. Es verhindert zuverlässig ein Festfressen metallischer Verbindungen.*

Kurbeln: *Die Komponenten, die die Pedale mit dem Innenlager verbinden. Fast ausnahmslos aus geschmiedetem Aluminium gefertigt, seltener aus Stahl.*

Kurbelgarnitur: *Die Kombination aus Kettenblättern, Kurbeln und Innenlager wird als Kurbelgarnitur bezeichnet.*

Kreuzschlitzschraubendreher: *Schraubendreher mit kreuzförmiger Spitze. An Fahrrädern kommen häufig die Größen 1 und 2 zum Einsatz.*

L

Lager: *Vorrichtung zur Reibungsminderung sich drehender oder gleitender Teile. Die Hauptlager am Fahrrad sind Steuersatz, Innenlager und Radlager.*

Lagerschale: *Teil eines Konuslagers, das oft fest in den Rahmen eingepresst ist und auf dessen Lauffläche sich die Lagerkugeln drehen.*

M

Mittelzugbremse: *Effektive, zuverlässige Felgenbremse, bei der zwei unabhängige Bremsarme auf einer gemeinsamen Grundplatte montiert sind; an ihr setzt der Bremszug mittig an. Wird nicht mehr produziert.*

Muffe: *Stahlteil, häufig gegossen, das die Rahmenrohre bei verlöteten Rahmen miteinander verbindet und die Rohrwinkel vorgibt.*

N

Nabenschaltung: *Alternative zur Kettenschaltung. In die Hinterradnabe integrierte Schaltung mit 3 bis 14 Gängen, die sehr zuverlässig und wartungsarm ist. Der Wirkungsgrad ist etwas schlechter als bei einer Kettenschaltung.*

Nippel: *Kleine, mit einem Innengewinde versehene Mutter, die die Speichen mit der Felge verbindet. Durch Anziehen des Nippels wird die Speiche gespannt.*

Normalreifen: *Reifen, der einen draht- oder kevlarverstärkten Wulst besitzt, der sich durch den Luftdruck im entsprechend ausgeformten Felgenprofil verkeilt und mit einem separaten Schlauch montiert wird.*

O

Oberrohr: *Das Rahmenrohr, das Steuer- und Sitzrohr miteinander verbindet. Meist waagerecht; um ausreichende Schrittfreiheit zu gewährleisten, ist es aber immer öfter nach hinten abfallend angeordnet.*

P

Patronenlager: *Innenlager, das als komplette, mit dauergeschmierten Kugellagern ausgestattete Einheit ins Innenlagergehäuse geschraubt wird. Braucht nicht eingestellt zu werden und ist extrem wartungsarm. Wird immer beliebter.*

Q

Querkabel: *Kurzes Drahtseil, das die Bremsarme bei Cantilever- und Mittelzug-Bremsen miteinander verbindet.*

R

Rahmenhöhe: *Größenangabe für Fahrradrahmen. Wird in Zentimetern oder Zoll angegeben und zwischen Innenlagerachsenmitte und Oberkante Oberrohr gemessen. Die Innenbeinlänge mit dem Faktor 0,65 multipliziert ergibt die korrekte Rahmenhöhe für Straßenräder.*

Rahmengeometrie: *Die Winkel, in denen Ober- und Sitzrohr sowie Ober- und Steuerrohr zueinander stehen. Diese Winkel beeinflussen das Fahrverhalten in hohem Maße.*

Reifenflanke: *Verbindet den Reifenwulst mit der Lauffläche.*

Reifenventil: *Vorrichtung, die es erlaubt, Luft in den Reifen zu pumpen, ohne dass diese wieder entweichen kann. Bei Fahrrädern ist das Reifenventil in den Schlauch einvulkanisiert.*

Reifenwulst: *Teil des Reifens, der im Felgenbett sitzt. Meist mit Stahldrähten verstärkt, seltener mit Kevlarfasern (Faltreifen).*

Reynolds: *Britischer Hersteller hochwertiger Rahmenrohre.*

Ritzel: *Auf der Hinterradnabe montierter Zahnkranz (meist acht oder neun), über den die Kette läuft. Die miteinander verschraubte oder vernietete Kombination aus fünf bis zehn Ritzeln wird als Ritzelpaket bezeichnet.*

S

Sattelstütze: *Im Sitzrohr oft mittels Schnellspanner fixiertes Rohr, das oben den Sattel trägt und* *dessen Höhenverstellbarkeit ermöglicht. Als Sattelkerze oder Patentsattelstütze erhältlich.*

Schaltauge: *Mit einem Gewinde versehener Fortsatz am hinteren rechten Ausfallende, an dem das Schaltwerk befestigt wird.*

Schalthebel: *An Lenker oder Unterrohr befestigte Vorrichtung zum Gangwechsel.*

Schalträdchen: *Kleine Zahnräder, im Schaltkäfig des Schaltwerks montiert, die die Kette auf ihrem Weg von den Ritzeln zu den Kettenblättern führen.*

Schaltwerk: *Federnd gelagerter Schaltmechanismus, der es erlaubt, die Kette »ferngesteuert« über den rechten Schalthebel auf das gewünschte Ritzel an der Hinterradnabe zu befördern. Wird am Schaltauge des rechten hinteren Ausfallendes mit dem Rahmen verschraubt.*

Scheibenbremse: *Äußerst effektive, oft hydraulisch betätigte Bremse. Die Bremsscheibe ist mit der Nabe verschraubt, der Bremssattel wird an Rahmen bzw. Gabel montiert. Technisch aufwändig, aber nahezu wartungsfrei.*

Schlauchreifen: *Sehr leichte Reifen- und Schlauchkombination, bei der der Schlauch in die Reifenkarkasse eingenäht ist. Wird auf einer speziellen Felge verklebt und nur bei Rennrädern eingesetzt.*

Schnellspanner: *Vorrichtung, die es erlaubt, Laufräder und Sattelstütze ohne Werkzeug von Hand zu fixieren bzw. zu lösen.*

Schrader-Ventil: *Schlauchventil (Durchmesser 8 mm); identisch mit der an Pkws verwendeten Ausführung.*

Sclaverand-Ventil: *Schlauchventil (Durchmesser 6 mm), das bei schmalen Felgen verwendet wird und mit einer winzigen Rändelmutter geschlossen wird.*

Seilzugkäppchen: *Abschlusskappe aus Aluminium, die auf das Ende eines Seilzugs gequetscht wird und das Ausfransen verhindert.*

Seitenzugbremse: *Meist an Straßenrädern verwendete Felgenbremse, bei der der Bremszug seitlich ansetzt.*

Sitzrohr: *Rahmenrohr, das vom Innenlagergehäuse fast senkrecht nach oben führt und die Sattelstütze aufnimmt.*

Sitzstreben: *Die beiden dünnen Rahmenrohre, die von den Ausfallenden hinauf zum Sitzrohr verlaufen.*

Slicks: *Reifen für Mountainbikes mit kaum oder gar keinem Profil. Sie werden auf der Straße oder auf trockenem, griffigen Untergrund eingesetzt.*

Speiche: *Dünner »Draht«, der die Nabe mit der Felge verbindet.*

Spiel: *Seitliche Beweglichkeit*

eines Lagers. Geringes Spiel ist notwendig, es darf aber nie zu groß werden.

Sprühöl: *Schmierstoff, oft auf Silikonbasis, in einer Sprühdose. Auch speziell für die Bedürfnisse am Fahrrad erhältlich.*

Steuerrohr: *Das kürzeste Rohr am Fahrradrahmen. Verbindet Ober- und Unterrohr und nimmt die Gabel auf.*

Steuersatz: *Lager, das Gabel und Rahmen drehbar miteinander verbindet und somit das Lenken ermöglicht.*

STI: *Brems-/Schalthebel-Kombination von Shimano für Rennräder. Hierbei sind die Schalthebel in die Bremshebel integriert.*

Stollenreifen: *Grob profilierte Reifen für Mountainbikes, die gute Traktion selbst in Matsch und Schlamm bieten.*

T

Trekkingrad: *Rad, das große Laufräder und einen normalen Rahmen mit Mountainbikekomponenten verbindet.*

U

Übersetzungsverhältnis: *Zahl, die angibt, wie oft sich das Hinterrad bei einer Kurbelumdrehung dreht. Beispiel: 48 Zähne vorn dividiert durch 12 Zähne hinten ergeben Ü=4. Das Hinterrad dreht sich bei einer Kurbelumdrehung also viermal.*

Umwerfer: *Federnd gelagerter Schaltmechanismus, der es erlaubt, die Kette »ferngesteuert« über den linken Schalthebel auf das gewünschte Kettenblatt an der rechten Kurbel zu befördern. Wird mittels einer Schelle am Sitzrohr angeschraubt.*

Unterrohr: *Rahmenrohr, das vom Steuerrohr nach unten zum Innenlagergehäuse führt. Meist das Rahmenrohr mit dem größten Durchmesser.*

V

V-Bremse: *Weiterentwickelte Cantilever-Bremse mit langen, nahezu senkrecht stehenden Bremsarmen, an denen der Bremszug direkt ansetzt. Sehr effektiv und mit zwei Fingern bedienbar.*

Vierkantkurbeln: *Kurbeln, die auf einem Vierkant auf der Innenlagerachse verschraubt sind.*

Vorbau: *Verbindet Lenker und Gabel und wird im oder auf dem Gabelschaftrohr verklemmt. Durch unterschiedliche Längen und Winkel kann über den Vorbau die Sitzposition beeinflusst werden.*

Z

Zentrieren: *Vorgang zum Beseitigen von Seiten- und/oder Höhenschlägen in Laufrädern durch Verändern der Speichenspannung.*
Auch: Mittiges Ausrichten von Seitenzugbremsen am Rahmen, damit die Bremsgummis gleichmäßig an der Felge anliegen.

Register

Danksagung

Für die Erarbeitung der vorliegenden Ausgabe danken Autor und Verlag folgenden Personen:

◆ Alan Hewitt, Caroline Griffiths von Shimano (Madison)
◆ Graham Snodden, David Ward von SRAM
◆ Carole Armstrong, Dave Mayo von Specialised
◆ Peter Plummer, Venhill Engineering
◆ Lucy Raines, Scott Cycles
◆ Terry Bill, Reynolds Tubes
◆ Cedric Chicken, Chicken & Sons
◆ Andrew Willis, Select Cycle Components (Campagnolo)
◆ Neil Keen, Greyville Enterprises
◆ Hetty und David Bennett-Baggs, Weldtite
◆ John Philips, Extra (UK)
◆ Andrew Ritchie, Brompton Cycles
◆ Joe O`Brian, Fibrax
◆ Martin Hall, Raleigh
◆ Zyro PLC
◆ Chris Compton, Compton Cycles
◆ Ian Young, Moore Large
◆ Ali und Chris Boon vom Yeovil Cycle Center

Ein besonderer Dank des Autors geht an James Robertson und Louise McIntyre von Haynes für die ausgezeichnete Zusammenarbeit; an Sally Mitchell für eine Menge Unterstützung und Geduld; an Paul Buckland und Peter Trott für die freundliche Aufnahme in der Haynes-Werkstatt; an Sandy und Sarah von York Cycle Works für die Informationen über Damenräder.

Abbildungsnachweis:
Nick Pope: S. 36 ul, um, ur; S. 37
Stockfile: S. 4, 5, 17